高职高专"十三五"规划教材

# 数控机床及应用技术

SHUKONG JICHUANG

JI YINGYONG JISHU

主　审／陈　俊

主　编／陈雪菊　张　超

副主编／陈志新

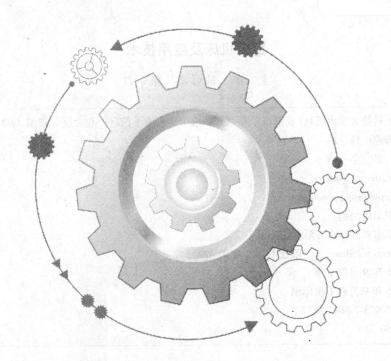

电子科技大学出版社

图书在版编目(CIP)数据

数控机床及应用技术／陈雪菊,张超主编. --成都：
电子科技大学出版社,2016.9
　ISBN 978-7-5647-3837-2

　Ⅰ.①数… Ⅱ.①陈… ②张… Ⅲ.①数控机床
Ⅳ.①TG659

中国版本图书馆 CIP 数据核字(2016)第 199305 号

## 数控机床及应用技术

主　编　陈雪菊　张　超

| | |
|---|---|
| 出　　　版 | 电子科技大学出版社（成都市一环路东一段159号电子信息产业大厦　邮编:610051） |
| 策划编辑 | 郭蜀燕　杨仪玮 |
| 责任编辑 | 刘　愚　李　倩 |
| 主　　　页 | www.uestcp.com.cn |
| 电子邮箱 | uestcp@uestcp.com.cn |
| 发　　　行 | 新华书店经销 |
| 印　　　刷 | 北京市彩虹印刷有限责任公司 |
| 成品尺寸 | 185mm×260mm　　印张 18　　字数 427 千字 |
| 版　　　次 | 2016 年 9 月第 1 版 |
| 印　　　次 | 2016 年 9 月第 1 次印刷 |
| 书　　　号 | ISBN 978-7-5647-3837-2 |
| 定　　　价 | 38.50 元 |

■　版权所有　　侵权必究　■

◆ 本社发行部电话：(028)83202463；　本社邮购电话：(028)83201495。
◆ 本书如有缺页、破损、装订错误,请寄回印刷厂调换。

　　本书是"机电类应用型人才培养规划系列教材"之一,主要面向职业院校机电类各专业学生,也适用于部分应用型本科院校相关专业学生。系列教材以工学结合、一体化思想为开发理念,充分体现"以就业为导向、以能力为本位、以学生为中心"的发展趋势,更具实用性和前瞻性,与就业市场结合得更加紧密,更能提高学生的学习能力、实践能力和创新能力。我们的宗旨是开发适合高职高专人才培养要求的专业教材,编者根据社会市场需求,同时结合自身多年的教学经验以及工厂一线数控加工经验,借鉴机电类课程改革中的先进理念,编写了本书。

　　本书内容详尽、由浅入深,着重培养学生的实践能力。本书始终以学生为中心,以他们的认知能力为出发点,培养学生理解掌握数控机床加工工艺、实际应用数控机床编程的能力。针对目前高职院校学生的实际情况,在保证学生掌握必要基础知识的前提下,增加知识的实际应用内容以提高学生的实际动手能力。本书主要介绍了数控机床基础知识,数控编程的基础知识,数控车床、数控铣床和加工中心的加工工艺,数控线切割机床编程,数控机床的仿真加工及实例应用,以及数控机床的使用和维修,配备了大量的例题和练习题,便于读者自学和独立操作。

　　本书由武进开放大学陈雪菊、卡尔迈耶中国有限公司张超主编,昆明欧迈科技有限公司陈志新担任副主编,昆明冶金高等专科学校陈俊副教授担任本书主审。具体编写分工如下:陈雪菊编写单元二～单元五,张超编写单元六、单元七,陈志新编写单元一、单元八。全书由陈雪菊负责统稿和定稿。

　　本书编写过程中,张超工程师提供了大量宝贵的意见和建议,陈俊副教授提出了许多的修改意见,在此深表感谢。同时,本书的编写也参阅了以往同类教材和有关工厂、科研院所的一些内部教材、资料,在此也一并表示衷心感谢。

　　由于编者水平有限,本书难免有不足之处,希望广大读者给予批评和指正。

编　者

# CONTENTS 目录

单元一　数控机床基础知识 ·········································································· 1
　任务 1.1　数控机床的概述 ········································································ 1
　任务 1.2　数控机床的组成和工作原理 ·························································· 4
　任务 1.3　数控机床的分类 ········································································ 7
　任务 1.4　数控机床加工的特点和应用范围 ··················································· 11
　习题一 ································································································ 12

单元二　数控编程的基础知识 ······································································ 13
　任务 2.1　数控编程概述 ········································································· 13
　任务 2.2　数控机床的坐标系统 ································································· 18
　任务 2.3　常用数控指令代码 ···································································· 22
　习题二 ································································································ 28

单元三　数控车床加工工艺与编程 ································································ 29
　任务 3.1　数控车床的加工特点 ································································· 29
　任务 3.2　数控车削加工工艺 ···································································· 32
　任务 3.3　数控车床的坐标系统与编程特点 ··················································· 47
　任务 3.4　数控车床的编程指令及用法 ························································· 49
　任务 3.5　数控车床编程实例 ···································································· 71
　习题三 ································································································ 73

单元四　数控铣床的加工工艺与编程 ····························································· 75
　任务 4.1　数控铣床加工概述 ···································································· 75
　任务 4.2　数控铣削加工工艺 ···································································· 78
　任务 4.3　数控铣床编程概述 ···································································· 102
　任务 4.4　数控铣床的 G 代码简单应用 ······················································ 106
　任务 4.5　数控铣床平面轮廓零件的铣削加工 ··············································· 112

· 1 ·

任务 4.6　数控铣床固定循环指令应用 ……………………………………………… 118
　　任务 4.7　典型零件数控铣床的工艺与编程 …………………………………………… 127
　　习题四 ……………………………………………………………………………………… 131

## 单元五　数控加工中心的工艺与编程 …………………………………………………… 134
　　任务 5.1　加工中心的特点与分类 ……………………………………………………… 134
　　任务 5.2　数控加工中心加工工艺 ……………………………………………………… 140
　　任务 5.3　加工中心的程序编制 ………………………………………………………… 152
　　任务 5.4　加工中心程序设计典型实例 ………………………………………………… 165
　　习题五 ……………………………………………………………………………………… 176

## 单元六　特种加工机床的工艺与编程 …………………………………………………… 178
　　任务 6.1　特种加工概述 ………………………………………………………………… 178
　　任务 6.2　数控电火花线切割加工原理与特点 ………………………………………… 183
　　任务 6.3　数控电火花线切割工艺参数 ………………………………………………… 186
　　任务 6.4　数控电火花线切割工艺 ……………………………………………………… 189
　　任务 6.5　数控电火花线切割编程方法 ………………………………………………… 204
　　习题六 ……………………………………………………………………………………… 219

## 单元七　数控机床的仿真加工及应用实例 ……………………………………………… 221
　　任务 7.1　数控车床的仿真加工及应用实例 …………………………………………… 221
　　任务 7.2　数控铣床的仿真加工及应用实例 …………………………………………… 235
　　任务 7.3　FANUC 数控系统加工中心仿真加工及应用实例 ………………………… 245
　　习题七 ……………………………………………………………………………………… 263

## 单元八　数控机床的使用与维护 ………………………………………………………… 266
　　任务 8.1　数控机床的选用 ……………………………………………………………… 266
　　任务 8.2　数控机床的基本操作规程 …………………………………………………… 272
　　任务 8.3　数控机床的维护与保养 ……………………………………………………… 275
　　习题八 ……………………………………………………………………………………… 280

## 参考资料 ……………………………………………………………………………………… 281

# 单元 1 数控机床基础知识

随着微电子计算机技术的飞速发展，数控系统的性能日益完善，数控技术的应用领域也在快速地扩大，数控加工技术在我国已经进入了普及阶段。作为数控加工设备的数控机床在数量上遍及制造业的绝大多数企业，在品种上除了通用数控机床外，还有成型类数控机床、快速成型类机床以及数控特种加工类机床等。

本单元主要介绍数控机床的基本概念、数控机床的组成和工作原理、数控机床的分类、数控机床加工的特点和应用范围。通过对本单元的学习，读者能对数控机床的基本概貌有一定的认识，为后续学习打下基础。

 **任务 1.1　数控机床的概述**

### 1.1.1　数控机床的基本概念

数控机床是数字控制机床（Numerical Control Machine）的简称，亦称 NC 机床，即通过数字化信号对机床运动及加工过程进行控制，实现要求的机械动作，自动完成加工任务的机床。数控机床是典型的技术密集且自动化程度很高的机电一体化加工设备。是为了满足单件、小批、多品种自动化生产的需要而研制的一种灵活、通用的能够适应产品频繁变化的柔性自动化机床，具有适应性强、加工精度高、加工质量稳定、生产效率高、降低加工成本、改善工人劳动条件等优点。它综合应用了电子计算机、自动控制、伺服驱动、精密测量和新型机械结构等多方面的技术成果。

计算机数字控制（Computer Numerically Controlled Machine Tool）与 NC 系统的主要区别是该系统采用微处理器 CPU 作为数控装置的核心。CPU 的出现，使数控系统的软件功能大幅度提高。

### 1.1.2　数控技术的现状和发展趋势

**1. 数控技术的发展历程**

自 1952 年美国研制出世界上第一台数控升降台铣床，在世界上开创了数控机床发展的先河起，德国、日本和苏联等国紧随其后，于 1956 年分别研制出本国第一台数控机床。1958 年清华大学和北京第一机床厂联合研制出了我国第一台数控铣床。20 世纪 50 年代末期，美国的数控机床已进入了商品化生产。

20 世纪 60 年代，日本、德国和英国等国的数控机床也进入了商品化生产。但是，由于 60 年代前期数控系统还处于电子管、晶体管时代，系统设备庞大复杂，成本高且可靠性低，所以，数控机床发展速度相对缓慢，只有美国的生产批量较大。到 20 世纪 60 年代末期，美国年产数控机床达到 2900 多台，占去了当时世界总产量的一半。这个时期的数控机床主要以点位控制为主。据 1966 年的统计资料记载，当时全世界实际使用的 6000 台数控机床中，有 85% 是点位控制的数控钻床。日本在 1964 年以前生产的数控机床，其中有 90% 是数控钻床。

20 世纪 70 年代初期，出现了大规模集成电路和小型计算机，特别是到了 20 世纪 70 年代中期，世界上第一台微处理器研制成功，实现了控制系统体积小、运算速度快、可靠性能高和价格低廉的目标，由此给数控机床的发展注入了新的活力。许多制造厂家投入大量的技术人员，对提高数控机床的主机结构特性、减少热变形及完善配套件质量等关键技术进行研究和改进，使数控机床总体性能和质量有了很大提高。这一时期数控机床发展得较快，全世界数控机床的产量从 1970 年的 6700 台发展到 1980 年的 49000 台，平均年增长率为 22%。日本、德国、苏联和美国等国的平均年增长率分别达到 29.6%、20%、18.2% 和 18.1%。

20 世纪 80 年代以后，数控机床的发展进入了成熟期和普及期。数控系统的微处理器由 16 位向 32 位机过渡，运算速度加快，功能不断完善，可靠性进一步提高。同时监控、检测和换刀等配套技术及外围设备得到广泛应用，促使数控机床得到全面发展。不仅效率、精度和柔性有进一步的提高，而且门类扩展齐全，品种规格形成系列化。除发展较早的数控铣床、数控钻床、数控车床和加工中心外，起步较晚的数控磨床、数控齿轮加工机床、数控电加工机床、数控锻压机床和数控重型机床等领域也得到了较快的发展。这一时期，柔性制造系统（FMS）也进入了实用化阶段，在 FMS 诞生 8 年之后，出现了柔性制造单元（FMC），由于它更适宜市场的需求，很快就超过了 FMS 的发展速度。进入 20 世纪 90 年代，世界范围内以发展数控单机为基础，并加快了向 FMC, FMS 及 CIMS（计算机集成制造系统）全面发展的步伐。归纳起来，数控技术的发展大致经历了以下四个阶段，如表 1-1 所示。

表 1-1 数控技术发展的四个阶段

| 阶段 | 研究开发 | 推广应用 | 系统化 | 高性能集成化 |
| --- | --- | --- | --- | --- |
| 年代 | 1952—1969 | 1970—1985 | 1982 | 1990 |
| 典型应用 | 数控车床、铣床、钻铣床 | 加工中心、电加工、锻压 | 柔性制造单元（FMC）、柔性制造系统（FMS） | 计算机集成制造系统（CIMS）、无人化工厂 |
| 工艺方法 | 简单工艺 | 多种工艺方法 | 完整的加工过程 | 复合设计加工 |
| 数控功能 | NC 控制、3 轴以下 | CNC 控制、刀具自动交换、五轴联动较好的人机界面 | 多台车床和辅助设备协同；多坐标控制，高精度、高速度，友好的人机界面 | 多过程、多任务调度、模板化和复合化 |
| 驱动特点 | 步进、液压电机 | 直流伺服电机 | 交流伺服电机 | 数字智能化、直线驱动 |

### 2. 我国数控技术的发展及现状

我国数控技术起步于1958年，近50年的发展历程大致可分为以下三个阶段。

第一阶段是从1958—1979年，即封闭式发展阶段。在此阶段，由于国外的技术封锁和我国基础条件的限制，数控技术的发展较为缓慢。

第二阶段是在国家的"六五""七五"期间以及"八五"的前期，即引进技术，消化吸收，初步建立起国产化体系阶段。在此阶段，由于改革开放和国家的重视，以及研究开发环境和国际环境的改善，我国数控技术在研究、开发和产品的国产化方面都取得了长足的进步。

第三阶段是在国家"八五"的后期和"九五"期间，即实施产业化的研究，进入市场竞争阶段。在此阶段，我国国产数控装备的产业化取得了实质性进步。在"九五"末期，国产数控机床的国内市场占有率达50%，配国产数控系统（普及型）也达到了10%。目前我国一部分普及型数控机床的生产已经形成一定规模，产品技术性能指标较为成熟，价格合理，在国际市场上具有一定的竞争力。我国数控机床行业所掌握的五轴联动数控技术较成熟，并已有成熟产品走向市场。同时，我国也已进入世界高速数控机床生产国和高精度精密数控机床生产国的行列。

我国现有数控机床生产厂家100多家，生产数控产品几千种以上。产品主要分为经济型、普及型和高档型三种类型。在CIMT 2003上，中国内地共展出机床700多台，在600多台金属切削机床和近100台金属成形机床展品中，数控机床分别占75%和54%。这既体现了中国机床市场的需求趋势，也反映了中国在数控机床产业化方面取得了突破性进展。

虽然我国在数控产品的研究开发生产各方面有了较大的进步，但目前我国占据市场的产品主要集中在经济型产品上，而在中档、高档产品上市场比例仍然很小，与国外一些先进产品相比，在可靠性、稳定性、速度和精度等方面均存在较大差距。与发达国家相比，我国数控机床行业在信息化技术应用上仍然存在很多不足。其主要表现在以下三个方面。

第一方面是信息化技术基础薄弱，对国外技术依存度高。我国数控机床行业总体的技术开发能力和技术基础薄弱，信息化技术应用程度不高。行业现有的信息化技术来源主要依靠引进国外技术，对国外技术的依存度较高，对引进技术的消化仍停留在掌握已有技术和提高国产化率上，没有上升到形成产品自主开发能力和技术创新能力的高度。具有高精、高速、高效、复合功能、多轴联动等特点的高性能数控机床基本上还依赖进口。

第二方面是产品成熟度较低，可靠性不高。国外数控系统平均无故障时间在10 000 h以上，国内自主开发的数控系统仅（3000～5000）h；整机平均无故障工作时间国外达800 h以上，国内最好只300 h。

第三方面是创新能力低，市场竞争力不强。我国生产数控机床的企业虽达百余家，但大多数未能形成规模生产，信息化技术利用不足，创新能力低，制造成本高，产品市场竞争能力不强。

### 3. 数控技术的发展趋势

（1）数控系统结构类型

从 1952 年美国麻省理工学院研制出第一台试验性数控系统，到现在已走过了 50 多年的历程。近 10 年来，随着计算机技术的飞速发展，各种不同层次的开放式数控系统应运而生，发展很快。目前正朝着标准化开放体系结构的方向前进。就结构形式而言，当今世界上的数控系统大致可分为以下四种类型：①传统数控系统；②"PC 嵌入 NC"结构的开放式数控系统；③"NC 嵌入 PC"结构的开放式数控系统；④SOFR 型开放式数控系统。

（2）目前国外数控系统技术发展的总体趋势

进入 21 世纪，人类社会将逐步进入知识经济时代，知识将成为科技和生产发展的资本与动力，而机床工业，作为机器制造业、工业以至整个国民经济发展的装备部门，其战略性地位、受重视程度也将更加鲜明突出。目前国外数控系统技术发展的总体趋势为：

①新一代数控系统向 PC 化和开放式体系结构方向发展；

②驱动装置向交流、数字化方向发展；

③增强通信功能，向网络化发展；

④数控系统在控制性能上向智能化发展。

### 4. 智能化、开放性、网络化、信息化将成为未来数控系统和数控机床发展的主要趋势

①向高速、高效、高精度、高可靠性方向发展；

②向模块化、智能化、柔性化、网络化和集成化方向发展；

③向 PC-based 化和开放性方向发展；

④出现新一代数控加工工艺与装备，机械加工向虚拟制造的方向发展；

⑤信息技术（IT）与机床的结合，机电一体化先进机床将得到发展；

⑥纳米技术将形成新发展潮流，并将有新的突破；

⑦节能环保机床将加速发展，占领广大市场。

## 任务 1.2　数控机床的组成和工作原理

### 1.2.1　数控机床的组成

数控机床一般由程序载体、人机交互装置、数控装置、伺服系统、辅助控制装置、反馈系统及机床本体等部分组成，如图 1-1 所示。

#### 1. 程序载体

在数控机床上加工零件，首先要对零件图样上的几何形状、尺寸和技术条件进行工艺分析，并在此基础上确定加工顺序和走刀路线，确定主运动和进给运动的工艺参数，确定加工过程中的各种辅助操作，之后用标准格式和代码编制出零件的加工程序。要对数控机床进行控制，就必须把加工程序、各种参数和数据等相关信息通过输入设备送到数控装置。这就需要在人机之间建立某种联系，这种联系的中间介物就是控制介质，也称为程序

载体，如穿孔纸带、磁盘、键盘（MDI）、手摇脉冲发生器等。

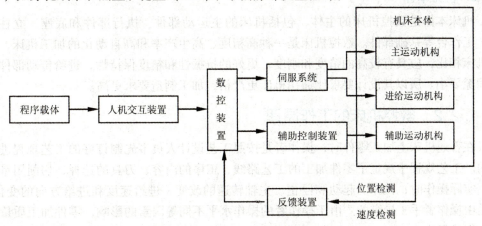

图1-1 数控机床的组成框图

目前常用的方法是用手动数据输入（MDI）方式将加工程序输入到数控装置中，也可以将加工程序存储在程序载体上。

### 2. 人机交互装置

数控机床的操作人员通过人机交互装置对数控系统进行操作和控制。人机交互装置的作用是：将程序载体上的数控代码信息转换成电脉冲信号传送到数控装置的内存储器；对输入的加工程序进行编辑和调试；显示数控机床运行状态；显示机床参数及坐标轴位置等。键盘和显示器是数控系统不可缺少的人机交互装置，现代数控机床，可以利用机床上的显示器及键盘以手动方式输入加工程序，也可以通过计算机用通信方式将自动编程产生的加工程序传送到数控装置。

根据程序载体的不同方式，人机交互装置还可以是光电阅读机、磁带机或软盘驱动器等。

### 3. 数控装置

数控装置是一种专用计算机，是数控机床最重要的组成部分，一般由中央处理器（CPU）、存储器、总线和输入输出接口等组成。数控装置的作用是将人机交互装置输入的信息，通过内部的逻辑电路或系统的控制软件进行译码、存储、运算和处理，将加工程序转换成控制机床运动的信号和指令，以控制机床的各部件完成加工程序中规定的动作。数控装置是整个数控机床数控系统的核心，决定了机床数控系统功能的强弱。

### 4. 伺服驱动及检测装置

伺服系统是由伺服控制电路、功率放大电路和伺服电动机组成的数控机床执行机构，其作用是把来自数控装置的位置信息转变为各坐标轴方向的进给运动和定位运动。检测装置随时检测伺服电动机或工作台的实际运动情况，进行严格的速度和位置反馈控制。伺服驱动及检测反馈是数控机床的关键部分，其控制精度和相应动态特性，对机床的工作性能、加工精度和加工效率有直接的影响。

### 5. 机床本体

机床本体是数控机床的主体，包括机床的主运动部件、执行部件和底座、立柱、刀架、工作台等基础部件。数控机床是一种高精度、高生产率和高自动化的加工机床，与普通机床相比，应具有较高的精度和刚度，更好的抗振性和精度保持性，进给传动部件之间的间隙要小。所以其设计要求比通用机床更严格，加工制造要求更高。

## 1.2.2 数控机床的工作原理

在普通机床上加工零件时，操作者是按照工艺设计人员事先制订好的工艺规程进行加工的。工艺规程中规定了零件加工的工艺路线、工序的内容、刀具的选择、切削用量等内容。实际操作时，机床的起动和停止、主轴转速的改变、进给速度和进给方向的变化等，都是由操作者手工操纵的。由于操作者的操作水平不同等因素的影响，零件加工质量的稳定性很难保证。

在数控机床上加工零件则与在普通机床上的方式不同，它是按照事先编好的程序自动地进行加工。编程人员把加工过程中的所有动作和信息（如主轴的转速、进给速度和方向、各坐标轴的运动坐标等），按照一定的顺序和格式编写在程序中，操作者无法临时改变加工过程。因此，编写数控加工程序比制订普通机床的加工工艺规程复杂和细致得多。同时，由于数控机床是按编制好的程序自动加工的，不受操作者操作水平的影响，所以能够保证零件稳定的质量和很高的加工精度。数控机床的工作原理如图1-2所示。

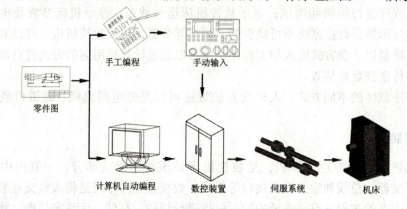

图1-2 数控机床工作过程

### 1. 编制加工程序

根据被加工零件的图样进行工艺方案设计，用手工编程或自动编程方法，将加工零件所需的机床各种动作及工艺参数等编写成数控系统能够识别的信息代码，即加工程序。

### 2. 加工程序的输入

可以通过手动输入方式、光电读带机输入、驱动器输入或用计算机和数控机床的接口直接进行通信等方法，将所编写的零件加工程序输入数控装置。

### 3. 数控装置对加工程序进行译码和运算处理

进入数控装置的信息代码经一系列的处理和运算变成脉冲信号，有的脉冲信号送到机床的伺服系统，经传动机构驱动机床相关部件，完成对零件的切削加工；有的脉冲信号送到可编程序控制器中，按顺序控制机床的其他辅助部件，完成零件的夹紧、松开，切削液的开闭及刀具的自动更换等动作。

#### 4. 加工过程的在线检测

机床在执行加工程序的过程中，数控系统需要随时检测机床的坐标轴位置、限位开关的状态等，并与程序的要求相比较，以决定下一步动作，直到加工出合格的零件。

##  任务 1.3　数控机床的分类

数控机床是在通用机床的基础之上发展起来的，它和通用机床的工艺用途相似，但数控机床能以更快的速度加工精度更高、形状更复杂的零件。所以，数控机床最基本的分类方法是按照工艺用途来分，当然也可以按控制运动的轨迹或按伺服驱动系统的控制方式对数控机床进行分类。

### 1.3.1　按工艺用途分类

#### 1. 金属切削类数控机床

普通数控机床：数控钻床、数控车床、数控铣床、数控镗床、数控磨床和数控齿轮加工机床等。尽管这些机床在加工工艺方面存在着很大差异，具体的控制方式也各不相同，但它们都适用于单件、小批量和多品种的零件加工，具有很好的加工尺寸的一致性、很高的生产率和自动化程度。

数控加工中心：这类数控机床是在普通数控机床的基础上加装刀库和自动换刀装置，它的出现突破了一台机床只能进行一种工艺加工的传统模式。它是以工件为中心，能实现工件在一次装夹后自动地完成多种工序的加工。常见的有以加工箱体类为主的镗铣类加工中心和几乎能够完成各种回转体类零件所有工序加工的车削中心。

#### 2. 金属成形类数控机床

金属成形类数控机床是指采用挤、压、冲、拉等成形工艺的数控机床，包括数控组合冲床、数控压力机、数控弯管机、数控板料折弯机等。

#### 3. 特种加工类数控机床

特种加工类数控机床包括数控电火花加工机床、数控线切割机床、数控焊接机床、数控火焰切割机床、数控等离子切割机床、数控高压水切割机床等。

#### 4. 其他类型数控机床

在非加工设备中也大量采用数控技术，如数控测量机、自动绘图机、装配机、工业机器人等。

近年来一些复合加工的数控机床也开始出现，其基本特点是集中多工序、多刀刃、复合工艺加工在一台设备中完成。

7

## 1.3.2 按控制运动的轨迹分类

### 1. 点位控制

点位控制数控机床是只控制刀具相对于工件定位点的位置精度，不控制点与点之间的运动轨迹，在移动过程中刀具不进行切削，如图1-3（a）所示。在保证生产效率与定位精度的情况下，机床工作台（或刀架）移动时采用机床设定的最高进给速度快速移动，在接近终点前进行分级或连续降速，达到低速趋近定位点，减少因运动部件惯性引起的定位误差。典型的点位控制数控机床有数控钻床、数控坐标镗床、数控点焊机等。

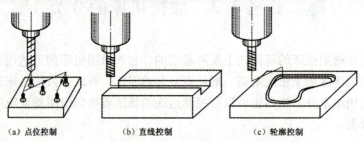

图1-3 控制运动方式

### 2. 直线控制

直线控制也称平行控制，是除了控制起点与终点之间的准确位置外，还要求刀具由一点到另一点之间的运动轨迹为一条直线，并能控制位移的速度。因为这类数控机床的刀具在移动过程中要进行切削加工，直线控制系统的刀具切削路径只沿着平行于某一坐标轴方向运动，或者沿着与坐标轴成一定角度的斜线方向进行直线切削加工。采用这类控制系统的机床有数控车床、数控铣床等。如图1-4所示为直线控制应用于加工阶梯轴的数控车床。

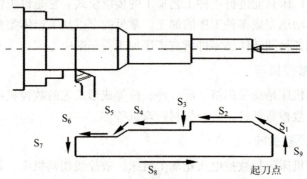

图1-4 直线控制数控车床加工

### 3. 轮廓控制

轮廓控制又称连续控制。它的特点是能够对两个或两个以上的坐标方向同时进行连续控制，并能对位移速度进行严格的、不间断的控制。这类数控机床需要控制刀尖整个运动轨迹，使它严格地按加工表面的轮廓形状连续地运动，并在移动时进行切削加工，可以加工任意斜率的直线、圆弧和其他函数关系曲线。采用这类控制系统的机床有数控铣床、数控车床、数控磨床、加工中心及数控绘图机等。

这类数控机床绝大多数具有两坐标或两坐标以上的联动功能，不仅有刀具半径补偿、刀具长度补偿功能，而且还具有机床轴向运动误差补偿，丝杠、齿轮的间隙补偿等一系列功能。

近年来，随着计算机技术的发展，软件功能不断完善，可以通过计算机插补软件实现多坐标联动的轮廓控制。如图1-5所示是轮廓控制数控机床加工示意图。

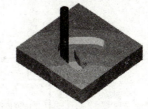

图1-5　轮廓控制

### 1.3.3　按控制方式分类

**1. 开环控制**

开环控制是指不带位置反馈装置的控制方式。由功率步进电动机为驱动器件的运动系统是典型的开环控制。数控装置根据所要求的运动速度和位移量。向环形分配器和功率放大器输出一定频率和数量的脉冲，不断改变步进电动机各相绕组的供电状态，使相应坐标轴的步进电动机转过相应的角位移，再经过机械传动链，实现运动部件的直线移动或转动。运动部件的速度与位移量是由输入脉冲的频率和脉冲数所决定的。如图1-6所示是开环控制系统的示意图。

开环控制系统的特点是系统简单，调试维修方便，工作稳定，成本较低。由于开环系统的精度主要取决于伺服元件和机床传动元件的精度、刚度和动态特性，因此控制精度较低。目前在国内用于经济型数控机床，以及对旧机床的改造。

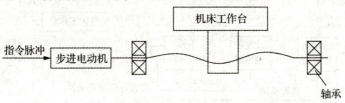

图1-6　开环控制系统

**2. 闭环控制**

闭环控制是在机床最终的运动部件的相应位置直接安装直线或回转式检测装置，将直接测量到的位移或角位移反馈到数控装置的比较器中与输入指令位移量进行比较，用差值控制运动部件，使运动部件严格按实际需要的位移量运动。闭环控制的主要优点是将机械传动链的全部环节都包括在闭环之内，因而从理论上说，闭环控制的运动精度主要取决于检测装置的精度，而与机械传动链的误差无关。很明显其控制精度很高，这就为高精度数控机床提供了技术保障。但闭环控制除了价格昂贵之外，对机床结构及传动链仍然提出了严格的要求，传动链的刚度、间隙，导轨的低速运动特性，以及机床结构的抗振性等因素都会增加系统调试的困难，甚至使伺服系统产生振荡，降低了稳定性。如图1-7所示是闭环控制系统示意图。

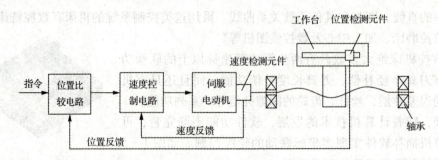

图 1-7　闭环控制系统

### 3. 半闭环控制

半闭环控制是在开环控制伺服电动机轴上装有角位移检测装置，通过检测伺服电动机的转角间接地检测运动部件的位移（或角位移）反馈给数控装置的比较器，与输入指令进行比较，用差值控制运动部件。随着脉冲编码器的迅速发展和性能的不断完善，作为角位移检测装置可以方便地直接与交流伺服电动机同轴安装，特别是高分辨率的脉冲编码器的诞生，为半闭环控制提供了一种高性能价格比的配置方案。由于惯性较大的机床运动部件不包括在该闭环之内，控制系统的调试十分方便，并具有良好的系统稳定性。甚至可以把脉冲编码器与伺服电动机设计为一个整体，使系统变得更加紧凑，使用起来更为方便。半闭环伺服系统的加工精度显然没有闭环系统高，但是由于采用了高分辨率的测量元件，这种控制方式仍可获得比较满意的精度和速度。半闭环控制系统调试比闭环系统方便，稳定性好，成本也比闭环系统低，是一般数控机床常用的伺服控制系统。如图 1-8 所示是半闭环控制系统示意图。

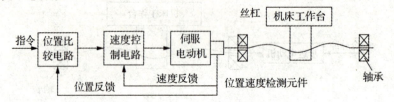

图 1-8　半闭环控制系统

### 1.3.4　按功能水平分类

#### 1. 经济型数控机床

经济型数控机床的控制系统比较简单，通常采用以步进电动机为伺服驱动元件的开环控制系统，最多能控制 3 个轴，可实现 3 轴三联动以下的控制，一般只有简单的 CTR 字符显示或简单数码显示。程序编制方便，操作人员通过控制台上的键盘手动输入指令与数据，或直接进行操作。经济型数控机床通常采用单板机或单片机数控系统，功能较简单，价格低廉，主要用于车床、线切割机床及旧机床的改造。

#### 2. 普及型数控机床

普及型数控机床采用全功能数控系统，控制功能比较齐全，属于中档数控系统。通常采用半闭环的直流伺服系统或交流伺服系统，也采用闭环伺服系统。

普及型数控机床采用16位或32位微处理机的数控系统，机床进给系统中采用半闭环的交流伺服或直流伺服驱动，能实现4轴四联动以下的控制，分辨率为1 μm，进给速度为（15~20）m/min，有齐全的CTR显示，能显示字符、图形和具有人机对话功能，具有DNC（Direct Numerical Control）直接数字控制通信接口。

### 3. 高级型数控机床

高级型数控机床在数控系统中采用32位或16位微处理机，进给系统中采用高响应特性的伺服驱动，可控制5个轴，能实现5轴五联动以上控制，分辨率为0.1 μm，进给速度为（15~100）m/min，能显示三维图形，具有MAP（Manufacturing Automation Protocol）制造自动化通信接口，具有联网功能。

## 任务1.4　数控机床加工的特点和应用范围

### 1.4.1　数控机床加工的特点

数控机床与通用机床和专用机床相比，具有以下主要特点。

#### 1. 提高加工零件的精度，稳定产品的质量

数控机床是按照预定程序自动加工的，工作过程一般不需要人工干预，这就消除了操作者人为产生的误差。在设计制造设备时，通常采取了许多措施，使数控机床达到较高的精度。

#### 2. 可实现高柔性生产，适应性强

数控机床加工是由指令信息控制的，加工对象改变时，只要重新编制程序，产生新的指令信息，便可对其进行加工。这给新产品的研制开发，产品的改进、改型提供了捷径，同时也适合多品种、小批量零件的加工，利于企业进行激烈的市场竞争。能完成普通机床难以完成或根本不能加工的复杂零件加工。数控机床的数控系统可实现多坐标联动控制，能加工普通机床很难加工或无法加工的复杂曲线或曲面。

#### 3. 加工工序相对集中，生产率高

由于数控机床可采用较大的切削用量，有效地减少了加工中的切削工时；数控机床还具有自动换速、自动换刀和其他辅助操作自动化等功能，并且无须工序间的检测与测量，使时间大为缩短；对于多功能的加工中心，可实现在一次装夹下进行多工序的连续加工，这样不仅可减少装夹误差，还可减少半成品的周转时间。因此与普通机床相比，生产效率可提高十几倍甚至几十倍。

#### 4. 减轻工人劳动强度、改善劳动条件

利用数控机床进行加工，只要按图纸要求编制零件的加工程序单，然后输入并调试程序，安装坯件进行加工，监督加工过程并装卸零件。这就大大减轻了操作者的劳动强度和紧张程度，减少了对熟练技术工人的需求，劳动条件也得到了相应改善。

### 5. 有利于生产管理的现代化

用数控机床加工零件，能准确地计算产品生产的工时，并有效地简化检验、工夹具和半成品的管理工作；采用数控信息的标准代码输入，这样有利于与计算机连接，构成由计算机控制和管理的生产系统，实现制造和生产管理的现代化。

## 1.4.2 数控机床的应用范围

随着数控技术的不断发展，数控机床的应用范围也在不断扩大。由于计算机技术的高速发展，计算机的性能日益提高，而价格却不断下调，因而促使数控机床的价格也不断下降。在原来由于价格因素不能采用数控机床的部门，现在也开始大量采用数控机床了。

长期以来人们传统的观念认为数控机床只有用于加工多品种、小批量以及结构复杂的零件时才能获得良好的经济效益。然而，目前人们的观念正在发生变化，一些大批量以及结构形状不太复杂的零件，在使用数控机床以后，也同样能获得很好的效益。最典型的大批量生产的汽车工业，目前已普遍使用数控机床和设备进行流水线生产。

正确的观点应是在进行工艺分析和成本分析的基础上，认真做好综合经济效益的评估和对比，然后决定是否选用带数控系统的机床设备。

尽管如此，数控机床对于加工多品种、中小批量以及结构形状复杂的零件，那些需要频繁改型的产品零件则更具有选用价值。

## 习题一

1.1 简述什么是数控技术。
1.2 数控机床由哪几部分组成？简述数控机床各组成部分的作用。
1.3 试述数控机床的工作原理。
1.4 数控机床有哪几种分类方法？
1.5 什么是点位控制、直线控制、轮廓控制机床？它们各有何特点？
1.6 什么是开环、闭环、半闭环控制机床？它们各有何特点？
1.7 数控技术的发展趋势表现在哪几方面？

# 单元二 数控编程的基础知识

数控机床是在普通机床的基础上发展演变而来的一类高度自动化的机床。数控加工一般不需要手工进行直接操作，而是靠输入一系列的加工指令（数控程序），经过机床数控系统处理后，使机床完成零件加工。只要改变加工程序，就能在数控机床上加工出各种各样的零件。因此，数控编程是数控加工的重要步骤。本单元介绍数控编程的基础知识，内容包括数控编程的内容及步骤、数控编程的方法、数控程序的结构和格式、数控机床的坐标系以及常用数控指令代码等。

 ## 任务2.1 数控编程概述

### 2.1.1 数控编程概念

在数控机床上加工零件时，首先要对零件进行工艺分析，然后制定零件加工的工艺规程，包括机床类型、刀具、定位夹紧方法及切削用量等工艺参数；同时要将工艺参数、几何图形数据等，按规定的信息逐个记录在控制介质上，将此控制介质上的信息输入数控机床的数控装置，再由数控装置控制机床完成零件的全部加工。数控编程就是将从零件图样到制作数控机床的控制介质并校核全部过程，也就是将加工零件的加工顺序、刀具运动轨迹的尺寸数据、工艺参数（运动速度、切削速度等）以及辅助操作（主轴正反转、冷却液开关、道具夹紧、松开、换刀等）加工信息，用规定的文字、数字、符号组成的代码，按一定的格式编写成加工程序。将编制的程序指令输入数控系统，数控系统根据输入指令来控制伺服系统和其他功能部件发出运行或中断信息来控制机床的各种运动。零件的加工程序结束后，机床自动停止。任何一种数控机床，若没有输入程序指令，数控机床就不能工作。

### 2.1.2 数控编程的内容及步骤

一般来讲，数控编程过程的主要内容包括：分析零件图纸、确定加工工艺路线、数值计算、编写零件加工程序、程序输入、校对检查程序及首件试切加工等，如图2-1所示。

#### 1. 分析零件图

首先分析零件的材料、形状、尺寸、精度以及毛坯形状和热处理要求等。通过分析，确定该零件是否适宜在数控机床上加工以及适宜在哪种数控机床上加工。同时明确加工的内容和要求。

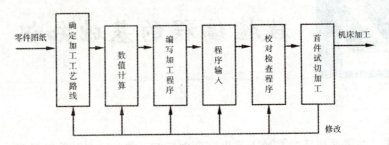

图 2-1 程序编程的过程

### 2. 确定加工工艺路线

在分析零件图的基础上,进行工艺分析然后确定零件的加工方法(如采用的夹具、装夹定位方法等)、加工路线(如对刀点、换刀点和切削路线等),选定加工刀具并确定切削用量(如主轴转速、进给速度和背吃刀量)等工艺参数。掌握的基本原则是充分发挥数控机床的效能,加工路线要尽量短,要正确选择对刀点、换刀点,以减少换刀次数;合理选取起刀点、切入点和切入方式,保证切入过程平稳;避免刀具与非加工表面的干涉,保证加工过程安全可靠等。

### 3. 数值计算

根据零件的形状、尺寸、确定的走刀路线及设定的坐标系,计算零件粗、精加工运动的轨迹,得到刀位数据。数值计算的复杂程度,取决于零件的复杂程度和数控系统的功能。对于点位控制的数控机床,往往无须数值计算。如果零件图的坐标数据与数控系统要求输入的数据不同,只需经过简单的换算就能满足要求。对于轮廓控制的数控机床,如果零件形状比较简单(如直线和圆弧组成的平面零件),而数控系统的插补功能又与零件形状相符,并能实现刀具半径补偿时,数值计算也比较简单,仅需要算出零件轮廓相邻几何元素的交点或切点的坐标值。当零件形状比较复杂,并与数控系统的插补功能不一致时,就需要较复杂的数值计算。比如由二次曲线组成的平面零件,用仅有直线插补功能的数控机床加工时,除了计算组成该零件轮廓相邻几何元素的交点和切点(基点)以外,还要用直线逼近组成零件轮廓的所有几何元素,而且逼近误差要小于允许误差,要求算出相邻直线的交点(节点),同时还要算出刀具中心轨迹。对于这种情况,大都借助计算机完成数值计算工作。

### 4. 编写加工程序

根据加工路线、切削用量、刀具号码、刀具补偿值、机床辅助动作及刀具运动轨迹,结合数控系统对输入信息的要求,编程人员可根据数控系统规定的功能指令代码及程序段格式编写零件加工程序单。编写程序时,还要了解数控机床加工零件的过程,以便填入必要的工艺指令,如机床启停、加工中暂停等。

### 5. 程序输入

程序输入有手动数据输入、介质输入和通信输入等方式。

现代 CNC 系统的存储量大,可存储多个零件加工程序,且可在不占用加工时间的情况下进行输入。因此,对于不太复杂的零件常采用手动数据输入(MDI 方式)这样比较方便、及时。介质输入方式是将加工程序记录在穿孔带、磁盘、磁带等介质上，用输入装置一次性输入。

### 6. 校对检查程序

校对检查由于计算和编写程序造成的错误等。校对检查方法为：首先将程序单进行初期检查，并用笔在坐标纸上画出加工路线，以检查机床的运动轨迹是否正确；然后在有图形显示功能的数控机床上进行模拟加工，看机床（刀具）的运动及模拟加工出的工件形状是否正确。

### 7. 首件加工

程序校验结束后，必须在机床上进行首件试切加工。因为校验方法只能检查出机床的运动是否正确，不能查出被加工零件的加工精度。如果加工出来的零件不合格，应分析加工误差产生的原因，修改程序后再试，直到加工出满足零件图纸要求的零件为止。

完成了以上各步骤，并确认试切的零件符合零件图纸技术要求后，数控编程工作才算结束。

## 2.1.3 数控编程方法

从编程的方法和手段方面看，目前数控加工程序的编制方法主要有以下三种。

### 1. 手工编程

手工编程是利用一般的计算工具，通过各种数学方法，人工进行刀具轨迹的运算，并进行指令编制。适用于中等以下复杂程度，计算量不大的零件编程。例如只加工几个孔，可以由编程人员或机床操作者按照零件图纸，计算每个孔的坐标，直接编写出数控程序。这种方式比较简单，很容易掌握，适应性较大。机床操作人员必须掌握。

### 2. 自动编程

自动编程是利用通用的微机编制数控加工程序。编程人员只需根据图纸的要求，使用数控语言编写出零件加工源程序，送入计算机，由计算机自动地进行数值计算、后置处理、编写出零件的加工程序单。对于加工内容比较多、加工型面比较复杂的零件，采用自动编程效率高，可靠性好。

### 3. 计算机辅助编程

目前自动编程方法正在为计算机辅助编程所取代。事实上，计算机辅助编程也是某种意义上的自动编程。它是利用CAD/CAM软件进行零件的设计、分析及加工程序自动编程的方法。该种方法适用于制造业中的CAD/CAM集成系统，目前正被广泛应用。例如加工平面凸轮，已知升程、回程的角度范围，在给定的角度范围内平面凸轮轮廓是等加速曲线。在数控机床上加工此类零件，实际上是用很多折线段来逼近光滑的曲线轮廓。由于计算量太大，不适合采用手工编程，另一方面，自动编程语言又难于描述这类零件，此时采用计算机辅助编程就比较方便。该方式适应面广、效率高、程序质量好但掌握起来需要一定时间。目前，国内生产企业应用比较广泛的CAD/CAM软件有MasterCam, UG, Cimatron, Pro/E, CAXA制造工程师等。

### 2.1.4 数控程序的结构和格式

数控加工程序是数控机床的灵魂。不同的数控系统，其加工程序的结构及程序段格式可能会有某些差异，但基本结构和格式是一样的。掌握常用数控系统所规定的程序结构和格式，是顺利编制出所需要的加工程序的基础。

**1. 程序的结构**

一个完整的加工程序由程序名、程序内容和程序结束三部分组成。

如下是零件的加工程序：

O1000　　　　　　　　　　　　　　　//程序名
N10 G00 G54 X50 Z30 M03 S3000
N20 G01 X40 Z2 F500 T02 M08
N30 Z-15　　　　　　　　　　　　　 //程序内容
…
N120
M30　　　　　　　　　　　　　　　 //程序结束

（1）程序名

程序名由英文字母 O 和 1~4 位正整数组成（如 FANUC 系统），如 O1234。一般要求单列一段。

（2）程序内容

程序内容由若干个程序段组成。每个程序段一般占一行。

（3）程序结束

程序结束指令可以用 M02 或 M30。一般要求单列一段。

**2. 程序段格式**

零件的加工程序是由程序段组成的。程序段格式是指一个程序段中的字、字符和数据的书写规则，通常有字—地址可变程序段格式、使用分隔符的程序段格式和固定程序段格式，最常用的为字—地址可变程序段格式。

字—地址可变程序段格式由程序段号、程序字和程序段结束符组成。

字—地址可变程序段格式如表 2-1 所示。

表 2-1　字—地址可变程序段格式

| 1 | 2 | 3 | 4 | 5 | 6 | 7 | 8 | 9 | 10 |
|---|---|---|---|---|---|---|---|---|---|
| N_ | G_ | X_ Y_ Z_ | U_ V_ W_ | P_ Q_ R_ | I_ J_ K_ R_ | F_ | S_ | T_ | M_ |
| 程序段号 | 准备功能 | 尺寸字 | | | | 进给功能字 | 主轴功能字 | 刀具功能字 | 辅助功能字 |

**注意**：上述程序段中包括的各种指令并非在加工程序段中都必须有，而是根据各程序

段的具体功能来编入相应的指令。

例如：N30 G01 X50 Z30 F100

（1）程序段号

程序段号又称顺序号，位于程序段之首，由地址码 N 和后续数字组成，后续数字一般为 1~4 位的正整数。数控加工中的顺序号实际上是程序段的名称，与程序执行的先后次序无关。数控系统不是按程序段号的次序来执行程序，而是按照程序段编写时的排列顺序逐段执行。

程序段号的作用：对程序的校对和检索修改；作为条件转向的目标，即作为转向目的程序段的名称。有顺序号的程序段可以进行复归操作，这是指加工可以从程序的中间开始，或回到程序中断处开始。

（2）程序字

程序字通常由地址符、数字和符号组成。字的功能类别由地址符决定，字的排列顺序要求不太严格，数据的位数可多可少，不需要的字以及与上一程序段相同的程序字可以省略不写。程序字和地址符的意义及说明如表 2-2 所示。

表 2-2 程序字和地址符的意义及说明

| 程序字 | 地址符 | 意义 | 说明 |
|---|---|---|---|
| 程序号 | O, P, % | 用于制定程序的编号 | 主程序编号，子程序编号 |
| 程序段号 | N | 是程序段顺序号 | 由地址码 N 和后面的若干位数字组成 |
| 准备功能字 | G | 定义控制系统动作方式 | 用地址符 G 和 2 位数字表示，从 G00~G99 共 100 种。G 功能是使数控机床做好某种操作准备的指令，如 G01 表示直线插补运动 |
| 尺寸字 | X, Y, Z<br>A, B, C<br>U, V, W<br>I, J, K, R | 用于确定加工时刀具运动的坐标位置 | X, Y, Z（U, V, W）用于确定切削终点的直线坐标尺寸；A, B, C 用于确定附加轴终点的角度坐标尺寸；I, J, K 用于确定圆弧的圆心坐标；R 用于确定圆弧的半径 |
| 补偿功能 | D, H | 用于补偿号的指定 | D 通常是刀具半径补偿号，H 是刀具长度补偿号 |
| 进给功能字 | F | 用于切削进给速度的指定 | 表示刀具中心运动时的进给速度，由地址码 F 和它后面数字构成，单位为 mm/min 或 mm/r |
| 主轴转速功能字 | S | 用于指定主轴转速 | 由地址码 S 和它后面的数字组成 |
| 刀具功能字 | T | 用于指定加工时所用刀具的编号、刀具补偿号 | 由地址码 T 和它后面的数字组成，数字指定刀具的刀号，数字的位数由所用的系统决定，对于数控车床，T 后面还有指定刀具补偿号的数字 |

续表

| 程序字 | 地址符 | 意 义 | 说 明 |
|---|---|---|---|
| 辅助功能字 | M | 用于控制机床和系统的辅助装置的开关动作 | 由地址码 M 和它后面的数字组成，从 M00～M99 共 100 种。各种机床 M 代码规定有差异，必须根据说明书的规定进行使用 |

（3）程序段结束

写在一段程序段之后，表示程序段结束。在 ISO 标准中用"NL"或"LF"；在 EIA 标准代码中，结束符为"CR"；有的数控系统的程序段结束符用"；"或"＊"；也有的数控系统不设结束符，直接回车即可。

 **任务 2.2　数控机床的坐标系统**

数控加工是建立在数字计算，准确地说是建立在工件轮廓点坐标计算的基础上的。正确把握数控机床坐标轴的定义、运动方向的规定，以及根据不同坐标原点建立不同坐标系的方法，是正确计算的关键，并会给程序编制和使用维修带来方便。否则，程序编制容易发生混乱，操作中也易引发事故。

### 2.2.1　标准坐标系及其运动方向

为了使编程人员在不考虑机床上工件与刀具具体运动的情况下，就可以依据零件图样，确定机床的加工过程，特规定：永远假定工件是静止的，而刀具是相对于静止的工件而运动的。这就是刀具相对于静止工件而运动的原则。

在数控机床上加工零件，机床的动作由数控系统发出的指令来控制。为了确定机床的运动方向和移动距离，需要在机床上建立一个坐标系，这就是机床坐标系。机床坐标系是为了确定工件在机床上的位置、机床运动部件的特殊位置（如换刀点、参考点）以及运动范围（如行程范围、保护区）等而建立的几何坐标系，是机床上固有的坐标系。

标准的机床坐标系是一个右手笛卡尔直角坐标系。如图 2-2 所示，拇指、食指和中指相互成直角，分别代表 $X$，$Y$，$Z$ 三个坐标。$X$，$Y$，$Z$ 三个坐标与机床的主要导轨相平行，工件安装在机床上，通过移动导轨来找正工件。围绕 $X$，$Y$，$Z$ 轴旋转的圆周进给坐标轴 $A$，$B$，$C$ 按右手螺旋法则判定，拇指为轴的正方向，四指为绕轴旋转的正方向。

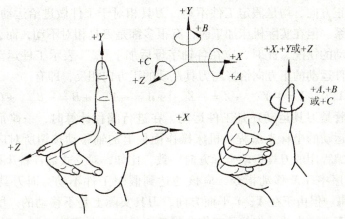

图2-2 右手笛卡尔直角坐标系

机床各坐标轴及其正方向按以下原则确定。

(1) 先确定 $Z$ 轴

以平行于机床主轴的刀具运动坐标为 $Z$ 轴,若有多根主轴,则可选垂直于工件装夹面的主轴为主要主轴,$Z$ 坐标则平行于该主轴轴线。若没有主轴,则规定垂直于工件装夹表面的坐标轴为 $Z$ 轴。$Z$ 轴正方向是使刀具远离工件的方向。如立式铣床,主轴箱的上、下或主轴本身的上、下即可定为 $Z$ 轴,且是向上为正;若主轴不能上下动作,则工作台的上、下便为 $Z$ 轴,此时工作台向下运动的方向定为正方向。

(2) 再确定 $X$ 轴

$X$ 轴为水平方向且垂直于 $Z$ 轴并平行于工件的装夹面。在工件旋转的机床（如车床、外圆磨床）上,$X$ 轴的运动方向是径向的,与横向导轨平行。刀具离开工件旋转中心的方向是正方向。对于刀具旋转的机床,若 $Z$ 轴为水平（如卧式铣床、镗床）,则沿刀具主轴后端向工件方向看,右手平伸出方向为 $X$ 轴正向,若 $Z$ 轴为垂直（如立式铣、镗床,钻床）,则从刀具主轴向床身立柱方向看,右手平伸出的方向为 $X$ 轴正方向。

(3) 最后确定 $Y$ 轴

在确定了 $X$,$Z$ 轴的正方向后,即可按右手定则定出 $Y$ 轴正方向。如图2-3所示是机床坐标系示例。

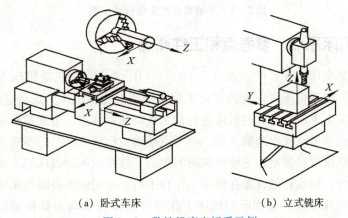

(a) 卧式车床　　　　　　　(b) 立式铣床

图2-3 数控机床坐标系示例

上述坐标轴正方向,均是假定工件不动,刀具相对于工件做进给运动而确定的方向,即刀具运动坐标系。但在实际机床加工时,有很多都是刀具相对不动,而工件相对于刀具移动实现进给运动的情况。此时,应在各轴字母后加上"′"表示工件运动坐标系。按相对运动关系,工件运动的正方向恰好与刀具运动的正方向相反,即有

$$+X = -X' \quad +Y = -Y' \quad +Z = -Z' \quad +A = -A' \quad +B = -B' \quad +C = -C'$$

事实上,不管是刀具运动还是工件运动,在进行编程计算时,一律都是假定工件不动,按刀具相对运动的坐标来编程。机床操作面板上的轴移动按钮所对应的正负运动方向,也应该是与编程用的刀具运动坐标方向一致。比如,对立式数控铣床而言,按 +X 轴移动钮或执行程序中 +X 移动指令,应该是达到假想工件不动,而刀具相对工件往右( +X)移动的效果。但由于在 X,Y 平面方向,刀具实际上是不移动的,所以相对于站立不动的人来说,真正产生的动作却是工作台带动工件在往左移动(即 +X′ 运动方向)。若按 +Z 轴移动钮,对工作台不能升降的机床来说,应该就是刀具主轴向上回升;而对工作台能升降而刀具主轴不能上下调节的机床来说,则应该是工作台带动工件向下移动,即刀具相对于工件向上提升。

此外,如果在基本的直角坐标轴 X,Y,Z 之外,还有其他轴线平行于 X,Y,Z,则附加的直角坐标系指定为 U,V,W 和 P,Q,R,如图 2-4 所示。

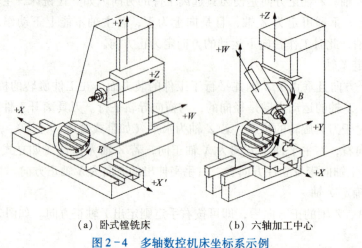

(a) 卧式镗铣床　　　(b) 六轴加工中心

图 2-4　多轴数控机床坐标系示例

## 2.2.2　机床原点、参考点和工件原点

机床原点就是机床坐标系的原点( $X=0$, $Y=0$, $Z=0$ )。它是机床上的一个固定的点,是生产厂家在制造机床时设置的固定坐标系原点,也称机床零点,它是在机床装配、调试时就已经确定下来的,是数控机床进行加工运动的基准点,也是机床检测的基准。机床坐标系是通过回参考点操作来确立的,参考点是确立机床坐标系的参照点。

数控车床的机床原点多定在主轴前端面的中心,数控铣床的机床原点多定在进给行程范围的正极限点处,但也有的设置在机床工作台中心,使用前可查阅机床用户手册。

参考点(或机床原点)是用于对机床工作台(或滑板)与刀具相对运动的测量系统进行定标与控制的点,一般都是设定在各轴正向行程极限点的位置上。该位置是在每个轴

上用挡块和限位开关精确地预先调整好的，它相对于机床原点的坐标是一个已知数，一个固定值。每次开机启动后，或当机床因意外断电、紧急制动等原因停机而重新启动时，都应该先让各轴返回参考点，进行一次位置校准，以消除上次运动所带来的位置误差。

在对零件图形进行编程计算时，必须要建立用于编程的坐标系，其坐标原点即为程序原点。而要把程序应用到机床上，程序原点应该放在工件毛坯的什么位置，其在机床坐标系中的坐标是多少，这些都必须让机床的数控系统知道，这一操作就是对刀。编程坐标系在机床上就表现为工件坐标系，坐标原点就称之为工件原点。工件原点一般按如下原则选取：

①工件原点应选在工件图样的尺寸基准上，这样可以直接用图纸标注的尺寸作为编程点的坐标值，减少数据换算的工作量；

②工件原点应选在容易找正、在加工过程中便于检查的位置上；

③应尽可能选在零件的设计基准或工艺基准上，使加工引起的误差最小；

④对于有对称几何形状的零件，工件原点最好选在对称中心点上。

车床的工件原点一般设在主轴中心线上，多定在工件的左端面或右端面。铣床的工件原点，一般设在工件外轮廓的某一个角上或工件对称中心处，进刀深度方向上的零点，大多取在工件表面，如图2-5所示。对于形状较复杂的工件，有时为编程方便可根据需要通过相应的程序指令随时改变新的工件坐标原点；对于在一个工作台上装夹加工多个工件的情况，在机床功能允许的条件下，可分别设定编程原点独立地编程，再通过工件原点预置的方法在机床上分别设定各自的工件坐标系。

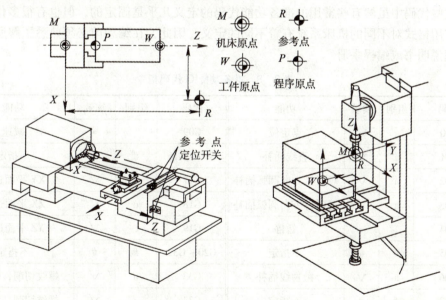

图2-5 坐标原点与参考点

对于编程和操作加工采取分开管理机制的生产单位，编程人员只需要将其编程坐标系和程序原点填写在相应的工艺卡片上即可。而操作加工人员则应根据工件装夹情况适当调整程序上建立工件坐标系的程序指令，或采用原点预置的方法调整修改原点预置值，以保证程序原点与工件原点的一致性。

**任务 2.3　常用数控指令代码**

数控机床的运动是由程序控制的,功能指令是组成程序段的基本单元,也是程序编制中的核心问题。目前国际上广泛应用的是 ISO 标准,我国机械工业部颁布的 JB/T 3208－1999《数控机床　穿孔带程序段格式中的准备功能 G 和辅助功能 M 的代码》,与国际标准等效。目前数控系统的种类较多,它们的指令代码还不统一,没有严格执行 ISO 1056：1975（E）和 JB/T 3208－1999 标准。因此,编程人员在编程前必须对自己使用的数控系统的功能（参照设备说明书）进行仔细研究,以免发生错误。

### 2.3.1　常用准备功能 G 指令

准备功能 G 指令,是用来规定刀具和工件的相对运动轨迹（即指令插补功能）、机床坐标系、坐标平面、刀具补偿和坐标偏置等多种加工操作。它由字母 G 及其后面的两位数字组成,从 G00～G99 共有 100 种代码,如表 2－3 所示。

表内第二栏中,标有字母的表示第一栏所对应的 G 代码为模态代码（续效代码）,字母相同的为一组,同组的代码不能同时出现在一个程序段中。模态代码表示这种代码一经在一个程序段中指定,便保持有效到以后的程序段中出现同组的另一代码为止。在表内第 2 栏中没有字母的表示对应的 G 代码为非模态代码,不能续效。

这些代码中虽然有些常用的准备功能代码的定义几乎是固定的,但也有很多代码其含义及应用格式对不同的机床系统有着不同的定义,因此,在编程前必须熟悉了解所用机床的使用说明书或编程手册。

表 2－3　准备功能 G 代码指令

| 代码 | 组别 | 续效 | 功能 | 代码 | 组别 | 续效 | 功能 |
|---|---|---|---|---|---|---|---|
| G00 | a | √ | 点定位 | G09 |  | * | 减速 |
| G01 | a | √ | 直线插补 | G10～G16 | # | # | 不指定 |
| G02 | a | √ | 顺时针方向圆弧插补 | G17 | c | √ | XY 平面选择 |
| G03 | a | √ | 逆时针方向圆弧插补 | G18 | c | √ | ZX 平面选择 |
| G04 |  | * | 暂停 | G19 | c | √ | YZ 平面选择 |
| G05 | # | # | 不指定 | G20～G32 | # | # | 不指定 |
| G06 | a | √ | 抛物线插补 | G33 | a | √ | 螺纹切削,等螺距 |
| G07 | # | # | 不指定 | G34 | a | √ | 螺纹切削,增螺距 |
| G08 |  | * | 加速 | G35 | a | √ | 螺纹切削,减螺距 |

续表

| 代码 | 组别 | 续效 | 功能 | 代码 | 组别 | 续效 | 功能 |
|---|---|---|---|---|---|---|---|
| G36 ~ G39 | # | # | 永不指定 | G59 | f | √ | 直线偏移 Y、Z |
| G40 | d | √ | 刀具补偿/偏置，注销 | G60 | h | √ | 准确定位1（精） |
| G41 | d | √ | 刀具左补偿 | G61 | h | √ | 准确定位2（中） |
| G42 | d | √ | 刀具右补偿 | G62 | h | √ | 快速定位（粗） |
| G43 | # (d) | # | 刀具正偏置 | G63 | | | 攻螺纹 |
| G44 | # (d) | # | 刀具负偏置 | G64 ~ G67 | # | # | 不指定 |
| G45 | # (d) | # | 刀具偏置 +/+ | G68 | # (d) | # | 刀具偏置，内角 |
| G46 | # (d) | # | 刀具偏置 +/− | G69 | # (d) | # | 刀具偏置，外角 |
| G47 | # (d) | # | 刀具偏置 −/− | G70 ~ G79 | # | # | 不指定 |
| G48 | # (d) | # | 刀具偏置 −/+ | G80 | e | √ | 固定循环，注销 |
| G49 | # (d) | # | 刀具偏置 0/+ | G81 ~ G89 | e | √ | 固定循环 |
| G50 | # (d) | # | 刀具偏置 0/− | G90 | j | √ | 绝对尺寸 |
| G51 | # (d) | # | 刀具偏置 +/0 | G91 | j | √ | 增量尺寸 |
| G52 | # (d) | # | 刀具偏置 −/0 | G92 | | * | 预置寄存 |
| G53 | f | √ | 直线偏移，注销 | G93 | k | √ | 时间倒数，进给率 |
| G54 | f | √ | 直线偏移 X | G94 | k | √ | 每分钟进给 |
| G55 | f | √ | 直线偏移 Y | G95 | k | √ | 主轴每转进给 |
| G56 | f | √ | 直线偏移 Z | G96 | i | √ | 恒线速度 |
| G57 | f | √ | 直线偏移 X、Y | G97 | i | √ | 每分钟转速（主轴） |
| G58 | f | √ | 直线偏移 X、Z | G98 ~ G99 | # | # | 不指定 |

注：1. "√"符号表示为模态指令，可以在同组其他代码出现以前一直续效；

2. "*"符号表示该功能指令为非续效指令；

3. "#"如选作特殊用途，必须在程序格式中说明；

4. 如在直线切削控制中没有刀具补偿，则 G43~G52 可指定作其他用途；

5. 在表中左栏括号中的字母（d）表示可以被同栏中没有括号的字母 d 所注销或代替，亦可被有括号的字母（d）所注销或代替；

6. G45~G52 的功能可用于机床上任意两个预定的坐标；

7. 控制机上没有 G53~G59，G63 功能时，可以指定其他用途。

G 指令分为两类：续效 G 指令和非续效 G 指令。其中续效 G 指令又称为模态指令，按功能分为若干组。模态指令一旦在程序段中指定，便一直有效，直到出现同组另一指令或被其他指令取消时才失效，与上一段相同的模态指令可省略不写。如表 2-3 所示，用小写英语字母对 G 指令按其功能进行分组，刀具运动功能为 a 组指令。同组的模态指令可以相互取消，后出现的可以取消前面的指令，因此不允许同组模态指令写在同一程序段中，如果在同一程序段中有两个或两个以上的同组模态指令，在该段程序中最后出现的模态指令有效。例如：若执行程序段 G00 G02 G03 G01 X10.0 Y25.0 F100.0，则等效于 G01 X10.0 Y25.0 F100.0。但是同组 G 指令不同组模态指令编在同一程序段内，不影响其续效。比如 G01，G41，G42，G40 以及 F，S 等。非续效 G 指令是该指令出现后，只在被指定的本程序段内有效，下一条程序中不再起作用。例如 G04 指令就是非模态指令。

### 2.3.2 辅助功能 M 指令

M 指令也是由字母 M 和两位数字组成。该指令与控制系统插补器运算无关，一般书写在程序段的后面，是加工过程中对一些辅助器件进行操作控制用的工艺性指令。例如，机床主轴的启动、停止、变换；冷却液的开关；刀具的更换；部件的夹紧或松开等。在从 M00 ~ M99 的 100 种代码中（如表 2-4 所示），同样也有些因机床系统而异的代码，也有相当一部分代码是不指定的。常用 M 指令有以下一些。

#### 1. M00：程序停止指令

在执行完含有 M00 的程序段后，机床的主轴、进给及冷却液都自动停止。该指令用于加工过程中测量刀具和工件的尺寸、工件调头及手动变速等固定操作。当程序运行停止时，全部现存的模态信息保持不变，固定操作完成后，重按"启动"键，便可继续执行后续的程序。

表 2-4 M 代码的定义

| 代码 | 功能开始时间 | | 功能保持到被取消或被同字母的程序指令所代替 | 功能仅在所出现的程序段内有作用 | 功能 |
| --- | --- | --- | --- | --- | --- |
| | 与程序段指令运动同时开始 | 在程序段指令运动完成后开始 | | | |
| M00 | | * | | * | 程序停止 |
| M01 | | * | | * | 计划停止 |
| M02 | | * | | * | 程序结束 |
| M03 | * | | * | | 主轴顺时针方向 |
| M04 | * | | * | | 主轴逆时针方向 |
| M05 | | * | * | | 主轴停止 |
| M06 | # | # | | * | 换刀 |
| M07 | * | | * | | 2 号冷却液开 |
| M08 | * | | * | | 1 号冷却液开 |
| M09 | | * | * | | 冷却液关 |
| M10 | # | # | * | | 夹紧 |
| M11 | # | # | * | | 松开 |

续表

| 代码 | 功能开始时间 | | 功能保持到被取消或被同字母的程序指令所代替 | 功能仅在所出现的程序段内有作用 | 功能 |
|---|---|---|---|---|---|
| | 与程序段指令运动同时开始 | 在程序段指令运动完成后开始 | | | |
| M12 | # | # | # | # | 不指定 |
| M13 | * | | * | | 主轴顺时针方向，冷却液开 |
| M14 | * | | * | | 主轴逆时针方向，冷却液开 |
| M15 | * | | | * | 正运动 |
| M16 | * | | | * | 负运动 |
| M17～M18 | # | # | # | # | 不指定 |
| M19 | | * | * | | 主轴停止 |
| M20～M29 | # | # | # | # | 永不指定 |
| M30 | | * | | * | 纸带结束 |
| M31 | # | # | | * | 互锁旁路 |
| M32～M35 | # | # | # | # | 不指定 |
| M36 | * | | # | | 进给范围1 |
| M37 | * | | # | | 进给范围2 |
| M38 | * | | # | | 主轴速度范围1 |
| M39 | * | | # | | 主轴速度范围2 |
| M40～M45 | # | # | # | # | 如有需要作为齿轮换挡，此外不指定 |
| M46～M47 | # | # | # | # | 不指定 |
| M48 | | * | * | | 注销M49 |
| M49 | * | | # | | 进给率修正旁路 |
| M50 | * | | # | | 3号冷却液开 |
| M51 | * | | # | | 4号冷却液开 |
| M52～M54 | # | # | # | # | 不指定 |
| M55 | * | | # | | 刀具直线位移，位置1 |
| M56 | * | | # | | 刀具直线位移，位置2 |
| M57～M59 | # | # | # | # | 不指定 |
| M60 | | * | | * | 更换工件 |

续表

| 代码 | 功能开始时间 | | 功能保持到被取消或被同字母的程序指令所代替 | 功能仅在所出现的程序段内有作用 | 功能 |
|---|---|---|---|---|---|
| | 与程序段指令运动同时开始 | 在程序段指令运动完成后开始 | | | |
| M61 | * | | | | 工件直线位移，位置1 |
| M62 | * | | * | | 工件直线位移，位置2 |
| M63 ~ M70 | # | # | # | # | 不指定 |
| M71 | * | | * | | 工件角度位移，位置1 |
| M72 | * | | * | | 工件角度位移，位置2 |
| M73 ~ M89 | # | # | # | # | 不指定 |
| M90 ~ M99 | # | # | # | # | 永不指定 |

注：①#号表示：如选作特殊用途，必须在程序格式说明中说明；
②M90 ~ M99 可指定为特殊用途。

### 2. M01：计划（任选）停止指令

该指令与 M00 类似，所不同的是只有在"任选停止"键按下，M01 才有效，否则机床仍不停止，会继续执行后续的程序段。该指令常用于工件关键性尺寸的停机抽样检查等情况，当检查完成后，按"启动"键可继续执行后面的程序。

### 3. M02：程序结束指令

当全部程序结束后，用此指令可使主轴、进给及冷却液全部停止，并使机床复位。因此，M02 的功能比 M00 多一项"复位"。

### 4. M03，M04，M05：与主轴有关的指令

M03 表示主轴正转（顺时针方向旋转），M04 表示主轴反转（逆时针方向旋转）。所谓主轴正转，是从主轴往正 $Z$ 方向看去，主轴处于顺时针方向旋转；而逆时针方向则为反转。

M05 为主轴停止，它是在该程序段其他指令执行后才使用的。

### 5. M06：换刀指令

M06 是手动或自动换刀指令。它不包括刀具选择功能，但兼有主轴停转和关闭冷却液的功能，常用于加工中心机床刀库换刀前的准备工作。

### 6. M07，M08，M09：与冷却液有关的指令

M07 为命令 2 号冷却液（雾状）开或切屑收集器开；M08 为命令 1 号冷却液（液状）开或切屑收集器开；M09 为冷却液关闭。冷却液的开关是通过冷却泵的启动与停止来控制的。

### 7. M10，M11：运动部件的夹紧及松开指令

M10 为运动部件的夹紧；M11 为运动部件的松开。用于工作台、工件、夹具、主轴等

的夹紧或松开。

**8. M19：主轴定向停止指令**

M19 使主轴准确地停止在预定的角度位置上。这个指令主要用于点位控制数控机床和自动换刀数控机床，如数控坐标镗床、加工中心等。

**9. M30：纸带结束指令**

M30 是执行完程序段内所有内容指令后，使主轴停转、冷却液关闭、进给停止，并将程序指针指向程序首，以便再加工下一个零件。它比 M02（程序结束）多了一个"复位程序指针"的功能，其他功能相同。

需要说明的是，由于生产数控机床的厂家很多，每个厂家使用的 G 功能、M 功能与 ISO 标准略有差异，因此对于某一台具体的数控机床，必须根据机床说明书的规定进行编程。

### 2.3.3　F，S，T 指令

**1. 进给速度 F 指令**

该指令是续效指令，用来表示刀具向工件进给的相对速度。在 FANUC 数控系统中，进给速度有每分钟进给和每转进给，用 G98 F_ 和 G99 F_ 指令来区别。其中 G98 F_ 中的 F 的单位为 mm/min，一般用于数控车、数控铣和加工中心编程；G99 F_ 中的 F 的单位为 mm/r，一般用于数控车编程。另外，进给速度功能 F 指令的速度上限值由系统参数设定，如果程序中进给速率超出限制范围，则实际进给率为系统设定的上限值。

**2. 主轴转速 S 指令**

该指令也是续效指令，用来指定主轴的转速，单位为 r/min。同样也可有代码法和直接指定法两种表示方法。S 指令只设定主轴转速的大小，并不会使主轴转动，必须用 M03（主轴正转）指令或 M04（主轴反转）指令，主轴才会转动，例如 M03 S800 表示主轴正转，转速为 800 r/min。

**3. 刀具号 T 指令**

在加工中心机床中，该指令用以自动换刀时选择所需的刀具。在车床中，常为 T 后跟 4 位数，前两位为刀具号，后两位为刀具补偿号。例如：T0101，其中前面的 01 表示刀具号，后面的 01 表示刀具补偿号。其中刀具号和刀具补偿号可以不一致，但是为了方便记忆，通常将刀具号和刀具补偿号统一。在数控加工中心编程中，T 后常跟两位数，用于表示刀具号，刀补号则用 H 代码或 D 代码表示，例如：M06 T05 D05 表示换 05 号刀，刀具补偿号是 05。

## 习 题 二

2.1 数控加工编程的方法有几种？

2.2 什么是机床坐标系与机床原点？

2.3 数控加工编程的一般步骤是什么？

2.4 什么是工件坐标系和工件原点？

2.5 什么是续效（模态）代码？什么是非续效（模态）代码？举例说明。

2.6 程序段格式有哪些？什么是可变程序段格式？为什么现在数控系统常用这种格式？它有何优点？

2.7 简要说明数控机床坐标轴的确定原则。

2.8 何为 F，T，S 功能？

2.9 G 指令和 M 指令的基本功能是什么？

2.10 试标出图 2-6 中各机床的坐标系。

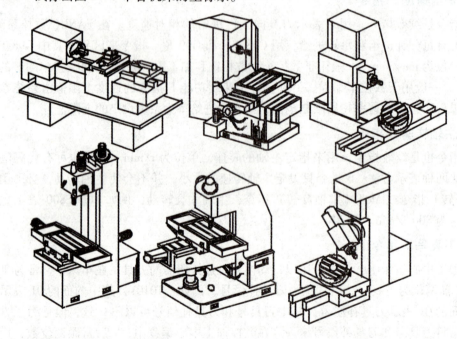

图 2-6

2.11 试述 M00，M01，M02，M30 的使用特点。

# 单元三 数控车床加工工艺与编程

数控车床是目前使用最广泛的数控机床之一。主要用于加工轴类、盘类等回转体零件。通过数控加工程序的运行，可自动完成内外圆柱面、圆锥面、成形表面、螺纹和端面等工序的切削加工，并能进行车槽、钻孔、扩孔、铰孔等工作，特别适合于复杂形状回转类零件的加工。本单元主要学习数控车床的加工特点、数控车削加工工艺、数控车床的坐标系与编程特点和数控车床的编程指令及用法等内容。

##  任务 3.1 数控车床的加工特点

### 3.1.1 数控车床的加工特点

由于数控车床在一次装夹中能完成多个表面的连续加工，因此提高了加工质量和生产效率，特别适用于复杂形状的回转类零件的加工。现代数控车床具有广泛的适应性和较高的灵活性；加工精度高，质量稳定；加工生产率高；以及具有较好经济效益等特点。具体表现为：

①数控车床采用了快速夹紧卡盘、快速夹紧刀具和快速换刀机构等装置，大大减少了卡盘和刀具的调整时间；

②采用工件自动测量系统，节省了测量时间并提高了加工质量；

③具有刀具补偿功能，节省了刀具补偿的计算和调整时间；

④由程序或操作面板输入指令来控制顶尖架的移动，节省了辅助时间；

⑤数控车床与普通车床相比，在机械总体结构上有了更加合理的布局，更便于操作者操作机床；

⑥采用高精度伺服电机和滚珠丝杠间隙消除装置，使进给机构速度快，并有良好的定位精度；

⑦采用数控伺服电动机驱动数控刀架，实现换刀自动化；

⑧具有程序存储功能的现代数控车床控制装置，可根据工件形状把粗加工的加工条件附加在指令中，进行内部运算，自动计算出刀具轨迹；

⑨采用机械手和棒料供给装置，既省力又安全，并提高了自动化程度和操作效率；

⑩具有复合加工能力，加工合理化和工序集中化的数控车床可完成高速、高精度的加工，达到复合加工的目的。

### 3.1.2 数控车床的使用特点

数控车床自动化程度高，可以减轻操作者的体力劳动强度。数控车床加工零件精度高、质量稳定。数控车床的定位精度和重复定位精度都很高,较容易保证一批零件尺寸的一致性,只要工艺设计和程序正确合理,就可以保证零件获得较高的加工精度,也便于对数控车床加工过程实行质量控制。

数控车削加工是数控加工中用得最多的加工方法之一,能做直线和圆弧插补以及能在加工过程中自动变速,其工艺范围较普通机床宽得多。主要用于轴类和盘类回转体零件的多工序加工,适合加工的零件有以下特点。

① 数控车床加工最适合多品种、单件、中小批量零件。随着数控车床加工制造成本的逐步下降,现在不管是国内还是国外,加工很小批量和单件生产时,如要求缩短程序的调试时间和工装的准备时间,数控车床是比较合适的选择。

② 数控车床适合加工精度要求高的零件。数控车床由于加工的刚性好,制造精度高,对刀精确,能方便地进行尺寸补偿,所以能加工尺寸精度要求高的零件。

③ 数控车床加工表面粗糙度值小的零件。在工件和刀具的材料、精加工余量及刀具角度一定的情况下,表面粗糙度取决于切削速度和进给速度。普通车床是恒定转速,直径不同切削速度就不同,像数控车床加工具有恒线速切削功能,车端面、不同直径外圆时可以用相同的线速度,保证表面粗糙度值既小且一致。在加工表面粗糙度不同的表面时,粗糙度小的表面选用小的进给速度,粗糙度大的表面选用大些的进给速度,灵活性很好。

④ 轮廓形状复杂的零件。任意平面曲线都可以用直线或圆弧来逼近,数控车床加工利用圆弧插补功能,可以加工各种复杂轮廓的零件。

⑤ 另外需要频繁改型的零件,贵重的、不允许报废的关键零件以及必须严格控制公差的零件,也适合在数控车床上加工。

### 3.1.3 数控车床的结构和类型

数控车床与普通车床相比较,其结构上仍然是由床身、主轴箱、刀架、进给传动系统、液压、冷却、润滑系统等部分组成。在数控车床上由于实现了计算机数字控制,伺服电动机驱动刀具做连续纵向和横向进给运动,所以数控车床的进给系统与普通车床的进给系统在结构上存在着本质的差别。普通车床主轴的运动经过挂轮架、进给箱、溜板箱传到刀架实现纵向和横向进给运动;而数控车床是采用伺服电动机经滚珠丝杠,传到滑板和刀架,实现纵向($Z$向)和横向($X$向)进给运动。可见数控车床进给传动系统的结构大为简化。

数控车床床身导轨与水平面的相对位置如图3-1所示,一般有5种布局形式。中、小规格的数控车床采用斜床身和卧式床身斜滑板的居多,只有大型数控车床或小型精密数控车床才采用平床身,立床身采用得较少。

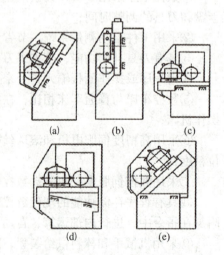

图3-1 床身和导轨的布局
(a) 后斜床身—斜滑板;(b) 立床身—立滑板;
(c) 卧式床身—平滑板;(d) 前斜床身—平滑板;
(e) 卧式床身—斜滑板

刀架作为数控车床的重要部件之一，它对机床整体布局及工作性能影响很大。按换刀方式的不同，数控车床的刀架主要有回转刀架和排式刀架，如图3-2所示。

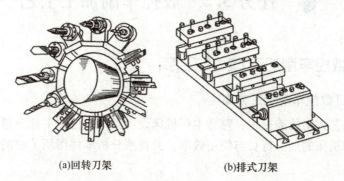

(a)回转刀架　　　　　　　　(b)排式刀架

图3-2　回转刀架和排式刀架

回转刀架是数控车床最常用的一种典型刀架系统。回转刀架在机床上的布局有两种形式：一种是适用于加工轴类和盘类零件的回转刀架，其回转轴与主轴平行；另一种是适用于加工盘类零件的回转刀架，其回转轴与主轴垂直。排式刀架一般用于小规格数控车床，以加工棒料或盘类零件为主。

数控车床类型和它所使用的数控系统不同，其加工范围和加工能力也是有差别的，数控车床按照不同的方法，可以分为许多种类型。

①按数控系统功能可以分为全功能数控车床、经济型数控车床和车削中心。

②按主轴的配置形式可以分为卧式数控车床和立式数控车床两大类，如图3-3所示。

③按数控系统控制的轴数可以分为两轴控制、四轴控制等。

④按加工零件的基本类型可以分为卡盘式数控车床、顶尖式数控车床。

(a)卧式数控车床　　　　　　　　(b)立式数控车床

图3-3　数控车床的类型

还有一些其他分类方法：按数控系统的不同控制方式等指标可分为直线控制数控车床、轮廓控制数控车床等；按特殊或专门的工艺性能可分为螺纹数控车床、活塞数控车床、曲轴数控车床等。另外，现在国外还有一类新式数控车床，可以车削淬火过的零件，称为硬车数控车床；而车削没有淬火的零件的车床称为软车数控车床。

## 任务 3.2　数控车削加工工艺

### 3.2.1　数控车削加工方案与工序：

**1. 研究制订数控车削加工方案**

研究制订工艺方案的前提是：熟悉本厂机床设备条件，把加工任务指定给最适宜的工种，尽可能发挥机床的加工特长与使用效率，并按照分析零件图所了解的加工要求，合理安排加工顺序。

（1）安排加工顺序的一般方法
①安排工件上基准部位的辅助加工及其他准备工序。
②安排工件工艺基准面的加工工序。
（2）根据工件的加工批量大小，确定加工工序的集中与分散
（3）充分估计加工中会出现的问题，有针对性地予以解决

例如：对于薄壁工件要解决装夹变形和车削震动的问题；对有角度位置的工件要解决角度定位问题；对于偏心工件要解决偏心夹具或装夹问题。

**2. 数控车削加工工序划分方法**

数控车削加工工序划分常有以下几种方法。
①按装夹次数划分工序：以每一次装夹作为一道工序，这种划分方法主要适用于加工内容不多的零件。
②按加工部位划分工序：按零件的结构特点分成几个加工部分，每个部分作为一道工序。
③按所用刀具划分工序：刀具集中分序法是按所用刀具划分工序，即用同一把刀或同一类刀具加工完成零件所有需要加工的部位，以达到节省时间、提高效率的目的。
④按粗、精加工划分工序：对易变形或精度要求较高的零件常用这种方法。这种划分工序一般不允许一次装夹就完成加工，而是粗加工时留出一定的加工余量，重新装夹后再完成精加工。

### 3.2.2　数控车装夹方案

数控车床的装夹需要根据工件结构特点和工件加工要求，确定合理装夹方式，选用相应的夹具。如轴类零件的定位方式通常是一端外圆固定，即用三爪自定心卡盘、四爪单动卡盘或弹簧套固定工件的外圆表面，但此定位方式对工件的悬伸长度有一定的限制。工件的悬伸长度过长在切削过程中会产生较大的变形，严重时将无法切削。对于切削长度过长的工件可以采用一夹一顶或两顶尖装夹。数控车床常用的装夹方法具体有以下几种。

**1. 三爪自定心卡盘装夹**

三爪自定心卡盘（如图 3-4（a）所示）是数控车床最常用的卡具。它的特点是可以

自定心，夹持工件时一般不需要找正，装夹速度较快，但夹紧力较小，定心精度不高。适于装夹中小型圆柱形、正三边或正六边形工件，不适合同轴度要求高的工件的二次装夹。

三爪卡盘常见的有机械式和液压式两种。数控车床上经常采用液压卡盘，液压卡盘特别适合于批量生产加工。三爪自定心卡盘可装成正爪或反爪两种形式。反爪用来装夹直径较大的工件。用三爪自定心卡盘装夹精加工过的表面时，被夹住的工件表面应包一层铜皮，以免夹伤工件表面。

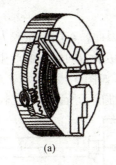 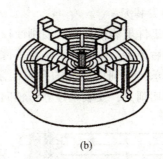

图3-4 三爪自定心卡盘和四爪单动卡盘

由于三爪自定心卡盘定心精度不高，当加工同轴度要求高的工件二次装夹时，常常使用软爪，如图3-5所示。软爪是一种可以加工的卡爪，在使用前配合被加工工件特别制造，专门用来夹持特定尺寸的零件。

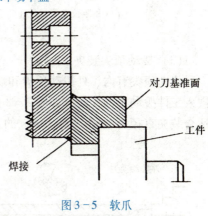

图3-5 软爪

### 2. 四爪单动卡盘装夹

用四爪单动卡盘装夹（如图3-4（b）所示）时，夹紧力较大，装夹精度较高，不受卡爪磨损的影响，但夹持工件时需要找正。适于装夹偏心距较小、形状不规则或大型的工件等。

### 3. 中心孔定位装夹

（1）两顶尖装夹

对于轴向尺寸较大或加工工序较多的轴类工件，为保证每次装夹时的装夹精度，可用两顶尖装夹。如图3-6所示，其前顶尖为普通顶尖，装在主轴孔内，并随主轴一起转动，后顶尖为活顶尖装在尾架套筒内。工件利用中心孔被顶在前后顶尖之间，并通过鸡心夹头带动旋转。这种方式，不需找正，装夹精度高，适用于多工序加工或精加工。

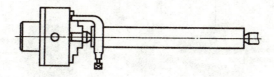

图3-6 两顶尖装夹

用两顶尖装夹工件时须注意以下事项：

①前后顶尖的连线应与车床主轴轴线同轴,否则车出的工件会产生锥度误差;

②尾座套筒在不影响车刀切削的前提下,应尽量伸出得短些,以增加刚性,减少振动;

③中心孔应形状正确,表面粗糙度值小,轴向精确定位时,中心孔倒角可加工成准确的圆弧形倒角,并以该圆弧形倒角与顶尖锥面的切线为轴向定位基准定位;

④两顶尖与中心孔的配合应松紧合适。

（2）卡盘、顶尖装夹

用两顶尖装夹工件虽然精度高,但刚性较差。因此,车削质量较大工件时要一端用卡盘夹住,另一端用后顶尖支撑。为了防止工件由于切削力的作用而产生轴向位移,必须在卡盘内装一限位支承,或利用工件的台阶面限位,如图 3-7 所示。这种方法比较安全,能承受较大的轴向切削力,安装刚性好,轴向定位准确,所以应用比较广泛。

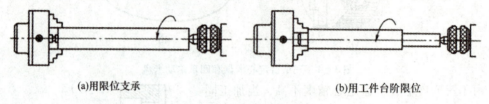

(a) 用限位支承　　　　　　　　　　(b) 用工件台阶限位

图 3-7　一夹一顶装夹

（3）拨动顶尖装夹

拨动顶尖有内、外拨动顶尖和端面拨动顶尖两种。内、外拨动顶尖是通过带齿的锥面嵌入工件拨动工件旋转,如图 3-8 所示。端面拨动顶尖是利用端面的拨爪带动工件旋转,适合装夹直径为（50~150）mm 的工件,如图 3-9 所示。

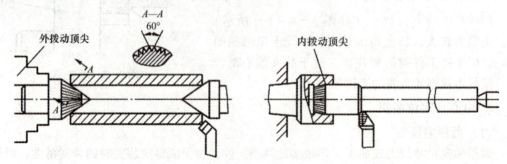

图 3-8　内、外拨动顶尖装夹

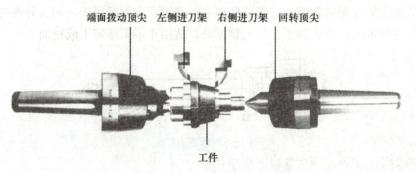

图 3-9　端面拨动顶尖装夹

### 4. 心轴与弹簧卡头装夹

用心轴或弹簧卡头装夹工件的定位精度高，装夹工件方便、快捷，适于装夹内外表面的位置精度要求较高的套类零件。

心轴以孔为定位基准，用心轴装夹来加工外表面，又分为锥柄式心轴和顶尖式心轴，如图3-10所示。

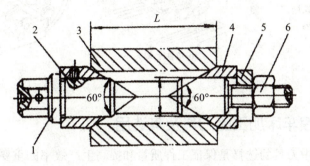

图3-10　心轴装夹

1—心轴；2—固定顶尖套；3—工件；4—活动顶尖套；5—快换垫圈；6—螺母

弹簧夹套以外圆为定位基准，采用弹簧卡头装夹来加工内表面，如图3-11所示。

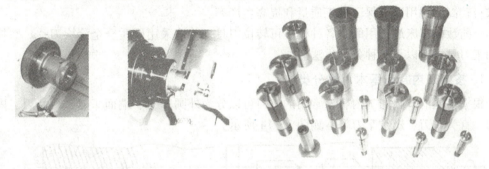

图3-11　弹簧夹套装夹

### 5. 利用其他工装夹具装夹

数控车削加工中有时会遇到一些形状复杂和不规则的零件，不能用三爪或四爪卡盘等夹具装夹，需要借助其他工装夹具装夹，如花盘、角铁等。花盘是安装在车床主轴上的一个大圆盘，盘面上的许多长槽用以穿放螺栓，工件可用螺栓直接安装在花盘上，如图3-12（a）所示。也可以把辅助支承角铁（弯板）用螺钉牢固夹持在花盘上，工件则安装在角铁上，如图3-12（b）所示。角铁要有一定的刚度，用于贴靠花盘和安放工件的两个平面应具有较高的垂直度，同时在工件的另一边要加平衡铁，以防止转动时因重心偏向一边而产生振动，工件在花盘上的位置须经仔细找正。

对于批量生产，有时还要采用组合夹具装夹。组合夹具一般采用预先制造好的标准夹紧元件以及根据设计好的定位夹紧方案组装而成的专用夹具，如图3-13所示。组合夹具既有专用夹具的优点，又有标准化和通用化的优点。

(a)花盘上装夹

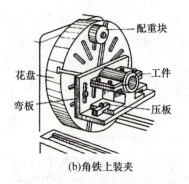
(b)角铁上装夹

图 3-12 弹簧夹套装夹

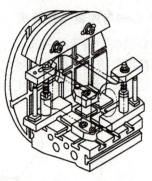
图 3-13 车床组合夹具

### 3.2.3 数控车床加工的刀具及其选用

数控加工过程中刀具的选择是保证工件质量和提高生产效率的重要环节。合理选择数控刀具需要综合考虑机床的自动化程度、每道工序的加工内容以及零件材料的切削性能等因素。为了满足加工中的各种要求，数控车床加工刀具应选用具有以下特点的优质刀具：刚度好和强度高，以适用大切深和快进给；高精度，以满足数控加工的高精度和自动换刀要求；较高的耐用度以保证加工质量和提高生产率。

目前数控车床最常用的是各种机夹可转位刀具，普遍采用硬质合金涂层刀片。数控车床加工刀具常有以下几种分类方法。

**1. 按加工内容和基本用途分类**

根据不同的车削加工内容，常用的车刀可以分为外圆车刀、端面车刀、切断刀、内孔车刀、直头车刀、螺纹车刀等，如图 3-14 所示。

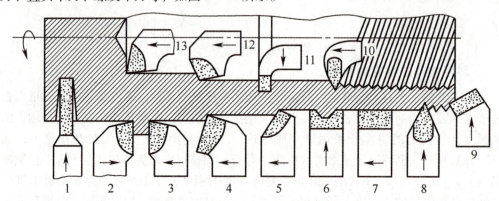

图 3-14 常用车刀的种类、形状和用途

1—切断（槽）刀；2—90°反（左）偏刀；3—90°正（右）偏刀；4—弯头车刀；5—直头车刀；6—成形车刀；7—宽刃精车刀；8—外螺纹车刀；9—端面车刀；10—内螺纹车刀；11—内切槽车刀；12—通孔车刀；13—盲孔车刀

其中，切断（槽）车刀用来切断工件或在工件上切槽；90°车刀（偏刀）用来车削工件的外圆、台阶面和端面；45°车刀（弯头车刀）用来车削工件的外圆、端面和倒角；内

孔车刀用来车削工件的内孔；螺纹切刀用来车削螺纹。

### 2. 按车刀结构分类

车刀按结构可以分为整体式和镶嵌式，其中镶嵌式刀具根据车刀与刀体固定方式的不同又可以分为焊接式和机械夹紧式车刀，如图 3-15 所示。

图 3-15 镶嵌式车刀

整体式车刀主要是整体式高速钢车刀，一般用于小型车刀、螺纹车刀和形状复杂的成型车刀。它具有抗弯强度高、冲击韧性好、制造简单和刃磨方便、刃口锋利等优点。

焊接式车刀是将硬质合金刀片用焊接的方法固定在刀体上，经过刃磨而成的。这种车刀结构简单、制造方便，刚性较好，但抗弯强度低、冲击韧性差，切削刃不如高速钢车刀锋利，不易于制作复杂刀具。

机械夹紧式车刀是数控车床上用得比较多的一种车刀，它分为机械夹紧式可重磨车刀和机械夹紧式不重磨车刀。机械夹紧式可重磨车刀将普通硬质合金刀片用机械夹紧的方法安装在刀杆上。刀片用钝后可以修磨，修磨后通过调节螺钉把刃口调整到适当位置，压紧后就可以继续使用。机械夹紧式不重磨车刀（即机械加紧式可转位车刀）的刀片一般为多边形，有多条切削刃，当其中的一条切削刃磨损钝化后，只需要松开加紧元件，将刀片转一个位置就可以继续使用，机械夹紧式可转位车刀的结构如图 3-16 所示。

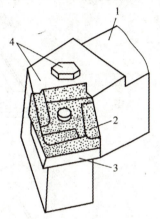

图 3-16 机夹可转位车刀的结构形式
1—刀柄；2—刀片；
3—刀垫；4—夹紧元件

### 3. 按车刀形状分类

数控车刀按形状可以分为三类：尖形车刀、圆弧形车刀和成形车刀，如图 3-17 所示。尖形车刀以直线形切削刃为特征的车刀。这类车刀的刀尖由直线型的主、副切削刃构成，如 90°内外圆车刀、左右端面车刀、切断（槽）车刀等。圆弧形车刀是特殊的数控加工刀具，它的主切削刃的形状是一圆度误差很小的圆弧，该圆弧刃每一点都是圆弧车刀的刀尖，所以刀位点不在圆弧上，而是在该圆弧的圆心上。圆弧形车刀主要用于车削内、外表面，特别适合车削各种光滑连接的成形表面。成形车刀又叫样板车刀，其加工零件的轮廓形状完全由车刀刀刃的形状和尺寸决定。在数控加工中，应尽量少用或者不用成形车刀。

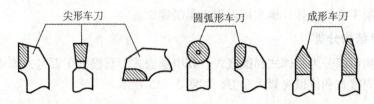

图 3-17 车刀按形状的分类

### 4. 按车刀材料分类

车刀（刀片）的材料主要有高速钢、硬质合金、涂层硬质合金、陶瓷、立方氮化硼和金刚石等。在数控车加工中应用最多的是硬质合金和涂层硬质合金刀片。常用的可转位车刀刀片形状有三角形、正方形、五边形、菱形和多边形，如图 3-18 所示。

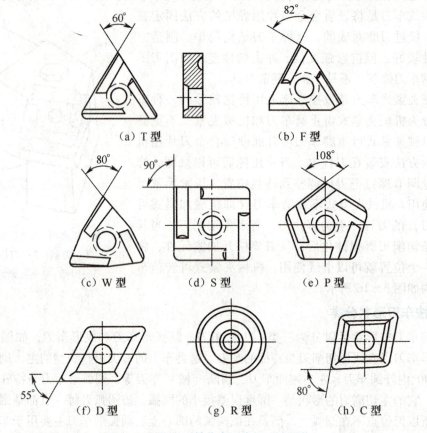

图 3-18 机夹可转位车刀常见刀片形状

高速钢可以承受较大的切削力和冲击力，可以锻造成形，刃口锋利，适合做成形刀具和螺纹刀具。高速钢的熔点低（只有 500℃），因此切削时需要用冷却液冷却。

硬质合金具有硬度高、熔点高（1000℃）、热稳定性好等特点。所以它的切削效率较高，是高速钢刀具的 5~10 倍。它是刀具的主流材料，它分为三种牌号：钨钴类硬质合金（YG）、钨钛类硬质合金（YT）、通用硬质合金（YW）。

### 3.2.4 切削用量的选择

数控车床编程和操作基本内容离不开切削参数的确定。在切削加工中，切削用量选择得是否合理，直接影响着零件加工质量、加工成本和生产率。切削用量选择得当，便能充分发挥机床和刀具功能，以取得生产效益的最大化；否则，会造成很大的浪费甚至导致生产事故，对此必须引起高度重视。

#### 1. 切削用量的主要参数

数控车床加工的切削用量包括：主轴转速或切削速度 $v_c$（用于恒线速切削）、背吃刀量 $a_p$（单边切削深度）、进给速度或进给量 $f$。确定三要素的基本原则是：先根据切削要求确定背吃刀量 $a_p$，接着查表得到进给量 $f$，然后再经过查表通过公式计算主切削速度 $v_c$。当然在许多场合我们可以通过经验数据来确定这三要素的值。

#### 2. 切削用量的选取原则

合理选择切削用量与机床型号、刀具、工件及加工工艺等多种因素有关。

粗加工时一般以允许发挥机床潜力和刀具的切削能力，提高生产效率为主，同时兼顾经济性和加工成本。由于切削速度对刀具使用寿命影响最大，背吃刀量对刀具使用寿命影响最小，因此，粗加工时，首先尽可能选择较大的背吃刀量 $a_p$，其次选择较大的进给量 $f$，最后，在保证刀具使用寿命和机床功率允许的条件下选择一个合理的切削速度 $v_c$，一般为中低速度。

精车和半精车的切削用量选择要保证加工质量，兼顾生产效率和刀具使用寿命。精车和半精车的背吃刀量是由零件加工精度和表面粗糙度要求以及粗车后留下的加工余量决定的，一般情况一刀切去余量。精车和半精车的背吃刀量较小，产生的切削力也较小，所以，在保证表面粗糙度的情况下，选择较小的背吃刀量 $a_p$，适当加大进给量 $f$，切削速度 $v_c$ 则选择较高速度。

（1）背吃刀量 $a_p$ 的确定

根据机床、夹具、刀具和工件的刚度以及机床的功率来确定。在工艺系统允许的情况下，应尽可能选较大的背吃刀量。除留给以后工序的余量外，其余的粗加工余量尽可能一次切除，以使走刀次数最少。一般粗加工的背吃刀量为（1~3）mm（单边）。当零件精度要求较高时，应根据精车要求选择精车余量为精车背吃刀量。数控车削的精加工余量一般取（0.1~0.5）mm。

（2）进给量 $f$ 的确定

进给量是指在单位时间内刀具沿进给方向移动的距离。在保证工件质量要求的前提下，为了提高生产率，应选择较高的进给速度。切断、车削深孔或精车时，则选择较低的进给速度。进给速度应与主轴转速和背吃刀量相适应。粗加工时，进给量 $f$ 的选择受切削力的限制。一般情况下，进给量 f 粗车时取（0.3~0.8）mm/r，精车时取（0.1~0.3）mm/r，切断时常取（0.05~0.2）mm/r。

（3）主轴转速 $n$（r/min）

在车削加工时，主轴转速应根据零件上被加工部位的直径，并按零件和刀具材料及加工性能等条件所允许的切削速度 $v_c$ 来计算。

$$n = 1000v_c/\pi D$$

式中，$v_c$——切削速度 mm/min，由刀具的耐用度决定；$D$——工件或刀具直径（mm）。

主轴转速 $n$ 要根据计算值在机床说明书中选取标准值。

如表 3-1 所示为数控车削切削用量推荐表，供编程参考。

表 3-1　切削用量推荐表

| 工件材料 | 加工方式 | 背吃刀量（mm） | 切削速度（r/min） | 进给量（mm/r） | 刀具材料 |
|---|---|---|---|---|---|
| 碳素钢 $\delta_b > 600$ MPa | 粗加工 | 5~7 | 60~80 | 0.2~0.4 | YT 类 |
| | 粗加工 | 2~3 | 80~120 | 0.2~0.4 | |
| | 精加工 | 0.2~0.3 | 120~150 | 0.1~0.2 | |
| | 车螺纹 | | 70~100 | 导程 | |
| | 钻中心孔 | | 500~800 | | W18Cr4V |
| | 钻孔 | | ~30 | 0.1~0.2 | |
| | 切断（宽度 < 5 mm） | | 70~110 | 0.1~0.2 | YT 类 |
| 合金钢 $\delta_b = 1470$ MPa | 粗加工 | 2~3 | 50~80 | 0.2~0.4 | YT 类 |
| | 精加工 | 0.1~0.15 | 60~100 | 0.1~0.2 | |
| | 切断（宽度 < 5 mm） | | 40~70 | 0.1~0.2 | |
| 铸铁 200 HBS 以下 | 粗加工 | 2~3 | 50~70 | 0.2~0.4 | YG 类 |
| | 精加工 | 0.1~0.15 | 70~100 | 0.1~0.2 | |
| | 切断（宽度 < 5 mm） | | 50~70 | 0.1~0.2 | |
| 铝 | 粗加工 | 2~3 | 600~1000 | 0.2~0.4 | YG 类 |
| | 精加工 | 0.2~0.3 | 800~1200 | 0.1~0.2 | |
| | 切断（宽度 < 5 mm） | | 600~1000 | 0.1~0.2 | |
| 黄铜 | 粗加工 | 2~4 | 400~500 | 0.2~0.4 | YG 类 |
| | 精加工 | 0.1~0.15 | 450~600 | 0.1~0.2 | |
| | 切断（宽度 < 5 mm） | | 400~500 | 0.1~0.2 | |

车削螺纹时，车床的主轴转速将受到螺纹的螺距（或导程）大小、驱动电机的升降频特性及螺纹插补运算速度等多种因素影响，故对于不同的数控系统，推荐有不同的主轴转速选择范围。如大多数经济型车床数控系统推荐车螺纹的主轴转速计算公式为

$$n \leqslant 1200/p - k$$

式中，$n$——主轴转速（r/min）；$P$——工件螺纹的导程（mm），英制螺纹为相应换算后的毫米值；$k$——保险系数，一般取为 80。

## 3.2.5 数控车削加工工艺路线制订

研究制订工艺方案的前提是要熟悉机床设备条件，尽可能发挥机床的加工特长与使用效率，并按照零件图的加工要求，合理安排加工顺序。

### 1. 零件的工艺性分析

（1）零件图分析

零件图分析是制订数控车削工艺的首要工作，主要应考虑以下几个方面。

①尺寸标注方法分析

在数控车床的编程中，点、线、面的位置一般都是以工件坐标原点为基准的。因此，零件图中尺寸标注应根据数控车床编程特点尽量直接给出坐标尺寸，或采用同一基准标注尺寸，减少编程辅助时间，容易满足加工要求。

②零件轮廓几何要素分析

在手工编程时需要知道几何要素各基点和节点坐标，在 CAD/CAM 编程时，要对轮廓所有的几何要素进行定义。因此在分析零件图样时，要分析几何要素给定条件是否充分。尽量避免由于参数不全或不清，增加编程计算难度，甚至导致无法编程。

③精度和技术要求分析

保证零件精度和各项技术要求是最终目标，只有在分析零件有关精度要求和技术要求的基础上，才能合理选择加工方法、装夹方法、刀具及切削用量等。如对于表面质量要求高的表面，应采用恒线速度切削；若还要采用其他措施（如磨削）弥补，则应给后续工序留有余量。对于零件图上位置精度要求高的表面，应尽量把这些表面在同一次装夹中完成。

（2）结构工艺性分析

零件结构工艺性分析是指零件对加工方法的适应性，即所设计的零件结构应便于加工成形。在数控车床上加工零件时，应根据数控车床的特点，认真分析零件结构的合理性。在结构分析时，若发现问题应及时与设计人员或有关部门沟通并提出相应修改意见和建议。在分析零件形状、精度和其他技术要求的基础上，选择在数控车床上加工的内容。选择数控车床加工的内容，应注意以下几个方面：

①优先考虑普通车床无法加工的内容作为数控车床的加工内容；

②重点选择普通车床难加工、质量也很难保证的内容作为数控车床的加工内容；

③在普通车床上加工效率低，工人操作劳动强度大的加工内容可以考虑在数控车床上加工。

### 2. 拟订工艺路线

（1）加工方法的选择

回转体零件的结构形状虽然多种多样，但它们都是由平面、内外圆柱面、圆锥面、曲面、螺纹等组成的。每一种表面都有多种加工方法，实际选择时应结合零件的加工精度、表面粗糙度、材料、结构形状、尺寸及生产类型等因素全面考虑。

(2) 加工顺序的安排

在选定加工方法后，就是划分工序和合理安排工序的顺序。零件的加工工序通常包括切削加工工序、热处理工序和辅助工序。工序安排一般有两种原则，即工序分散和工序集中。在数控车床上加工零件，应按工序集中的原则划分工序。

在数控车床加工过程中，由于加工对象复杂多样，特别是轮廓曲线的形状及位置千变万化，加上材料、批量不同等多方面因素的影响，具体在确定加工方案时，可按基面先行、先粗后精、先近后远、刀具集中、先内后外、内外交叉、程序段最少、走刀路线最短等原则综合考虑。

① 基准面先行原则

用作基准的表面应优先加工出来，因为定位基准的表面越精确，装夹误差就越小。故第一道工序一般是进行定位面的粗加工和半精加工（有时包括精加工），然后再以精基准加工其他表面。加工顺序安排遵循的原则是上道工序的加工能为后面的工序提供精基准和合适的夹紧表面。

② 先粗后精

在车削加工过程中，对粗精加工在一道工序内进行的，先对各表面进行粗加工，在较短的时间内，将毛坯的加工余量去掉，以提高生产效率，如图 3-19 所示的双点画线内的大部分。若粗车后所留余量的均匀性满足不了精加工的要求时，则要安排半精车，以此为精车做准备。全部粗加工结束后再进行半精加工和精加工，同时应尽量满足精加工的余量均匀性要求，逐步提高加工精度，以保证零件的精加工质量。

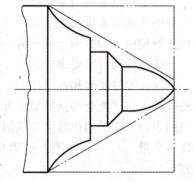

图 3-19 先粗后精走刀路线

在对零件进行粗加工后，应接着安排换刀后的半精加工和精加工。安排半精加工的目的是，当粗加工后所留余量的均匀性满足不了精加工要求时，则可安排半精车作为过渡性工序，使精车的余量基本一致，以便于精度的控制。

为充分释放粗加工时残存在工件内的应力，在粗、精加工工序之间可适当安排一些精度要求不高部位的加工，如切槽、倒角、钻孔等。

③ 先近后远

所谓近和远，是指加工部位相对于对刀点（起刀点）的距离远近而言的，一般情况下，在数控车床的加工中，尽可能采用最少的装夹次数和最少的刀具数量，以减少重新定位或换刀所引起的误差。一次装夹的加工顺序安排是先近后远，特别是在粗加工时，通常安排离起刀点近的部位先加工，离起刀点远的部位后加工，以便缩短刀具移动距离，减少空行程时间。对于车削加工，先近后远有利于保持毛坯件或半成品件的刚性，改善其切削条件。

如图 3-20 所示这类直径相差不大的台

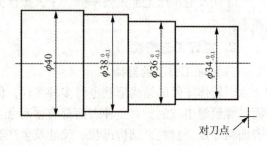

图 3-20 先近后远走刀路线

阶轴，当第一刀背吃刀量未超限度时，宜按 φ34 mm→φ36 mm→φ38 mm 的顺序先近后远地安排车削加工。

④先内后外、内外交叉

对既有内表面（内腔），又有外表面需加工的零件，安排加工顺序时，应先进行内、外表面的粗加工，后进行内、外表面的精加工。切不可将零件上一部分表面（外表面或内表面）加工完毕后，再加工其他表面（内表面或外表面）。

如图 3-21 所示的零件，当加工内表面时，由于内孔刀具刚性较差及工件的刚性不足，加工过程中振动较大，内表面的尺寸和表面形状不易控制，孔的尺寸精度和表面粗糙度就不易得到保证。因此，一般先内后外，但是，先将零件的一部分表面全部粗、精加工完毕后，再进行其他部位的粗、精加工的方式是不可取的。

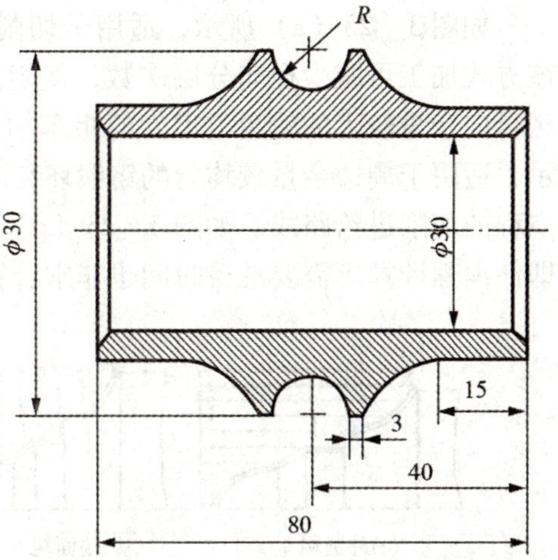

⑤保证工件加工刚度

应先安排对工件刚性破坏较小的工步，后安排对工件刚性破坏较大的工步，以保证工件加工时的刚度要求。

图 3-21 先内后外、内外交叉走刀路线

### 3. 确定走刀线路

走刀路线的确定原则是在保证加工质量的前提下，使加工程序具有最短的走刀路线，使之方便数值计算，减少编程工作量，这样不仅可以节省整个加工过程的执行时间，还能减少一些不必要的刀具消耗及机床进给滑动部件的磨损等。数控车床上确定走刀线路的重点，主要是指粗车加工和空运行走刀线路方面。

（1）粗车走刀路线

要实现最短的走刀路线，除了依靠大量的实践经验外，还应善于分析，采用合理的加工路线，如在加工中尽量使用一把刀将零件所有加工部位连续加工出来，以便减少换刀次数，缩短刀具移动距离。如图 3-22 所示为常用的加工进给路线，图（a）为"矩形"走刀，图（b）为"三角形"走刀，图（c）为沿工件轮廓走刀。对这三种切削进给路线进行分析和判断后可知矩形循环进给路线的走刀长度总和为最短。因此，在同等条件下，其切削所需时间（不含空行程）为最短，刀具的损耗小。另外，矩形循环加工的程序段格式较简单，所以这种进给路线的安排，在制订加工方案时应用较多。

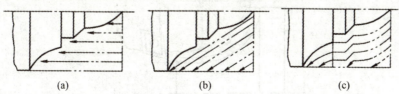

(a)　　　　　　　(b)　　　　　　　(c)

图 3-22 粗刀常用的加工进给路线

同时要充分利用数控系统所提供的功能，对切削进给路线的安排（如加工时间较长）要仔细考虑，充分利用各类刀具的切削性能（如断屑性能）、特点来合理地安排其走刀路线，可有效地提高加工速度。

如图 3-23（a）所示，适用于切削区轴向余量较大的细长轴套类零件的粗车，使用该方式加工可减少径向分层次数，使走刀路线变短。如图 3-23（b）所示，适用于切削区径向余量较大的轮盘类零件的粗车加工，并使得轴向分层次数少。如图 3-23（c）所示，适用于周边余量较均匀的铸锻坯料的粗车加工，对从棒料开始粗车加工，则会有很多空程的切削进给路线。如图 3-23（d）所示，批量加工时若走刀路线能比前几种的更短，即使编程计算等需要准备时间也非常合算。

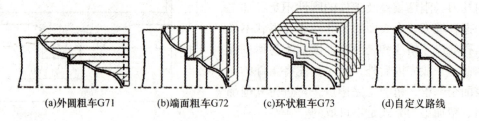

(a)外圆粗车G71　　(b)端面粗车G72　　(c)环状粗车G73　　(d)自定义路线

图 3-23　粗刀走刀路线

若按图 3-24（a）所示，从右往左由小到大逐次车削，由于受背吃刀量不能过大的限制，所剩的余量就必然过多；按图 3-24（b）所示，从大到小依次车削，则在保证同样背吃刀量的条件下，每次切削所留余量就比较均匀，是正确的阶梯切削路线。

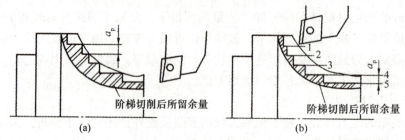

图 3-24　精加工走刀路线

基于数控机床的控制特点，可不受矩形路线的限制，采用如图 3-25 所示的走刀路线，但同样要考虑避免背吃刀量过大的情形，为此需采用双向进给切削的走刀路线。

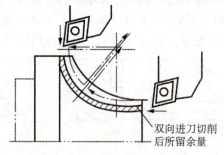

图 3-25　双向进给切削

（2）精车走刀路线

零件的最终精加工轮廓应由最后一刀连续加工而成，并且加工刀具的进、退刀位置要考虑妥当，尽量不要在连续的轮廓中安排切入和切出或换刀及停顿（切入、切出及接刀点位置应选在有空刀槽或表面间有拐点、转角的位置，不能选在曲线要求相切或光滑连接的部位），以免因切削力突然变化而造成弹性变形，致使光滑连接轮廓上产生表面划伤、形状突变或滞留刀痕等缺陷。

对各部位精度要求不一致的精车走刀路线，当各部位精度相差不是很大时，应以最严的精度为准，连续走刀加工所有部位；若各部位精度相差很大，则精度接近的表面安排在同一把刀走刀路线内加工，并先加工精度较低的部位，最后再单独安排精度高的部位的走刀路线。

（3）空行程走刀路线

①起刀点的设置

粗加工或半精加工时，多采用系统提供的简单或复合车削循环指令加工。使用固定循环时，循环起点通常应设在毛坯外面，如图3-26所示。

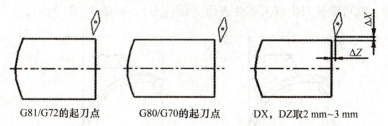

图3-26 起刀点的设置

②换刀点的设置

换刀点是指刀架转动换刀时的位置，应设在工件及夹具的外部，以换刀时不碰工件及其他部件为准，并力求换刀移动路线最短。

③退刀路线的设置

刀具加工的零件的部位不同，退刀的路线也不相同，如图3-27所示。

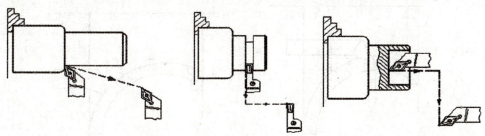

图3-27 退刀方式

◇斜线退刀方式。斜线退刀方式路线最短，适用于加工外圆表面的偏刀退刀。

◇径—轴向退刀方式。刀具先径向垂直退刀，到达指定位置时再轴向退刀，适用于切槽加工的退刀。

◇轴—径向退刀方式。刀具先轴向垂直退刀，到达指定位置时再径向退刀，适用于镗孔加工的退刀。

设置数控车床刀具的换刀点是编制加工程序过程中必须考虑的问题。换刀点最安全的位置是换刀时刀架或刀盘上的任何刀具都不与工件或机床其他部件发生碰撞的位置。

一般地，在单件、小批量生产中，我们习惯把换刀点设置为一个固定点，其位置不随工件坐标系的位置改变而发生变化。换刀点的轴向位置由刀架上轴向伸出最长的刀具（如内孔镗刀、钻头等）决定，换刀点的径向位置则由刀架上径向伸出最长的刀具（如外圆车刀、切槽刀等）决定。

在大批量生产中，为了提高生产效率，减少机床空行程时间，降低机床导轨面磨损，有时候可以不设置固定的换刀点。每把刀各有各的换刀位置。这时，编制和调试换刀部分的程序应该遵循两个原则：第一，确保换刀时刀具不与工件发生碰撞；第二，力求最短的换刀路线，即所谓的"跟随式换刀"。

（4）特殊的走刀路线

如图 3-28（a）所示当刀尖运动到圆弧的换象限处，即由 $-Z$，$-X$ 向 $-Z$，$+X$ 变换时，吃刀抗力 $F_p$ 与丝杠传动横滑板的传动力方向由原来相反变为相同，若螺旋副间有机械传动间隙，就可能使刀尖嵌入零件表面（即扎刀），如图 3-29 所示。

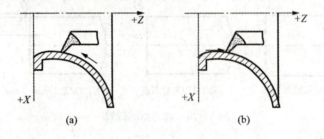

图 3-28 两种不同的进给方式

如图 3-28（b）所示的进给方法，因为刀尖运动到圆弧的换象限处，即由 $+Z$，$-X$ 向 $+Z$，$+X$ 方向变换时，吃刀抗力 $F_p$ 与丝杠传动横向滑板的传动力方向相反，不会受螺旋副机械传动间隙的影响而产生嵌刀现象，如图 3-30 所示为合理的进给方案。

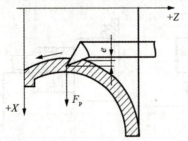 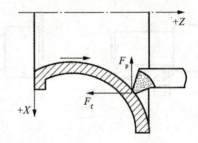

图 3-29 嵌刀现象　　　　图 3-30 合理的进给方式

在数控车床的加工中，特殊的情况较多，可根据实际情况，在进给方向的安排、切削路线的选择、断屑处理、刀具运用等方面灵活处理，并在实际加工中注意分析、研究、总结，不断积累经验，提高制订加工方案的水平。

## 任务 3.3  数控车床的坐标系统与编程特点

### 3.3.1  数控车床的坐标系统

**1. 机床原点**

数控车床的坐标系是这样确定的：平行于主轴轴线方向为 $Z$ 轴方向（轴向），刀具离开工件的方向为正；垂直于主轴的方向为 $X$ 轴方向（径向），同样也是刀具离开工件的方向为正。如图 3-31（a）、（b）所示，图 3-31（a）为普通数控车床的坐标系统（刀架前置），图 3-31（b）为带卧式刀塔的数控车床的坐标系统（刀架后置）。

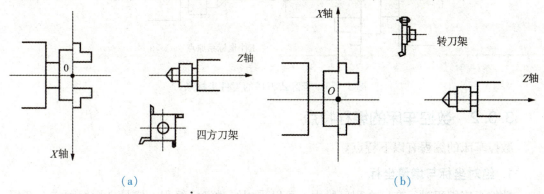

图 3-31  普通数控车床和带卧式刀塔的数控车床的坐标系统

数控车床的机床原点为主轴回转中心与卡盘后端面的交点，如图 3-31 所示的 $O$ 点。坐标系原点是一个固定点，其位置由制造厂商确定。

**2. 数控车床的参考点**

数控车床参考点是由机床限位行程开关和基准脉冲来确定的，它与机床坐标系原点有着准确的位置关系。它是刀具退离到一个固定不变的极限点，其位置由机械挡块来确定，这个点通常用来作为刀具交换的位置，如图 3-32 中的 $O'$ 点。通常机床通过返回参考点的操作来找到机械原点，所以开机后、加工前首先要进行返回参考点的操作。

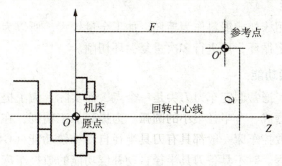

图 3-32  数控车床机床原点和参考点

#### 3. 工件坐标系

工件坐标系是编程人员根据零件的形状特点和尺寸标准的情况,为了方便计算出编程的坐标值而建立的坐标系。工件坐标系的方向必须与机床坐标系的方向彼此平行,方向一致。数控车削工件坐标系的原点一般位于零件右端面或左端面与轴线的交点上,如图3-33所示。

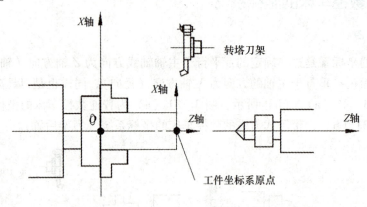

图 3-33 带卧式刀塔的工件坐标系

### 3.3.2 数控车床的编程特点

数控车床的编程有以下特点。

#### 1. 绝对坐标与增量坐标

数控车床编程时,在一个程序段中,可以采用绝对坐标编程、增量坐标编程或二者混合编程。在 FANUC 数控系统中,用"X,Z"表示绝对坐标编程方式,用"U,W"表示增量坐标编程方式。

#### 2. 直径编程方式

数控车床加工的回转体类零件,其横截面为圆形。在零件图上和加工测量时,零件的径向尺寸均以直径表示,所以多数数控车床系统采用直径编程。因此用绝对坐标编程时,X 以直径值表示;用增量坐标编程时,以径向实际位移量的二倍值表示,并附上方向符号(正向可以省略)。

#### 3. 固定循环功能

由于车削加工常用棒料或锻料作为毛坯,加工余量较大,所以为简化编程,数控装置常具备不同形式的固定循环,可进行多次重复循环切削。

#### 4. 刀尖半径补偿功能

数控车床编程时,通常假定车刀刀尖是一个点,而实际上为了提高刀具寿命和工件表面质量,车刀刀尖常磨成一个半径很小的圆弧。为提高加工精度,在编制程序时,需要对刀具半径进行补偿。数控车床一般都具有刀具半径自动补偿功能(G41,G42),这时可直接按工件轮廓尺寸编程。对不具备刀具半径自动补偿功能的数控车床,编程时需先计算补偿量。

## 任务 3.4　数控车床的编程指令及用法

### 3.4.1　状态指令

状态指令是编程的一种状态，这些指令使用简单，只要在程序中给出即可生效。需要注意的是每个系统默认状态指令不同。以下是 FANUC-0i 系统中的状态指令。

#### 1. G20，G21：尺寸单位选择指令

指令格式：G20
　　　　　G21

公制尺寸或英制尺寸输入，可分别用 G21，G20 指定。G20 指令是单位为英寸（in）的输入状态，G21 指令是单位为毫米（mm）的输入状态。G20，G21 为模态功能指令，选择公制或英制时，必须在程序开头在一个独立的程序段中指定，同一程序中，只能使用一种单位，不可公制或英制混合使用。G21 为系统默认状态指令。

#### 2. G98，G99：进给速度单位设定指令

指令格式：G98
　　　　　G99

G98 为每分钟进给。对于线性轴，$F$ 的单位依 G20/G21 的设定而为 mm/min 或 in/min；对于旋转轴，$F$ 的单位为度/分。G99 为每转进给，即主轴转一周时刀具的进给量，$F$ 的单位依 G20/G21 的设定而为 mm/r 或 in/r。G98，G99 为模态功能，可相互注销。

#### 3. G96，G97：主轴转速的计量单位设定指令

主轴转速的计量单位有两种，一种是 m/min，另一种是 r/min。

指令格式：G96
　　　　　G97

G96 是恒线速度控制指令，在车削端面、圆锥面或圆弧面时用该指令，使工件上任意一点的切削速度都一样，例如：G96 S125 表示主轴恒线速度为 125 m/min。G97 是恒转速控制指令，直接指定主轴速度并且转速恒定，例如：G97 S1200 表示主轴恒转速速度为 1200 r/min。

### 3.4.2　坐标系和坐标的指令

#### 1. G92：工件坐标系设定指令

指令格式：G92 X_　Z_ ；

其中，X_，Z_ 为对刀点到工件坐标系原点的有向距离。

当执行 G92 X$\alpha$ Z$\beta$ 指令后，系统内部即对（$\alpha$，$\beta$）进行记忆，并建立一个使刀具当前点坐标值为（$\alpha$，$\beta$）的坐标系，系统控制刀具在此坐标系中按程序进行加工。执行该指令只建立一个坐标系，刀具并不产生运动。G92 指令为非模态指令，

执行该指令时，若刀具当前点恰好在工件坐标系的 α 和 β 坐标值上，即刀具当前点在对刀点位置上，此时建立的坐标系即为工件坐标系，加工原点与程序原点重合。若刀具当前点不在工件坐标系的 α 和 β 坐标值上，则加工原点与程序原点不一致，加工出的产品就有误差，导致报废，甚至出现危险。因此执行该指令时，刀具当前点必须恰好在对刀点上即工件坐标系的 α 和 β 坐标值上。

由上可知要正确加工，加工原点与程序原点必须一致，故编程时加工原点与程序原点考虑为同一点。实际操作时怎样使两点一致，由操作时对刀完成。

如图 3-34 所示坐标系的设定，当以工件左端面为工件原点时，应按下行建立工件坐标系：

G92 X180. Z254. ；

当以工件右端面为工件原点时，建立工件坐标系为：

G92 X180. Z44. ；

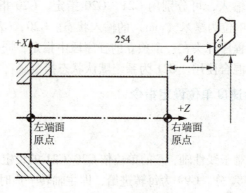

图 3-34 G92 设立坐标系

显然，当 α 和 β 不同，或改变刀具位置时，即刀具当前点不在对刀点位置上，则加工原点与程序原点不一致。因此在执行程序段 G92 X_ Z_ 前，必须先对刀。

X，Z 值的确定，即确定对刀点在工件坐标系下的坐标值。其选择的一般原则为：

◇方便数学计算和简化编程；

◇容易找正对刀；

◇便于加工检查；

◇引起的加工误差小；

◇不要与机床、工件发生碰撞；

◇方便拆卸工件；

◇空行程不要太长。

**2. G90，G91：绝对坐标编程与相对坐标编程指令**

指令格式：G90 X_ Y_ ；

　　　　　G91 X_ Y_ ；

G90 为绝对坐标编程，将刀具运动位置的坐标值表示为相对于坐标原点的距离，这种坐标的表示法称之为绝对坐标表示法，如图 3-35 所示。大多数的数控系统都以 G90 指令表示使用绝对坐标编程。

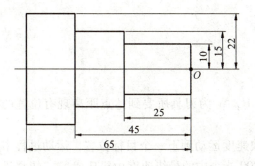
图3-35 绝对坐标表示法

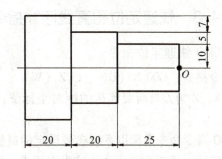
图3-36 增量坐标表示法

另外将刀具运动位置的坐标值表示为相对于前一位置坐标的增量,即为目标点绝对坐标值与当前点绝对坐标值的差值,这种坐标的表示法称之为增量坐标表示法,如图3-36所示。大多数的数控系统都以G91指令表示使用增量坐标编程,有的数控系统用X,Y,Z表示绝对坐标代码,用U,V,W表示增量坐标代码。在一个加工程序中可以混合使用这两种坐标表示法编程。如图3-37所示,使用G90,G91和混合指令编程:要求刀具由原点按顺序移动到1,2,3点,然后回到原点。

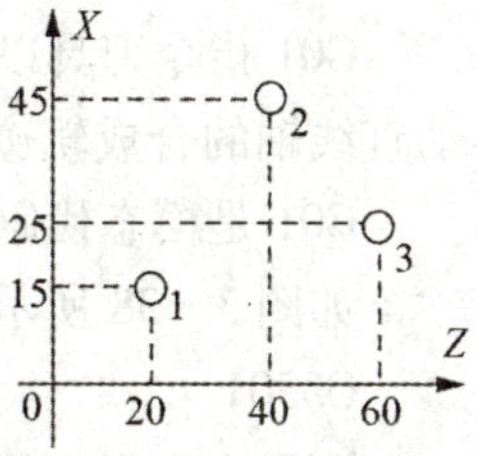

其程序如下:

G90 编程

N1 G92 X0. Y0. ;
N2 G01 X15. Z20. F60 ;
N3 X45. Z40. ;
N4 X25. Z60. ;
N5 X0. Z0. ;
N6 M30 ;

图3-37 G90/G91 编程

G91 编程

N1 G91 ;
N2 G01 X15. Z20. F60 ;
N3 X30. Z20. ;
N4 X-20. Z20. ;
N5 X-25. Z-60. ;
N6 M30 ;

混合编程

N1 G92 X0. Y0. ;
N2 G01 X15. Z20. F60 ;
N3 U30. Z40. ;
N4 X25. W20. ;
N5 X0. Z0. ;
N6 M30 ;

注意:其中表示增量的字符U,W不能用于循环指令G80,G81,G82,G71,G72,G73、G76程序段中,但可用于定义精加工轮廓的程序中;G90,G91可用于同一程序段中,但要注意其顺序所造成的差异。

选择合适的编程方式可使编程简化。当图纸尺寸由一个固定基准给定时,采用绝对方式编程较为方便;而当图纸尺寸是以轮廓顶点之间的间距给出时,采用相对方式编程较为方便。

G90,G91为模态功能,可相互注销,G90为缺省值。

### 3.4.3 快速定位和直线插补指令

#### 1. G00 快速定位指令

指令格式：G00 X（U）_　Z（W）_　；

其中，X，Z 为刀具所要到达的绝对坐标值；U，W 为刀具所要到达点距离现有位置的增量值。

G00 指令命令机床以系统参数设定的最快速度运动到下一个目标位置，运动过程中有加速和减速，该指令对运动轨迹没有要求。G00 指令中的最快速度由机床参数"快移进给速度"对各轴分别设定，不能用 F 规定。G00 一般用于加工前快速定位或加工后快速退刀。快移速度可由面板上的快速修调按钮修正。

注意：在执行 G00 指令时，因为 $X$ 轴和 $Z$ 轴的进给速率不同，不能保证各轴同时到达终点，因而联动直线轴的合成轨迹不一定是直线。操作者必须格外小心，以免刀具与工件发生碰撞。常见的做法是，将 $X$ 轴移动到安全位置，再放心地执行 G00 指令。

#### 2. G01 直线插补指令

指令格式：G01 X（U）_　Z（W）_　F_　；

G01 指令刀具以联动的方式，按 F 规定的合成进给速度，从当前位置按线性路线（联动直线轴的合成轨迹为直线）移动到程序段指令的终点。

G01 是模态代码，可由 G00，G02，G03 注销。

如图 3-38 所示，用直线插补指令编程，其程序如下：

```
O3301
N10 G90 G98 G21 ;           //绝对坐标编程、分进给、公制编程
N20 M03 S1200 ;              //主轴正转，转速为 1200 r/min
N30 T0101 ;                  //换 1 号刀，导入刀具刀补
N40 G00 X100. Z100. ;        //快速到达起刀点
N50 X16. Z2. ;               //移到倒角延长线，Z 轴 2 mm 处
N60 G01 U10. W-5. F80 ;      //倒 3×45°角
N70 Z-48. ;                  //加工 φ26 外圆
N80 U34. W-10. ;             //切第一段锥
N90 U20. Z-73. ;             //切第二段锥
N100 X90. ;                  //退刀
N110 G00 X100. Z10. ;        //回对刀点
N120 M05 ;                   //主轴停
N130 M30 ;                   //主程序结束并复位
```

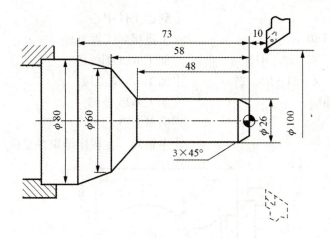

图 3－38　G01 编程实例

### 3.4.4　圆弧插补指令

圆弧插补指令 G02/G03 使刀具相对工件以指定的速度从坐标当前点（起点）向终点进行圆弧查补。

G02，G03 指令格式：$\begin{Bmatrix} G02 \\ G03 \end{Bmatrix}$ X（U）_ Z（W）_ $\begin{Bmatrix} I\_\ K\_ \\ R\_ \end{Bmatrix}$ F_ ；

由以上指令格式知，圆弧编程的方法有两种：一种是圆弧终点和圆弧半径，G02/G03 X（U）_ Z（W）_ R_ F_ ；另外一种是圆弧终点和圆心相对于圆弧起点的增量坐标，G02/G03 X（U）_ Z（W）_ I_ K_ F_ ；

说明：

（1）判断圆弧插补顺逆方法，沿与圆弧所在平面（如 XZ 平面）垂直的坐标轴的负方向（如 -Y）看去，刀具相对于工件的移动方向为顺时针用 G02 指令，逆时针用 G03 指令。一般建议无论哪种刀架的数控机床，从右向左车削工件，车外圆时凸圆弧为 G03，凹圆弧为 G02；车内孔时则相反。

（2）用绝对坐标 G90 编程时，X，Z 为圆弧终点坐标；用增量坐标 G91 编程时，U，W 为圆弧终点相对起点的坐标增量。

（3）无论使用绝对坐标编程还是用增量坐标编程，I，K 都为圆心在 X，Z 轴方向上相对于圆弧起点的坐标增量（它们的数值等于圆心坐标减去圆弧起点的坐标），这种编程方法适用于任何数控系统，并且可以编制整圆切削。圆心参数也可用半径 R 值表示，规定小于等于 180° 的圆弧，R 值取正；大于 180° 的圆弧，R 值取负。应注意，用 R 参数时，不能编制整圆的加工程序，如图 2－39 所示，不是整圆，可用半径来编程。

如图 3－39 所示的零件，用圆弧插补指令编程，其程序如下：

O3302

N10 G92 X40. Z5. ;　　　　　　//设立坐标系，定义对刀点的位置

N20 M03 S400 ;　　　　　　　//主轴以 400 r/min 旋转

N30 T0101 ;　　　　　　　　　//换 1 号刀，导入刀具刀补

```
N40 G00 X0. ;                    //到达工件中心
N50 G01 Z0. F60 ;                //工进接触工件毛坯
N60 G03 U24. W-24. R15. ;        //加工 R15 圆弧段
N70 G02 X26. Z-31. R5. ;         //加工 R5 圆弧段
N80 G01 Z-40. ;                  //加工 φ26 外圆
N90 X40. Z5. ;                   //回对刀点
N100 M30 ;                       //主轴停、主程序结束并复位
```

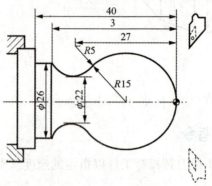

图 3-39　G02/G03 编程实例

## 3.4.5　暂停指令

暂停指令 G04 可使刀具做短时间的无进给运动，它适用于车削环槽、平面、钻孔等光整加工。

指令格式：G04 β□□

其中，β 为地址符，常用 X 或 P 表示。"□□"为暂停时间，单位为 ms；也可以是刀具或工件的转速，如何选用，要视具体数控系统的规定而定。

如图 3-40 所示的孔的加工，如果孔的底平面有粗糙度要求，需要用锪钻加工。用 G04 指令，使锪钻在锪到孔底时空转几圈。

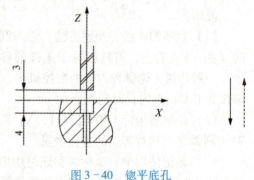

图 3-40　锪平底孔

## 3.4.6　回参考点控制指令

**1. G28：自动返回参考点指令**

指令格式：G28 X（U）＿　　Z（W）＿　；

G28 指令首先使所有的编程轴都快速定位到中间点，然后再从中间点返回到参考点。

一般，G28 指令用于刀具自动更换或者消除机械误差，在执行该指令之前应取消刀尖半径补偿。

在 G28 的程序段中不仅产生坐标轴移动指令，还记忆了中间点坐标值，以供 G29 使用。

电源接通后，在没有手动返回参考点的状态下，指定 G28 时，从中间点自动返回参考点，与手动返回参考点相同。这时从中间点到参考点的方向就是机床参数"回参考点方向"设定的方向。

G28 指令仅在其被规定的程序段中有效。

#### 2. G29：自动从参考点返回指令

指令格式：G29 X（U）_ Z（W）_ ；

G29 可使所有编程轴以快速进给经过由 G28 指令定义的中间点，然后再到达指定点。通常该指令紧跟在 G28 指令之后。

G29 指令仅在其被规定的程序段中有效。

例如，要求用 G28，G29 指令对如图 3-41 所示的路径编程：要求由点 $A$ 经过中间点 $B$ 并返回参考点，然后从参考点经由中间点 $B$ 返回到点 $C$。

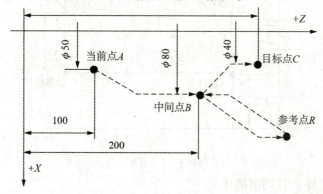

图 3-41　G28/G29 编程实例

```
O3303
N10 G92 X50. Z100. ;          //设立坐标系，定义对刀点 A 的位置
N20 G28 X8.0 Z200. ;           //从点 A 到达点 B 再快速移动到参考点
N30 G29 X40. Z250. ;           //从参考点 R 经中间点 B 到达目标点 C
N40 G00 X50. Z100. ;           //回对刀点
N50 M30                        //主轴停、主程序结束并复位
```

本例表明，编程员不必计算从中间点到参考点的实际距离。

### 3.4.7　固定循环加工编程

用车床加工零件时，经常遇到某些工序需要多次重复几种固定动作的情况。例如，当在余量很大的毛坯上进行外形切削或螺纹切削时，往往需要几次甚至很多次走刀才能完成。此时，使用固定循环（用含 G 功能的一个程序段来完成用多个程序段指令的加工操作）可简化编程。一般车床数控系统的固定循环分为单一形状固定循环和复合形状固定循环。

#### 1. 单一形状固定循环

利用单一固定循环可以将一系列连续的动作，如"切入—切削—退刀—返回"，用一个循环指令完成,从而使程序简化。

(1) 单一形状固定循环指令 G90

该循环重要用于圆柱面和圆锥面的循环切削加工

①圆柱面内(外)径切削循环

指令格式:G90 X(U)_ Z(W)_ F_ ;

X,Z:绝对值编程时,为切削终点 C 在工件坐标系下的坐标;增量值编程时,为切削终点 C 相对于循环起点 A 的有向距离,图形中用 U,W 表示,其符号由轨迹 1 和 2 的方向确定。

该指令执行如图 3-42 所示 A→B→C→D→A 的轨迹动作。

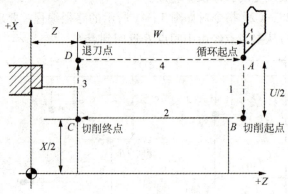

图 3-42 圆柱面内(外)径切削循环

②圆锥面内(外)径切削循环

指令格式:G90 X(U)_ Z(W)_ R_ F_ ;

在程序段中除 R 外,其余均与圆柱面内(外)径切削循环相同。R 为切削起点 B 与终点 C 的半径差。其符号为差的符号(无论是绝对值编程还是增量值编程)。

该指令执行如图 3-43 所示 A→B→C→D→A 的轨迹动作。

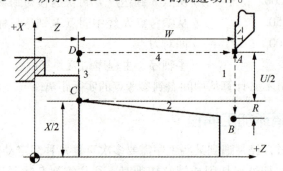

图 3-43 圆锥面内(外)径切削循环

如图 3-44 所示,运用外圆切削循环指令编程。

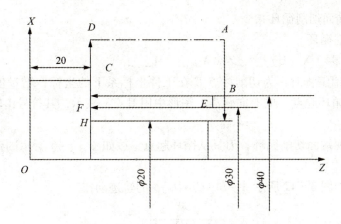

图 3-44 外圆切削循环

G00 X45. Z60. ;
G90 X40. Z20. F1.0 ;   // A→B→C→D→A
X30. ;                 // A→E→F→D→A
X20. ;                 // A→G→H→D→A

上述程序中每次循环都是返回了出发点，因此产生了重复切削端面 C 的情况，为了提高效率，可将循环部分程序改如下：

G00 X45. Z60. ;
G90 X40. Z20. F1.0 ;
G00 X41. ;
X30. ;
G00 X31. ;
X20. ;

如图 3-45 所示，运用外圆切削循环指令进行锥面切削编程，点画线代表毛坯。

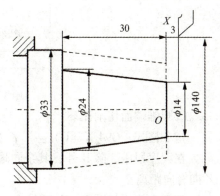

图 3-45 锥面切削循环

O3304
N10 T0101 ;                          // 换 1 号刀
N20 M03 S400 ;                       // 主轴以 400 r/min 旋转
N30 G00 X40. Z3. ;                   // 将刀具快速移到工件表面
N40 G90 X33. Z-30. R-5.5 F2.0 ;      // 加工第一次循环
N50 X30. ;                           // 加工第二次循环
N60 X27. ;                           // 加工第三次循环
N70 G01 X14. Z0 F2.0 ;               // 将刀具移到工具表面，进行精车
N80 X24 Z-30. ;
N90 G00 X50. Z60. ;
N100 M05 ;
N110 M30 ;                           // 主轴停、主程序结束并复位

（2）G94：端面切削循环指令

①端平面切削循环

指令格式：G94　X（U）＿　Z（W）＿　F＿　；

X，Z：绝对值编程时，为切削终点 C 在工件坐标系下的坐标；增量值编程时，为切削终点 C 相对于循环起点 A 的有向距离，图形中用 U，W 表示，其符号由轨迹 1 和 2 的方向确定。

该指令能实现端面切削循环，刀具从循环起点，按如图 3-46 所示的走刀路线，最后返回到循环起点。

该指令执行如图 3-47 所示 A→B→C→D→A 的轨迹动作。

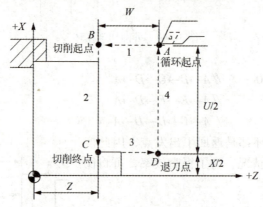

图 3-46　G94 平面切削循环

②圆锥端面切削循环

指令格式：G94 X（U）＿　Z（W）＿　R＿　F＿　；

在程序段中，除 R 外，其余同端平面切削循环，R 为切削起点 B 相对于切削终点 C 的 Z 向有向距离。

该指令执行如图 3-47 所示 A→B→C→D→A 的轨迹动作。

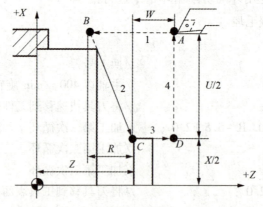

图 3-47　圆锥端面切削循环

如图 3-48 所示，用 G94 指令编程，点画线代表毛坯。

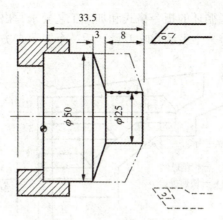

图 3-48 G81 切削循环编程实例

O3305
N10 G54 G90 G00 X60. Z5. M03 ;    //选定坐标系,主轴正转,到循环起点
N20 G94 X25. Z31.5 R -3.5 F100 ;   //加工第一次循环,吃刀深 2 mm
N30 X25. Z29.5 R -3.5 ;            //每次吃刀均为 2 mm
N40 X25. Z27.5 R -3.5 ;            //每次切削起点位,距工件外圆面 5 mm,故 R 值为 -3.5
N50 X25. Z25.5 R -3.5 ;            //加工第四次循环,吃刀深 2 mm
N60 M05 ;                           //主轴停
N70 M30 ;                           //主程序结束并复位

### 2. 复合形状固定循环

在使用 G90、G94 指令时,已经使程序简化了一些,但还有一类被称为复合形状固定循环的代码 (G70~G76),能使程序进一步得到简化。使用这些复合形状固定循环指令时,只需指定精加工的形状,就可以完成从粗加工到精加工的全部过程。

(1) G71:外径粗车循环指令

指令格式:G71 U$\Delta d$ R$e$ ;
          G71 P$ns$ Q$nf$ U$\Delta u$ W$\Delta w$ F$f$ S$s$ T$t$ ;

说明:$\Delta d$——背吃刀量,即每次切削深度(半径值),无符号;

$e$——退刀量;

$ns$——精加工形状程序段中的开始程序段号;

$nf$——精加工形状程序段中的结束程序段号;

$\Delta u$——X 轴方向精加工余量,直径值;

$\Delta w$——Z 轴方向的精加工余量。

使用 G71 指令能切除棒料毛坯大部分加工余量,切削是沿平行 Z 轴方向进行,如图 3-49 所示,为粗车外径的加工路径。图中 A 为循环起点,A→A'→B 为精加工路线。

**注意事项** ①使用循环指令编程,首先,要确定换刀点、循环点 A、切削始点 A' 和切削终点 B 的坐标位置。为节省数控机床的辅助工作时间,从换刀点至循环点 A 使用 G00 快速定位指令,循环点 A 的 X 坐标位于毛坯尺寸之外,Z 坐标值与切削始点 A' 的 Z 坐标值相同。其次，按照外圆粗加工循环的指令格式和加工工艺要求写出 G71 指令程序段，在循环指令中有两个地址符 U，前一个表示背吃刀量，后一个表示 X 方向的精加工余量。

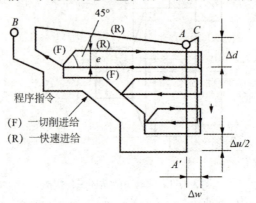

图 3-49　粗车外径 G71 循环方式

② 在使用 G71 进行粗加工循环时，只有含在 G71 程序段中的 F，S，T 功能才有效。而包含在 ns→nf 程序段中的 F，S，T 功能，即使被指定对粗车循环也无效。

③ 在 A→B 之间必须符合 X 轴，Z 轴方向的共同单调增大或减少的模式。

例如，用外径粗加工复合循环编制如图 3-50 所示零件的加工程序，要求：循环起始点在 A (46, 3)，切削深度为 1.5 mm（半径量），退刀量为 1 mm，X 方向精加工余量为 0.4 mm，Z 方向精加工余量为 0.1 mm，其中点画线部分为工件毛坯。

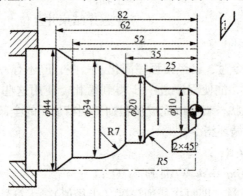

图 3-50　G71 固定循环

其加工程序如下：
O3306
N10 T0101 ;                    //选定 1 号刀具
N20 M03 S400 ;                 //主轴以 400 r/min 正转
N30 G01 X46. Z3. F2.0 ;        //刀具到循环起点位置
N40 G71 U1.5 R1. ;             //粗切量：1.5 mm
N50 G71 P6 Q14 U0.4 W0.1 F2.0; //精切量：X0.4 mm Z0.1 mm
N60 G00 X0;                    //精加工轮廓起始行，到倒角延长线
N70 G01 X10. Z-2. ;            //精加工 2×45°倒角

N80 Z-20. ;                            //精加工φ10外圆
N90 G02 U10. W-5. R5. ;                //精加工R5圆弧
N100 G01 W-10 ;                        //精加工φ20外圆
N110 G03 U14. W-7. R7. ;               //精加工R7圆弧
N120 G01 Z-52. ;                       //精加工φ34外圆
N130 U10. W-10. ;                      //精加工外圆锥
N140 W-20. ;                           //精加工φ44外圆，精加工轮廓结束行
N150 X50. ;                            //退出已加工面
N160 G70 P6 Q14 ;
N170 G00 X80. Z80. ;                   //回对刀点
N180 M05 ;                             //主轴停
N190 M30 ;                             //主程序结束并复位

(2) G72：端面粗车循环指令

指令格式：G72 W$\underline{\Delta d}$ R$\underline{e}$ ;

G72 P$\underline{ns}$ Q$\underline{nf}$ U$\underline{\Delta u}$ W$\underline{\Delta w}$ F$\underline{f}$ S$\underline{s}$ F$\underline{t}$ ;

如图3-51所示，G72指令的含义与G71相同，不同之处是G72沿着平行于X轴进行切削，它是从外径方向向轴心方向切削端面的粗车循环，该循环方式适用于圆柱棒料毛坯端面方向的粗车。

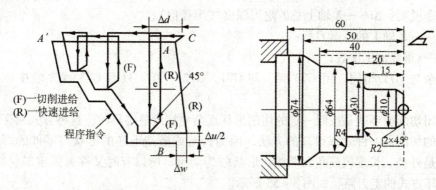

图3-51 端面粗车G72循环方式        图3-52 G72固定循环

例如，编制如图3-52所示零件的加工程序，要求：循环起始点在(80, 1)，切削深度为1.2 mm。退刀量为1 mm，X方向精加工余量为0.2 mm，Z方向精加工余量为0.5 mm，其中点画线部分为工件毛坯。其程序如下：

O3307
N10 T0101 ;                            //换1号刀，确定其坐标系
N20 G00 X100. Z80. ;                   //到程序起点或换刀点位置
N30 M03 S400 ;                         //主轴以400 r/min正转
N40 X80. Z1. ;                         //到循环起点位置
N50 G72 W1.2 R1. ;                     //外端面粗切循环加工
N60 G72 P8 Q17 U0.2 W0.5 F1.0 ;

| | |
|---|---|
| N70 G00 X100. Z80. ; | //粗加工后，到换刀点位置 |
| N80 G42 X80. Z1. ; | //加入刀尖圆弧半径补偿 |
| N90 G00 Z−56. ; | //精加工轮廓开始，到锥面延长线处 |
| N100 G01 X54. Z−40. F0.5 ; | //精加工锥面 |
| N110 Z−30. ; | //精加工 $\phi 54$ 外圆 |
| N120 G02 U−8. W4. R4. ; | //精加工 R4 圆弧 |
| N130 G01 X30. ; | //精加工 Z26 处端面 |
| N140 Z−15. ; | //精加工 $\phi 30$ 外圆 |
| N150 U−16. ; | //精加工 Z15 处端面 |
| N160 G03 U−4. W2. R2. ; | //精加工 R2 圆弧 |
| N170 Z−2. ; | //精加工 $\phi 10$ 外圆 |
| N180 U−6. W3. ; | //精加工倒 $2\times 45°$ 角，精加工轮廓结束 |
| N190 G00 X50. ; | //退出已加工表面 |
| N200 G40 X100. Z80. ; | //取消半径补偿，返回程序起点位置 |
| N210 M30 ; | //主轴停、主程序结束并复位 |

（3）G73：封闭粗车循环指令

指令格式：G73 U$\Delta i$ W$\Delta k$ R$d$；

G73 P$ns$ Q$nf$ U$\Delta u$ W$\Delta w$ F$f$ S$s$ T$t$；

指令说明：$\Delta i$——X 轴上总的吃刀深度（半径值）；

$\Delta k$——Z 轴上的总退刀量；

$d$——重复加工次数；

其余与 G71 相同。用 G73 时，与 G71，G72 一样，只有 G73 程序段中的 F，S，T 有效。

封闭切削循环就是按照一定的切削形状逐渐地接近最终形状。这种方式对于铸造或锻造毛坯的切削是一种效率很高的方法，因为铸造或锻造毛坯的形状与零件的形状基本接近，只是外径、长度较成品大一些，形状较为固定，所以有时又称为固定形状粗车循环。G73 循环方式的走刀路径如图 3-55 所示。

**注意事项** 封闭切削循环的特点是刀具轨迹平行于工件的轮廓，故适合加工铸造和锻造成形的坯料。使用 G73 指令时，首先要确定换刀点、循环点 $A$、切削始点 $A'$ 和切削终点 $B$ 的坐标位置。分析图 3-53，$A$ 点是循环点，$A'\rightarrow B$ 是工件的轮廓线，$A\rightarrow A'\rightarrow B$ 为刀具的精加工路线。

例如，编制如图 3-54 所示零件的加工程序：设切削起始点在 (52, 5)；X, Z 方向粗加工余量分别为 3 mm, 0.9 mm；粗加工次数为 3；X, Z 方向精加工余量分别为 0.6 mm, 0.1 mm。其中点画线部分为工件毛坯。其程序如下：

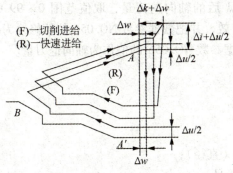
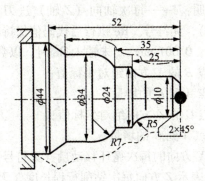

图 3-53 封闭粗车 G73 循环方　　　　图 3-54 G73 固定循环

O3308
N10 T0101 ;                     //选定 1 号刀并建立工件坐标系
N20 G00 X80. Z80. ;             //到程序起点位置
N30 M03 S400 ;                  //主轴以 400 r/min 正转
N40 G00 X52. Z5. ;              //到循环起点位置
N50 G73 U3. W0.9 R3. ;
N60 G73 P7 Q15 U0.6 W0.1 F1.5 ; //闭环粗切循环加工
N70 G00 X0. Z3. ;               //精加工轮廓开始，到倒角延长线处
N80 G01 U10. Z-2. F1.0 ;        //精加工倒 2×45°角
N90 Z-20. ;                     //精加工 $\phi 10$ 外圆
N100 G02 U10. W-5. R5. ;        //精加工 R5 圆弧
N110 G01 Z-35. ;                //精加工 $\phi 20$ 外圆
N120 G03 U14. W-7. R7. ;        //精加工 R7 圆弧
N130 G01 Z-52. ;                //精加工 $\phi 34$ 外圆
N140 U10. W-10. ;               //精加工锥面
N150 U10. ;                     //退出已加工表面，精加工轮廓结束
N160 G00 X80. Z80. ;            //返回程序起点位置
N170 M05 ;
N180 M30 ;                      //主轴停、主程序结束并复位

(4) G70：精车固定循环指令

指令格式：G70 P$ns$ Q$nf$；

其中，$ns$ 和 $nf$ 的含义与前述含义相同。

由 G71，G72 和 G73 完成粗加工后，可以用 G70 进行精加工。在这里 G71，G72，G73 程序段中的 F，S，T 的指令都无效，只有在 $ns \sim nf$ 程序段中的 F，S，T 才有效，并且在程序段中不能调用子程序。

(5) G74：深孔钻削循环指令

指令格式：G74 R$e$；

G74 X (U) _ Z (W) _ P$\Delta i$ Q$\Delta k$ R$\Delta d$ F$f$；

指令说明：$e$——每次轴向（$Z$ 轴）进刀 $\Delta k$ 后的轴向退刀量，取值范围 $0 \sim 99.999$（单位：mm），无符号。Re 执行后代码值保持有效，并把数据参数 NO.056 的值修改为 $e \times 1000$（单位：$0.001$ mm）。未输入 Re 时，以数据参数 NO.056 的值作为轴向退刀量。

X——点 $B$ 的 $X$ 方向绝对坐标值；

U——点 $A$ 到 $B$ 的增量；

Z——点 $C$ 的 $Z$ 方向绝对坐标值；

W——点 $A$ 到 $C$ 的增量；

$\Delta i$——$X$ 方向的每次循环移动量（无符号）（直径）；

$\Delta k$——表示 $Z$ 方向每次钻削行程长度（无符号）；

$\Delta d$——切削到终点时 $X$ 方向的退刀量（直径），通常不指定，省略 X（U）和 $\Delta i$ 时，则视为 0；

$f$——进给速度。

该指令可以用于断续切削，走刀路线如图 3-55 所示，如把 X（U）和 P，R 值省略，则可用于钻孔加工。

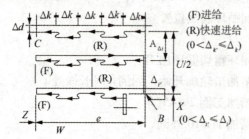

图 3-55　G74 钻削循环指令循环方式　　图 3-56　用 G74 深孔钻削循环指令加工孔

如图 3-56 所示是用深孔钻削循环 G74 指令加工孔实例，其程序为：

G50 X60. Z40. ；

G00 X0 Z2. ；

G74 R1. ；

G74 Z-12. Q5 F0.5 S250 ；

G00 X60. Z40. ；

（6）G75：外圆切槽复合循环指令

指令格式：G75　R$e$ ；

　　　　　　G75 X（U）_　Z（W）_　P$\Delta i$ Q$\Delta k$ R$\Delta d$ F$f$ ；

指令说明：$e$——退刀量；

X，Z——终点坐标值；

$\Delta i$——$X$ 轴方向的移动量，无正负号；

$\Delta k$——$Z$ 轴方向的移动量，无正负号；

$\Delta d$——在切削底部刀具退回量；

$f$——进给速度。

该指令用于端面断续切削，走刀路线如图 3-57 所示。如把 Z（W）和 Q，R 值省略，则可用于外圆槽的切削。

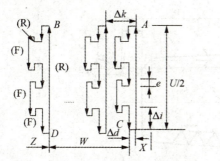

图 3-57 G75 外圆切槽复合循环方式

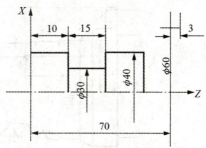

图 3-58 用 G75 指令加工槽

如图 3-58 所示是用外圆切槽复合循环指令加工槽的实例，其程序为：

G50 X60. Z70. ;
G00 X42. Z22. S400 ；
G75 R1. ；
G75 X30. Z10. P3 Q2.9 F1.0 ；
G00 X60. Z70. ；

**注意事项** 应用外圆切槽循环指令，如果使用的刀具为切槽刀，该刀具有两个刀尖，设定左刀尖为该刀具的刀位点，在编程之前先要设定刀具的循环起点和目标点，如果工件槽宽大于切槽刀的刃宽，则要考虑刀刃轨迹的重叠量，使刀具在 $Z$ 轴方向位移量 $\Delta k$ 小于切槽刀的刃宽，切槽刀的刃宽与刀尖位移量 $\Delta k$ 之差为刀刃轨迹的重叠量。

### 3.4.8 螺纹加工指令

螺纹切削分为单行程螺纹切削、简单螺纹切削和螺纹切削复合循环。FANUC—0i 数控车床系统提供了四种螺纹加工编程指令，其中要重点掌握 G32，G92，G76 指令的格式及其使用。

#### 1. G32：螺纹切削指令

指令格式：G32 X（U）＿ Z（W）＿ F＿ ；

X，Z 为绝对编程时，有效螺纹终点在工件坐标系中的坐标。

U，W 为增量编程时，有效螺纹终点相对于螺纹切削起点的位移量。

F 为螺纹导程，单位为 mm，即主轴每转一圈，刀具相对于工件的进给值。正值时，主轴正转车削螺纹；负值时，主轴反转车削螺纹。

使用 G32 指令能加工圆柱螺纹、锥螺纹和端面螺纹。如图 3-59 所示为锥螺纹切削时各参数的意义。

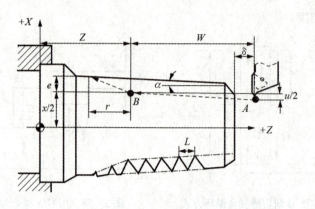

图 3-59 螺纹切削参数

螺纹车削加工为成形车削,且切削进给量较大,刀具强度较差,一般要求分数次进给加工。如表 3-2 所示,为常用螺纹切削的进给次数与吃刀量

表 3-2 常用螺纹切削的进给次数与吃刀量

| 公制螺纹/mm | | | | | | | | |
|---|---|---|---|---|---|---|---|---|
| 螺距 | | 1.0 | 1.5 | 2 | 2.5 | 3 | 3.5 | 4 |
| 牙深(半径量) | | 0.649 | 0.974 | 1.299 | 1.624 | 1.949 | 2.273 | 2.598 |
| 切削次数及吃刀量(直径量) | 1次 | 0.7 | 0.8 | 0.9 | 1.0 | 1.2 | 1.5 | 1.5 |
| | 2次 | 0.4 | 0.6 | 0.6 | 0.7 | 0.7 | 0.7 | 0.8 |
| | 3次 | 0.2 | 0.4 | 0.6 | 0.6 | 0.6 | 0.6 | 0.6 |
| | 4次 | | 0.16 | 0.4 | 0.4 | 0.4 | 0.6 | 0.6 |
| | 5次 | | | 0.1 | 0.4 | 0.4 | 0.4 | 0.4 |
| | 6次 | | | | 0.15 | 0.4 | 0.4 | 0.4 |
| | 7次 | | | | | 0.2 | 0.2 | 0.4 |
| | 8次 | | | | | | 0.15 | 0.3 |
| | 9次 | | | | | | | 0.2 |
| 英制螺纹/in | | | | | | | | |
| 牙 | | 24 | 18 | 16 | 14 | 12 | 10 | 8 |
| 牙深(半径量) | | 0.678 | 0.904 | 1.016 | 1.162 | 1.355 | 1.626 | 2.033 |
| 切削次数及吃刀量(直径量) | 1次 | 0.8 | 0.8 | 0.8 | 0.8 | 0.9 | 1.0 | 1.2 |
| | 2次 | 0.4 | 0.6 | 0.6 | 0.6 | 0.6 | 0.7 | 0.7 |
| | 3次 | 0.16 | 0.3 | 0.5 | 0.5 | 0.6 | 0.6 | 0.6 |
| | 4次 | | 0.11 | 0.14 | 0.3 | 0.4 | 0.4 | 0.5 |
| | 5次 | | | | 0.13 | 0.21 | 0.4 | 0.5 |
| | 6次 | | | | | | 0.16 | 0.4 |
| | 7次 | | | | | | | 0.17 |

注:a) 从螺纹粗加工到精加工,主轴的转速必须保持一常数;
b) 在没有停止主轴的情况下,停止螺纹的切削将非常危险;因此螺纹切削时进给保持功能无效,

如果按下进给保持按键,刀具在加工完螺纹后停止运动;

c) 在螺纹加工中不使用恒定线速度控制功能;

d) 在螺纹加工轨迹中应设置足够的升速进刀段 δ 和降速退刀段 δ′,以消除伺服滞后造成的螺距误差。

例如,要对如图 3 - 60 所示的圆柱螺纹编程。螺纹导程为 1.5 mm,δ = 1.5 mm,δ′ = 1 mm,每次吃刀量(直径值)分别为 0.8 mm,0.6 mm,0.4 mm,0.16 mm。

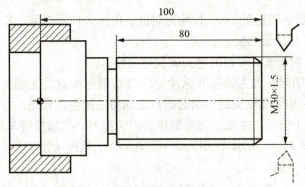

图 3 - 60  螺纹编程实例

其程序如下:

O3309

N10 G92 X50. Z120. ;           //设立坐标系,定义对刀点的位置
N20 M03 S300 ;                 //主轴以 300 r/min 旋转
N30 G00 X29.2 Z101.5 ;         //到螺纹起点,升速段 1.5 mm,吃刀深 0.8 mm
N40 G32 Z19. F1.5 ;            //切削螺纹到螺纹切削终点,降速段 1 mm
N50 G00 X40. ;                 //X 轴方向快退
N60 Z101.5 ;                   //Z 轴方向快退到螺纹起点处
N70 X28.6 ;                    //X 轴方向快进到螺纹起点处,吃刀深 0.6 mm
N80 G32 Z19. F1.5 ;            //切削螺纹到螺纹切削终点
N90 G00 X40. ;                 //X 轴方向快退
N100 Z101.5 ;                  //Z 轴方向快退到螺纹起点处
N110 X28.2. ;                  //X 轴方向快进到螺纹起点处,吃刀深 0.4 mm
N120 G32 Z19. F1.5 ;           //切削螺纹到螺纹切削终点
N130 G00 X40. ;                //X 轴方向快退
N140 Z101.5 ;                  //Z 轴方向快退到螺纹起点处
N150 U - 11.96 ;               //X 轴方向快进到螺纹起点处,吃刀深 0.16 mm
N160 G32 W - 82.5 F1.5 ;       //切削螺纹到螺纹切削终点
N170 G00 X40. ;                //X 轴方向快退
N180 X50. Z120. ;              //回对刀点
N190 M05 ;                     //主轴停
N200 M30 ;                     //主程序结束并复位

## 2. G92：螺纹切削固定循环指令

（1）螺纹切削循环

指令格式：G92 X（U）_ Z（W）_ R_ E_ C_ P_ F_ ；

X，Z：绝对值编程时，为螺纹终点 C 在工件坐标系下的坐标。增量值编程时，为螺纹终点 C 相对于循环起点 A 的有向距离，图形中用 U，W 表示其符号由轨迹 1 和 2 的方向确定。

R，E：螺纹切削的回退量，R，E 均为向量，R 为 Z 向回退量，E 为 X 向回退量，R，E 可以省略，表示不用回退功能。

C：螺纹头数，为 0 或 1 时切削单头螺纹可忽略。

P：单头螺纹切削时，为主轴基准脉冲处距离切削起始点的主轴转角（缺省值为 0）；多头螺纹切削时，为相邻螺纹头的切削起始点之间对应的主轴转角。

F：螺纹导程。正值时，主轴正转车削螺纹；负值时，主轴反转车削螺纹。

该指令执行如图 3-61 所示 A→B→C→D→E→A 的轨迹动作。

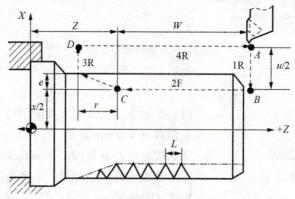

图 3-61　直螺纹切削循环

（2）锥螺纹切削循环

指令格式：G92 X（U）_ Z（W）_ I_ R_ E_ C_ P_ F_ ；

X，Z：绝对值编程时，为螺纹终点 C 在工件坐标系下的坐标；增量值编程时，为螺纹终点 C 相对于循环起点 A 的有向距离，图形中用 U，W 表示。

I：为螺纹起点 B 与螺纹终点 C 的半径差。其符号为差的符号（无论是绝对值编程还是增量值编程）。

R，E：螺纹切削的回退量，R，E 均为向量，R 为 Z 向回退量，E 为 X 向回退量，R，E 可以省略，表示不用回退功能；

C：螺纹头数，为 0 或 1 时切削单头螺纹。

P：单头螺纹切削时，为主轴基准脉冲处距离切削起始点的主轴转角（缺省值为 0）；多头螺纹切削时，为相邻螺纹头的切削起始点之间对应的主轴转角。

F：螺纹导程。正值时，主轴正转车削螺纹；负值时，主轴反转车削螺纹。

该指令执行如图 3-62 所示 A→B→C→D→A 的轨迹动作。

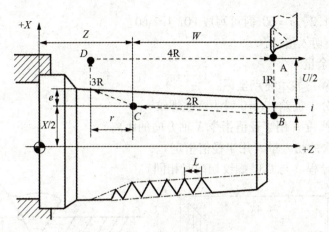

图3-62 锥螺纹切削循环

如图3-63所示,用G92指令编程,毛坯外形已加工完成。

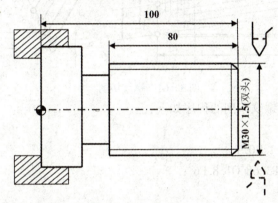

图3-63 G92切削循环编程实例

O3310
N10 G55 G00 X35. Z104. ;            //选定坐标系G55,到循环起点
N20 M03 S300 ;                       //主轴以300 r/min 正转
N30 G92 X29.2 Z18.5 C2. P180. F3 ;   //第一次循环切螺纹,切深0.8 mm
N40 X28.6 Z18.5 C2. P180. F3 ;       //第二次循环切螺纹,切深0.4 mm
N50 X28.2 Z18.5 C2. P180. F3 ;       //第三次循环切螺纹,切深0.4 mm
N60 X28.04 Z18.5 C2. P180. F3 ;      //第四次循环切螺纹,切深0.16 mm
N70 M30;                             //主轴停、主程序结束并复位

**3. G76:螺纹切削复合循环指令**

指令格式:G76　P$m$ $r$ $a$ Q$\Delta d_{min}$ R$d$ ;
　　　　　G76　X(U)_　Z(W)_　R$i$ P$k$ Q$\Delta d$ F$f$;

该螺纹切削循环的工艺性比较合理,编程效率较高,螺纹切削循环路线及进刀方法如图3-64所示。

$m$ 表示精加工重复次数(1~99); $r$ 表示倒角量; $a$ 表示刀尖的角度,可选择80°、60°、55°、80°、30°、29°和0°六种,其角度数值用2位数指定; $m$、$r$、$a$ 可用地址一次指定，如 $m=2$，$r=1.2$，$a=60°$ 时可写成 P02 1.2 60。

$\Delta d_{min}$ 表示最小切入量。

$d$ 表示精加工余量。

X（U），Z（W）表示终点坐标。

$i$ 表示螺纹部分半径差（$i=0$ 时为圆柱螺纹）。

$k$ 表示螺牙的高度（用半径值指令 $X$ 轴方向的距离）。

$\Delta d$ 表示第一次的切入量（用半径值指定）。

$f$ 表示螺纹的导程（与 G32 螺纹切削时相同）。

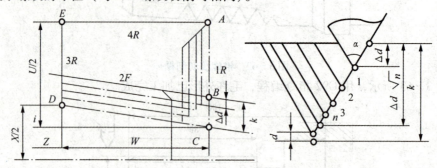

图 3-64 螺纹切削

如图 3-65 所示，螺纹车削的程序如下：

…

G76 P02 12 60 Q0.1 R0.1；

G76 X60.64 Z25. P3.68 Q1.8 F6；

…

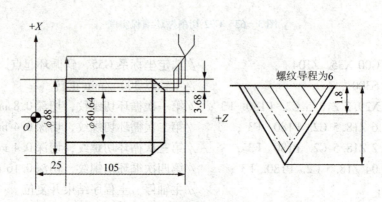

图 3-65 螺纹车削

另外说明：在循环编程中 FAUNC 系统中的 G71～G73 中要用 G70 进行精加工；在华中系统中不用 G70 进行精加工，G71～G73 本身可以精加工。在 FAUNC 系统中坐标值和圆弧及圆半径后面为整数的要加点如"40"应写为"40."，"0"不用加点，有小数点的不用再加点，换行要用"；"进行，华中系统则都不需要。

## 任务 3.5  数控车床编程实例

如图 3-66 所示的工件，毛坯为 $\phi25\times110$ mm 的铝棒料，编写其加工程序。
（1）零件图分析

该零件是轴类零件，需要加工的表面有车端面、车外圆、车锥面、车倒角、切槽、车凹圆弧以及车螺纹。

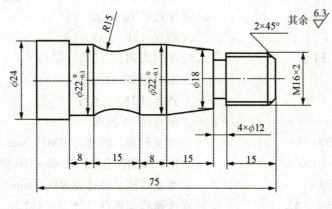

图 3-66

（2）工艺处理

①轴类零件在数控车床上加工，采用三爪卡盘卡紧。

②根据需要选用 3 把刀具：

T0101——外圆车刀；

T0202——切槽刀，刃宽 4 mm；

T0303——螺纹车刀。

③设计加工工艺方案。

a）加工工艺过程：车端面→粗车外圆各表面→精车各表面→粗车凹圆弧→精车凹圆弧→切退刀槽→车螺纹→切断。

b）确定切削参数。

粗车外圆：$a_p=1$ mm，$S=800$ r/min，$F=0.2$ mm/r。

精车外圆：$a_p=0.1$ mm，$S=1000$ r/min，$F=0.1$ mm/r。

切槽、切断：$S=200$ r/min，$F=0.05$ mm/r。

车螺纹：$S=300$ r/min。

（3）数学处理

工件坐标系原点为右端面与中心线的交点位置，坐标计算略。

（4）程序编制

O3311；                          //程序名

N10 T0101；                      //1 号刀

```
N20  M03 S800 ;                    //绝对坐标编程,主轴正转,转速为1000 r/min
N30  G00 X28 Z0 ;                  //快速移动点定位
N40  G01 X-1 F0.05 ;               //直线移动到点(-1,0),车端面
N50  G00 X26 Z2 ;                  //快速退刀至右端面
N60  G71 U1 R1 ;
N70  G71 P80 Q150 U0.2 W0.1 F0.2 ; //粗车外圆各表面,从80~150程序段中粗车循环
N80  G01 X8 F0.1 ;                 //移动到点(8,2)
N90  X16 Z-2 ;                     //车倒角C2
N100 Z-19 ;                        //车直径16的圆
N110 X18 ;                         //到点(18,-19)
N120 X22 Z-34 ;                    //车斜面到点(22,-34)
N130 Z-65 ;                        //车直径22的圆
N140 X24 ;                         //到点(24,-65)
N150 Z-79 ;                        //车直径24的圆
N160 M03 S1000 ;                   //改变转速,转速为1000 r/min
N170 G70 P80 Q150 ;                //精车外圆各表面,从80~150程序段中精车循环
N180 M03 S800 ;                    //改变转速,转速为800 r/min
N190 G00 X26 Z-42 ;                //快速移动到点(26,-42)
N200 G73 U2 W0 R2
N210 G73 P220 Q240 U0.2 W0 F0.2 ;  //仿形指令,粗车圆弧
N220 G01 X22 Z-42 F0.1 ;           //快速定位到(22,-42)
N230 G02 X22 Z-57 R15 ;            //车圆弧
N240 G01 X26 Z-57 ;                //直线退至点(26,-57)
N250 M03 S1000 ;                   //改变转速,转速为1000 r/min
N260 G70 P220 Q240 ;               //精车圆弧
N270 G00 X50 Z100 ;                //快速返回
N280 T0202 ;                       //换2号刀
N290 M03 S200 ;                    //改变转速,转速为200 r/min
N300 G00 X20 Z-19 ;                //快速定位到点(20,-19)
N310 G01 X12 F0.05 ;               //直线移动到点(12,-19),切退刀槽
N320 G04 P2000 ;                   //暂停2 s
N330 G01 X50 ;                     //X方向直线退刀
N340 G00 Z100 ;                    //Z方向快速退刀
N350 T0303 ;                       //换3号刀
N360 M03 S300 ;                    //改变转速,转速为300 r/min
N370 G00 X16 Z5 ;                  //快速移动到点(16,5)
N380 G92 X15.1 Z-17 F2 ;           //车螺纹
N390 G92 X14.5 Z-17 F2 ;
```

N400 G92 X13.9 Z-17 F2 ;
N410 G92 X13.5 Z-17 F2 ;
N420 G92 G13.4 Z-17 F2 ;
N430 G00 X50 ;           //X方向返回
N440 Z200 ;              //Z方向返回
N450 T0202 ;             //换2号刀
N460 M03 S200 ;          //改变转速，转速为200 r/min
N470 G00 X28 Z-79 ;      //快速移动到点（28，-79）
N480 G01 X0 F0.05 ;      //直线移动到点（0，-19），切断
N490 G00 X50 ;           //X方向返回
N500 Z200 ;              //Z方向返回
N510 M05 ;               //主轴停转
N520 M30 ;               //程序结束

## 习题三

3.1 数控车床有哪些加工特点？

3.2 数控车床的坐标轴方向如何确定？其原点一般位于什么位置？

3.3 选择数控车床的工艺装备时，应考虑哪些问题？

3.4 数控车床的参考点位于什么位置？参考点有何用途？

3.5 数控车床加工零件为什么需要对刀？如何对刀？

3.6 车削螺纹时为什么要有引入段和引出段？

3.7 数控车床程序编制有哪些特点？

3.8 简述G71，G72，G73指令的应用场合。

3.9 编制轴类零件的车削加工程序，刀具布置图及刀具安装尺寸如图3-67所示。

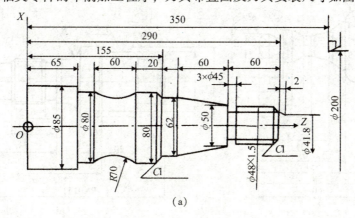

(a)

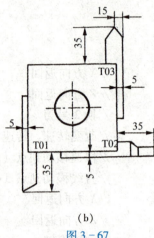

(b)

图 3-67

3.10 编制图 3-68 中各零件的数控加工程序。

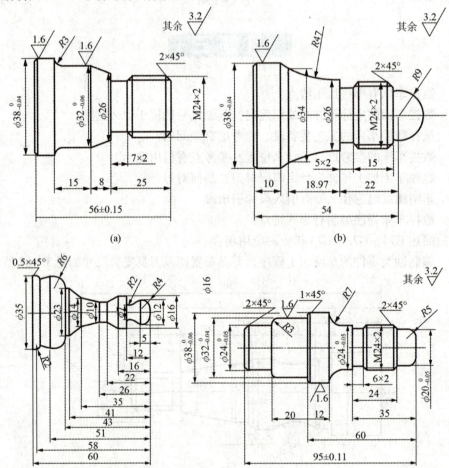

图 3-68

# 单元四 数控铣床的加工工艺与编程

本单元主要介绍数控铣床的基本知识、确定数控铣床加工工艺路径及编程方法，主要包括：刀具的选择、加工方法的选择、加工路线的制订以及切削用量的选择；常用的准备功能指令、刀具的补偿功能指令、固定循环功能指令和数控铣床的相关操作等知识，并通过具体的典型的实例分析，进一步掌握数控铣削编程的方法和技巧。

了解数控铣床加工的对象及特点；掌握数控铣削工艺的制订及编程；灵活应用数控系统的各种指令；掌握数控铣削加工中典型零件编程方法。

 **任务 4.1　数控铣床加工概述**

### 4.1.1　数控铣床的结构与分类

数控铣床是机械加工中最常用的加工机床之一，它在数控机床中所占比重比较大，如汽车制造、航天航空以及一般的机械加工和模具制造业中应用非常广泛。数控铣床通常有三个控制轴，即 X，Y，Z 轴，如图 4-1 所示。

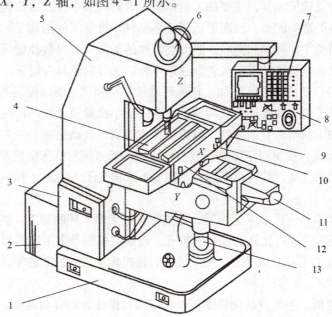

图 4-1　立式数控铣床示意图
1—底座；2—变压器；3—强电柜；4—工作台；5—床身立柱；6—Z 轴伺服电机；7—数控操作面板；8—机械操作面板；9—X 轴进给伺服电机；10—横向溜板；11—Y 轴进给伺服电机；12—行程限位开关；13—工作台支撑

可同时控制其中任意两个坐标轴联动，也可以控制三个或更多的坐标轴联动，主要用于加工各类较复杂的平面、曲面和壳体类零件的加工，如平面铣削、平面型腔铣削、外形轮廓铣削、三维及三维以上复杂型面铣削，还可进行钻削、镗削、螺纹切削等孔加工。

**1. 数控铣床的结构组成**

数控铣床的结构如图4-1所示。

**2. 数控铣床的分类**

按照主轴放置不同可分为卧式数控铣床和立式数控铣床。

（1）卧式数控铣床。一般带有回转工作台，一次装夹后可完成除安装面和顶面以外的其余四个面的各种工序加工，因此适宜箱体类零件的加工。这种机床占地面积相对较大，机床的各部件协调性要求高，运动行程范围大，故机床造价成本高，精度保持性好。

（2）立式数控铣床。如图4-1所示为立式数控铣床，一般适合加工盘、套、板类零件，一次装夹后，可对上表面进行铣、钻、镗、扩、铰、攻螺纹等工序以及侧面的轮廓加工。这种机床占地面积相对较小，运动行程范围小，故机床造价成本比卧式机床低，精度保持性更好。

按照机床加工的性能及对象不同又可分为：①龙门式数控铣床，主要用于大中型或形状复杂零件的各种平面、曲面和孔的加工；②万能式数控铣床，主轴或工作台可以回转90°，一次装夹后可完成工件五个面的加工；③仿形数控铣床等。

### 4.1.2 数控铣削加工特点

数控铣床与普通铣床一样，主要加工箱体类或者圆柱形零件。数控铣床与普通铣床加工相比，具有更强的适应能力，因而更适用于多品种小批量零件的加工。而且它通过程序能够自动完成平面类零件外形和内腔、曲面类零件的加工，所以数控铣床特别适合加工形状复杂、精度要求高的箱体类零件或者圆柱形零件。另外它还具有以下特点。

（1）灵活性好，适应性强。能加工轮廓形状较复杂和尺寸难以控制的零件，如曲面类零件、模具类零件、壳体类零件等。特别适合单件、小批量及试制新产品的工件加工。对于普通机床很难加工的精密复杂零件，数控机床也能实现自动化加工。

（2）加工精度高，质量稳定可靠。数控机床的传动系统与机床结构都具有很高的刚度和热稳定性，制造精度高，数控机床的自动加工方式避免了人为的干扰因素，同一批零件的尺寸一致性好。

（3）生产效率高，一次装夹定位后，能进行多道工序零件的加工。例如：在卧式铣床上可实现对箱体类零件进行钻孔、铰孔、扩孔、攻螺纹挖槽等多工序的加工。

（4）能够适宜加工普通机床无法加工或在普通机床上难以加工的零件，如三维空间曲面类零件。

（5）劳动强度低、生产自动化程度高，可以减轻操作者的劳动强度，有利于生产管理的自动化。

（6）从切削原理上讲，根据铣刀刀具的特点，数控铣床上无论是端铣还是周铣都属于断续切削方式，因此对刀具的要求较高，刀具应具有良好的抗冲击性、韧性和耐磨性。在试切削的情况下，刀具还能具有良好的红硬性。

### 4.1.3 数控铣床的加工范围

在选择数控铣削加工时，应充分发挥数控铣床的优势和关键作用。适宜采用数控铣削加工工艺内容有：（1）工件上的曲线轮廓，直线、圆弧、螺纹或螺旋曲线，特别是由数学表达式给出的非圆曲线与列表曲线等曲线轮廓；（2）已给出数学模型的空间曲线或曲面；（3）外形虽然简单，但尺寸繁多、检测困难的部位；（4）用普通机床加工时难以观察、控制及检测的内腔、箱体内部等；（5）有严格尺寸要求的孔系或平面。

#### 1. 数控铣削主要适合于下列几类零件的加工

（1）平面类零件。平面类零件是指加工面平行或垂直于水平面，以及加工面与水平面的夹角为一定值的零件，这类加工面可展开为平面。

（2）变斜角类零件。加工面与水平面的夹角呈连续变化的零件，或者由直线依某种规律移动所产生的曲面类零件，如飞机上的大梁等。

（3）立体曲面类零件。加工面为空间曲面的零件称为立体曲面类零件。这类零件的加工面不能展成平面，一般使用球头铣刀切削，加工面与铣刀始终为点接触，若采用其他刀具加工，易产生干涉而铣伤邻近表面。

加工立体曲面类零件一般使用三坐标数控铣床，采用以下两种加工方法。

1）行切加工法。采用三坐标数控铣床进行两轴半坐标控制加工。

2）三坐标联动加工。采用三坐标数控铣床三轴联动加工，即进行空间直线插补。如半球形，可用行切加工法加工，也可用三坐标联动的方法加工。

（3）多孔及孔系类零件。一般有通孔、盲孔、螺纹孔、台阶孔等。在铣床上加工孔类零件，一般是对孔的位置要求较高的零件，如圆周分布孔、行列均布孔等。

#### 2. 数控铣床不宜加工以下零件

（1）需要长时间占机人工调整的粗加工内容，如毛坯的粗基准划线找正等。

（2）毛坯上加工余量不充分或不太稳定的部位，避免余量不稳定引起机床加工时伺服异常。

（3）必须按专用工装协调的加工内容，如标准样件、协调平板。

（4）简单的粗加工面，此类加工内容普通铣床可以胜任。

（5）需用细长铣刀加工的部位，如狭长深槽或高筋板小转接圆弧部，可采用电火花等方式加工。

### 4.1.4 常见的数控铣床控制系统

数控系统是数控机床的核心，我国在数控铣床上常用的数控系统有日本 FANUC 公司的 0T、3T、5T、6T、10T、11T、0TC、OTD、OTE、7CT、16 0/18 TC、160/180TC、0i 等；德国 SIEMENS 公司的 802S、802C、802D、810D、840D、840D1、840C 等，以及美国 ACRAMATIC 数控系统、西班牙 FAGOR 数控系统等，此外还有还有三菱、海德汉、力士乐、NUM、MAZAK 等控制系统。

FANUC 16/18 系列数控系统具有多主轴、多控制轴控制功能,数控铣床可以构成具有三轴联动和五轴联动功能的加工中心;具有与计算机联网组成柔性制造系统的能力。

SIEMENS 840D 共设置有 10 个数控通道,具有同时处理 10 组加工数据的能力;最多可控制 24 个 NC 轴和 6 个主轴。标准配备的以太网接口具有很强的通信功能。

国内普及型数控系统产品有武汉华中数控、广州数控等。

 **任务 4.2　数控铣削加工工艺**

数控铣削加工工艺以普通铣削的加工工艺为基础。数控铣削加工工艺就是在数控铣床上加工零件所选择的一种加工工艺方法。在数控铣床上加工零件时,首先要分析零件图;再根据零件图的结构形状和轮廓尺寸的要求进行工艺分析,拟订加工方案;再选择合适的刀具和夹具,确定合理的切削用量和加工方法及加工路线;然后确定工件坐标系,进行数值计算;最后将全部的工艺过程、工艺参数等编制成程序,输入数控系统中,检验程序,最后机床自动加工出符合要求的零件。

### 4.2.1　数控加工工艺内容

在数控机床上加工零件和在普通机床上加工零件有许多不同之处:在普通机床上加工零件时,其机床的位移量、工步的安排、走刀路线和切削参数的选择等都由操作者根据经验选定,而在数控机床上加工时,这些内容都是用一定的编程语言编制成加工程序,再将这些程序输入数控系统中,由伺服机构驱动机床运动,加工出符合要求的零件。因此,数控铣床加工工艺与普通铣削加工工艺规程有一定的差别。

一般数控加工工艺内容有以下几个方面:

(1) 分析被加工零件的图纸,明确加工内容和技术要求,选择合适的机床、刀具及夹具的选择和调整;

(2) 确定零件的加工方案,结合零件的结构形状和轮廓尺寸的要求,对零件进行工艺分析,制订数控加工工艺路线,如划分工序、安排加工顺序、切削用量的选择等;

(3) 根据编程的需要,对零件图形进行数字处理;

(4) 编写数控加工程序;

(5) 检验数控加工程序及参数的输入,如选择换刀点和起刀点、确定刀具补偿等;

(6) 首件试切加工,并修改加工程序和工艺。

### 4.2.2　数控加工内容及加工方法的选择

#### 1. 数控铣床加工内容

一般说来,零件的复杂程度高、精度要求高、多品种、小批量地生产箱体类零件或圆柱形零件,可采用数控铣床加工,能获得较高的经济效益。

#### 2. 选择数控加工方法

(1) 平面和曲面轮廓零件的加工。加工曲面轮廓的零件,多采用三个或三个以上坐标联动的数控铣床或加工中心加工。为了保证加工质量和刀具受力状况良好可采用具有旋转坐标的四坐标、五坐标联动的数控铣床加工。

（2）模具型腔的加工。该类零件通常型腔表面复杂、不规则，尺寸精度及表面质量要求高，且加工材料硬度高、韧性大，此时可考虑选用数控机床或加工中心以及数控电火花线机床成形加工。

（3）平板类零件的加工。该类零件通常可考虑选择数控铣床或数控线切割机床加工。

一般立式数控铣床适于加工箱体、箱盖、平面凸轮、样板、形状复杂的平面或立体零件，以及模具的内、外型腔等；卧式数控铣床适于加工复杂的箱体类零件、泵体、阀体、壳体等。

### 4.2.3 零件图的工艺分析

根据数控铣削加工的特点，对零件图样进行工艺性分析时，应主要分析与考虑以下一些问题。

#### 1. 分析零件图，确定零件图的数学处理

根据零件图样的结构形状和尺寸标注，确定其适应数控铣床的加工特点，查看尺寸是否标注完整，有无缺、多尺寸情况，零件的结构是否表示清楚，视图是否完整，构成零件轮廓的几何元素的给定条件是否充分、各几何元素间的相互关系（如相交、相切、垂直和平行等）是否明确。而且还要检查零件图上各方向的尺寸是否有统一的设计基准，以保证多次装夹加工后相对位置的准确性。

分析被加工零件的设计图纸，还应根据标注的尺寸公差和形位公差等相关信息，将加工表面区分为重要表面和次要表面，并找出其设计基准，进而遵循基准选择的原则，确定加工零件的定位基准，分析零件的毛坯是否便于定位和装夹，夹紧方式和夹紧点的选取是否会阻碍刀具的运动，夹紧变形是否对加工质量有影响等，为工件定位、安装和夹具设计提供依据。

零件图的数学处理主要是计算零件加工轨迹的尺寸，即计算零件加工轮廓的基点和节点的坐标，或刀具中心轮廓的基点和节点的坐标，以便编制加工程序。

一般数控机床只有直线和圆弧插补功能。对于由直线和圆弧组成的平面轮廓，编程时数值计算的主要任务是求各基点的坐标。所谓基点是指构成零件轮廓的不同素线的交点或切点。基点可以直接作为其运动轨迹的起点或终点。

对于一些平面轮廓是非圆方程曲线 $Y = F(X)$ 组成，如渐开线、阿基米德螺线等，只能用能够加工的直线和圆弧去逼近它们。这时数值计算的任务就是计算节点的坐标。当采用不具备非圆曲线插补功能的数控机床加工非圆曲线轮廓的零件时，在加工程序的编制工作中，常用多个直线段或圆弧去近似代替非圆曲线，这称为拟合处理。拟合线段的交点或切点称为节点。用 AutoCAD 绘图，然后捕获坐标点，在精度允许的范围内，这也是一个简易而有效的方法。

#### 2. 零件的结构工艺性分析

零件的结构工艺性是指所设计的零件在满足使用要求的前提下制造的可行性和经济

性。良好的结构工艺性，可以使零件加工容易，节省工时和材料，而较差的零件结构工艺性，会使加工困难，浪费工时和材料，甚至无法加工。因此，零件各加工部位的结构工艺性应符合数控加工的特点，可以从以下几个方面进行分析。

（1）统一内壁圆弧的尺寸。零件的内腔和外形最好采用统一的几何类型和尺寸，可以减少换刀次数和刀具的规格，使编程方便，提高生产效率。即使不能寻求完全统一，也要力求将数值相近的圆弧半径分组靠拢，达到局部统一，以尽量减少铣刀规格和换刀次数，并避免因频繁换刀而增加了零件加工面上的接刀痕，降低表面质量。

（2）内壁转接圆弧半径 $R$ 的大小。内槽圆角的大小决定刀具的直径，内槽圆角半径不宜太小，以免限制铣刀直径，铣削工艺性则较差。如果转角圆弧半径大（当 $R > 0.2H$ 时），可采用直径较大的铣刀加工，在加工平面时，进给次数减少，表面质量提高，其加工工艺性好，通常，$R < 0.2H$ 时可以确定零件该部位的工艺性不好，如图 4-2 所示。

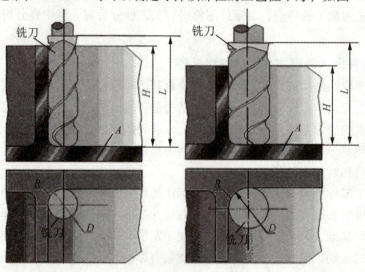

图 4-2 内槽结构工艺性对比

（3）内壁与底面转接圆弧半径 $r$ 值的大小。当铣刀直径 $D$ 一定时，工件的内壁与底面转接圆弧半径 $r$ 越小，铣刀与铣削平面接触的最大直径 $d = D - 2r$ 就越大，铣刀端刃铣削平面的面积越大，则加工平面的能力就越强，因而，铣削工艺性越好；反之，工艺性越差，如图 4-3 所示。当底面铣削面积大，转接圆弧半径 $r$ 也较大时，只能先用一把 $r$ 较小的铣刀加工，再用符合要求 $r$ 的刀具加工，分两次完成切削。

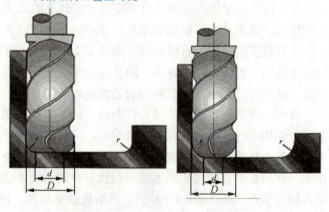

图 4-3 零件槽底平面圆弧底对铣削工艺的影响

总之，一个零件上内壁转接圆弧半径尺寸的大小和一致性，影响着加工能力、加工质量和换刀次数等。因此，转接圆弧半径尺寸大小要力求合理，半径尺寸尽可能一致，至少要力求半径尺寸分组靠拢，以改善铣削工艺性。

加工工艺取决于产品零件的结构形状、尺寸和技术要求等，如表4-1所示为数控铣床加工零件结构工艺比较。

表4-1 数控铣床加工零件结构工艺比较

| 序号 | 工艺性差的结构 | 工艺性好的结构 | 说明 |
|---|---|---|---|
| 1 | $R_2 < (\frac{1}{5} \cdots \frac{1}{6}H)$ | $R_2 > (\frac{1}{5} \cdots \frac{1}{6}H)$，$R_1$ | 改进内壁形状：可采用较高刚性刀具 |
| 2 | $r_1$、$r_2$、$r_3$、$r_4$ | $r$ | 统一圆弧尺寸：减少刀具数和更换刀具次数，减少辅助时间 |
| 3 | $r$、$R$ | $\phi d$、$R$ | 选择合适的圆弧半径 $R$ 和 $r$：提高生产效率 |
| 4 | | | 用两面对称结构：减少编程时间，简化编程 |

续表

| 序号 | 工艺性差的结构 | 工艺性好的结构 | 说明 |
|---|---|---|---|
| 5 | | | 合理改进凸台分布：减少加工劳动量 |
| 6 | | | 改进结构形状：减少加工劳动量 |
| 7 | $\frac{H}{b} > 10$ | $\frac{H}{b} > 10$ | 改进尺寸比例：可用较高刚度刀具加工，提高生产率 |
| 8 | | | 在加工和不加工表面间加入过渡：减少加工劳动量 |

续表

| 序号 | 工艺性差的结构 | 工艺性好的结构 | 说明 |
|---|---|---|---|
| 9 |  |  | 改进零件几何形状：斜面筋代替阶梯筋，节约材料 |

#### 3. 保证基准统一的原则

有些工件需要在铣削完一面后，再重新安装铣削另一面，由于数控铣削时，不能使用通用铣床加工时常用的试切方法来接刀，这时，最好采用统一基准定位，因此零件上应有合适的孔或者面作为定位基准孔或基准面。如果零件上没有基准孔或面，也可以专门设置工艺孔或面作为定位基准。

#### 4. 零件的精度分析

精度分析包括零件的精度（尺寸、形状、位置）是否能够保证，表面质量能否保证。根据精度、表面质量来决定采用哪种铣削方法，以及是否要多次进给。

#### 5. 分析零件的变形情况

过薄的底板或肋板，在加工时由于产生的切削拉力及薄板的弹力退让极易产生切削面的振动，使薄板厚度尺寸公差难以保证，其表面粗糙度也增大。零件在数控铣削加工时的变形，不仅影响加工质量，而且当变形较大时，将使加工不能继续下去。可采取的预防措施如下：

（1）对于大面积的薄板零件，改进装夹方式，采用合适的加工顺序和刀具；

（2）采用适当的热处理方法，如对钢件进行调质处理，对铸铝件进行退火处理；

（3）粗、精加工分开及对称去除余量等措施来减小或消除变形的影响。

### 4.2.4 工件的装夹与夹具选择

#### 1. 数控加工对夹具的要求

实际上数控铣削加工时一般不要求很复杂的夹具，只要求有简单的定位、夹紧机构就可以了。其设计原理也与通用铣床夹具相同，结合数控铣削加工的特点，这里只提出几点基本要求。

（1）为保持零件安装方位与机床坐标系及编程坐标系方向的一致性，夹具应能保证在机床上实现定向安装，还要求能协调零件定位面与机床之间保持一定的坐标尺寸联系。

（2）为保持工件在本工序中所有需要完成的待加工面充分暴露在外，夹具要做得尽可能敞开，因此夹紧机构元件与加工面之间应保持一定的安全距离，同时要求夹紧机构元件能低则低，以防止夹具与铣床主轴套筒或刀套、刃具在加工过程中发生碰撞。

（3）夹具的刚性与稳定性要好。尽量不采用在加工过程中更换夹紧点的设计，当非要在加工过程中更换夹紧点不可时，要特别注意不能因更换夹紧点而破坏夹具或工件定位精度。

（4）减少装夹次数，尽量一次装夹能完成全部或大部分加工内容，以提高加工效率，保证加工精度。

### 2. 常用夹具的种类

数控铣削加工常用的夹具大致有以下几种。

（1）万能组合夹具。适合小批量生产或研制的中、小型工件在数控铣床上进行铣削加工，如图4-4所示。

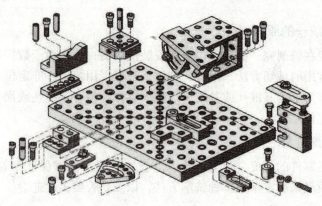

图4-4 组合夹具

（2）专用铣削夹具。这是特别为某一项或类似的几项工件设计制造的夹具，一般在年产量较大或研制时非要不可时才采用，如图4-5所示。其结构固定，仅用于一个具体零件的具体工序，这类夹具设计应力求简化，使制造时间尽量缩短。

（3）多工位夹具。可以同时装夹多个工件，可减少换刀次数，以便于一边加工，一边装卸工件，有利于缩短辅助时间，提高生产率，较适合中批量生产，如图4-6所示。

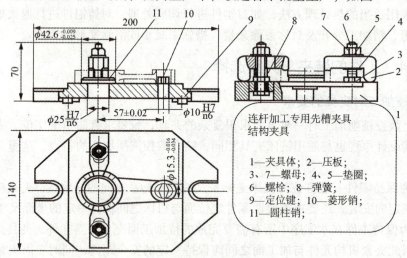

图4-5 专用夹具

（4）气动或液压夹具。适合生产批量较大，采用其他夹具又特别费工、费力的工件，能减轻工人劳动强度和提高生产率，但此类夹具结构较复杂，造价往往很高，而且制造周期较长，如图4-7所示。

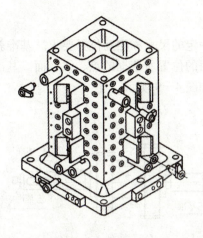

图 4-6 多工位夹具

图 4-7 气动夹具

除上述几种夹具外,数控铣削加工中也经常采用虎钳、分度头和三爪夹盘等通用夹具,如图4-8所示。

图 4-8 其他夹具

#### 3. 数控铣床夹具的选用原则

在选用数控铣床加工夹具时,通常需要考虑产品的生产批量、生产效率、质量保证及经济性,选用时可参考下列原则。

(1) 在生产批量较小或单件试制时,应采用组合夹具(它由可重复使用的标准零件组成),只有在组合夹具无法解决工件装夹时才可放弃,以缩短生产准备时间;若零件结构简单,采用通用夹具,如虎钳、压板等。

(2) 在批量生产时,一般采用专用夹具,并力求结构简单,零件的装卸迅速、方便、可靠,缩短加工过程中的停顿时间。其定位效率高,稳定可靠。

(3) 在生产批量较大时,可考虑采用多工位夹具、机动夹具,如液压、气压夹具等。

### 4.2.5 定位基准的选择

在制订零件加工的工艺规程时,正确地选择工件的定位基准有着十分重要的意义。定位基准选择的好坏,不仅影响零件加工的位置精度,而且对零件各表面的加工顺序也有很大的影响。首先建立一些有关基准和定位基准的概念,然后着重讨论定位基准的选择原则。

## 1. 基准的概念

零件都是由若干表面组成的，各表面之间有一定的尺寸和相互位置要求。基准就其一般意义来讲，就是零件上用以确定其他点、线、面的位置所依据的点、线、面。基准按其作用不同，可分为设计基准和工艺基准两大类，如图4-9所示。

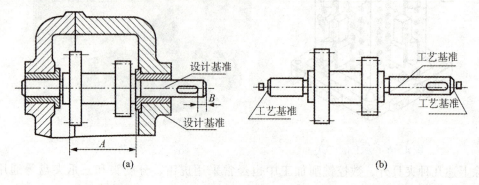

图4-9 基准

## 2. 设计基准

在零件图上用以确定其他点、线、面的基准，称为设计基准。如图4-9（a）所示，依据轴线及右轴肩确定齿轮轴在机器中的位置（标注尺寸A），因此该轴线和右轴肩端平面分别为齿轮轴的径向和轴向的设计基准。

## 3. 工艺基准

零件在加工和装配过程中所使用的基准，称为工艺基准，如图4-9（b）所示的齿轮轴。加工、测量时是以轴线和左右端面分别作为径向和轴向的基准，因此该零件的轴线和左右端面为工艺基准。

工艺基准按用途的不同，又分为工序基准、定位基准、测量基准和装配基准。

（1）工序基准：是指工序图上用来确定本工序所加工表面加工后应达到的尺寸、形状位置所用的基准。

（2）定位基准：是指在加工中确定工件位置所用的基准。

（3）测量基准：是指测量时所采用的基准。

（4）装配基准：是装配时用来确定零件或部件在产品中的相对位置所采用的基准。

## 4. 定位基准的选择

机械加工过程中，定位基准的选择合理与否决定零件质量的好坏，对能否保证零件的尺寸精度和相互位置精度要求，以及对零件各表面间的加工顺序安排都有很大影响。当用夹具安装工件时，定位基准的选择还会影响到夹具结构的复杂程度。因此，定位基准的选择是一个很重要的工艺问题。在研究和选择各类工艺基准时，首先应择定位基准。

（1）定位基准选择的基本原则

◇应保证定位基准的稳定性和可靠性，以确保工件相互位置表面之间的精度；

◇力求与设计基准重合，也就是尽可能从相互间有直接位置精度要求的表面中选择定位基准，以减小因基准不重合而引起的误差；

◇应使实现定位基准的夹具结构简单，工件装卸和夹紧方便。

（2）定位基准的分类

选择工件的定位基准，实际上是确定工件的定位基面。根据选定的基面加工与否，又将定位基准分为粗基准和精基准。在起始工序中，只能选择未经加工的毛坯表面作为定位基准，这种基准称为粗基准。用加工过的表面作定位基准，则称为精基准。

①粗基准的选择原则

选择粗基准出发点：应该保证所有加工表面都有足够的加工余量；各加工表面对不加工表面间的位置符合图纸要求，具有一定的位置精度，保证工件安装的稳定性，并特别注意要尽快获得精基准面。

选择时应遵循下列原则。

◇为了保证加工面与不加工面之间的位置要求，应选择不加工面为粗基准；若工件上有几个不需加工的表面，应选其中与加工表面间的位置精度要求较高者为粗基准。

◇选择加工余量最小的面为粗基准。在没有要求保证重要表面加工余量均匀的情况下，如果零件上每个表面都要加工，则应选择其中加工余量最小的表面为粗基准，以避免该表面在加工时因余量不足而留下部分毛坯面，造成工件废品。

◇尽量选用面积大而平整的表面为粗基准，以保证定位准确、夹紧可靠。

◇粗基准一般不重复使用，同一尺寸方向的粗基准一般只能使用一次。

◇选择重要表面为粗基准。为保证工件上重要表面的加工余量小而均匀，则应选择该表面为粗基准。所谓重要表面一般是工件上加工精度以及表面质量要求较高的表面，如床身的导轨面，车床主轴箱的主轴孔，都是各自的重要表面。

②精基准的选择原则

精基准的选择要考虑的问题是：要尽量减少定位误差，提高定位精度，要安装方便。选择精基准除了遵循上述定位基准选择的基本原则外，还必须遵循以下原则。

◇"基准重合"原则。应尽可能选用加工表面的设计基准作为精基准，避免基准不重合造成的定位误差。

◇"基准统一"原则。当工件以某一组精基准定位，可以比较方便地加工其他各表面时，应尽可能在多数工序中采用同一组精基准定位。采用统一基准能用同一组基面加工大多数表面，有利于保证各表面的相互位置要求，避免基准转换带来的误差，而且简化了夹具的设计和制造，缩短了生产准备周期。

◇有些精加工和光整加工工序应遵循"自为基准"原则。因为这些工序要求余量小而均匀，以保证表面加工的质量并提高生产效率。此时，应选择加工表面本身作为精基准，而该加工表面与其他表面之间的位置精度，则用先行工序保证。如在导轨磨床上磨削导轨时，安装后用百分表找正工件的导轨表面本身，此时，床脚仅起支撑作用。此外，珩磨、铰孔及浮动镗孔等都是"自为基准"的例子。

◇"互为基准"原则。为使各加工表面之间具有较高的位置精度，或为使加工表面具有均匀的加工余量，可采取两个加工表面互为基准反复加工的方法，称为"互为基准"原则。

◇定位基准的选择应便于工件的安装与加工，并使夹具的结构简单。

③辅助基准的选择

辅助基准是为了便于装夹或易于实现基准统一而人为制成的一种定位基准，如轴类零件加工所用的两个中心孔，它不是零件的工作表面，只是出于工艺上的需要才做出的。为安装方便，毛坯上专门铸出工艺搭子，也是典型的辅助基准，加工完毕后应将其从零件上切除。

### 4.2.6　数控铣削刀具及其选择

#### 1. 数控铣削刀具的分类

按数控刀具结构分类，可分为整体式刀具、焊接刀具、机夹可转位刀具、减振式刀具、内冷式刀具及特殊式刀具等。

按刀具的材料分类，可分为高速钢刀具、硬质合金刀具、陶瓷刀具及涂层刀具等。目前最常用的刀具材料是高速钢和硬质合金。

按切削工艺分类，可分为钻削刀具、镗削刀具和铣削刀具等。其中钻削刀具有小孔钻头、短孔钻头（深径比不大于5）、深孔钻头（深径比大于6，可高达100以上）和枪钻、丝锥、铰刀等。

按铣刀结构形式分类，可分为面铣刀、模具铣刀、键槽铣刀和成形铣刀等。

（1）高速钢

高速钢（High Speed Steel，HSS）是一种加入了较多的 W，Mo，Cr，V 等合金元素的高合金工具钢。高速钢刀具在强度、韧性及工艺性等方面具有优良的综合性能，在复杂刀具，尤其是制造孔加工刀具、铣刀、螺纹刀具、拉刀、切齿刀具等一些刃形复杂刀具，高速钢仍占据主要地位。高速钢刀具易于磨出锋利的切削刃，又称"锋钢"。

高速钢按用途不同，可分为普通高速钢和高性能高速钢。

①普通高速钢。一般可分钨钢、钨钼钢两类。这类高速钢含碳为 0.7%～0.9%。按钢中含钨量的不同，可分为含钨为 12% 或 18% 的钨钢，含钨为 6% 或 8% 的钨钼系钢，含钨为 2% 或不含钨的钼钢。通用型高速钢具有一定的硬度（63～66）HRC 和耐磨性、高的强度和韧性、良好的塑性和加工工艺性，因此广泛用于制造各种复杂刀具。

②高性能高速钢。高性能高速钢是在普通高速钢中增加碳、钒的含量或加入一些其他合金元素而得到耐热性、耐磨性更高的新钢种。但这类钢的综合性能不如普通高速钢。常用牌号有 9W18Cr4V，9W6M05Cr4V2，9W6M05Cr4V3 等。主要分类如下：

a. 高碳高速钢（如 95W18Cr4V）。常温和高温硬度较高，适于制造加工普通钢和铸铁、耐磨性要求较高的钻头、铰刀、丝锥和铣刀等或加工较硬材料的刀具，不宜承受大的冲击。

b. 高钒高速钢。耐磨性好，适合切削对刀具磨损极大的材料，如纤维、硬橡胶、塑料等，也可用于加工不锈钢、高强度钢和高温合金等材料。

c. 钴高速钢。属含钴超硬高速钢，其硬度可达 69HRC～70HRC，适合于加工高强度耐热钢、高温合金、钛合金等难加工材料，M42 可磨削性好，适于制作精密复杂刀具，但不宜在冲击切削条件下工作。

d. 铝高速钢。属含铝超硬高速钢，适宜制造铣刀、钻头、铰刀、齿轮刀具、拉刀等，用于加工合金钢、不锈钢、高强度钢和高温合金等材料。

e. 氮超硬高速钢。属含氮超硬高速钢，硬度、强度、韧性与 M42 相当，可作为含钴高速钢的替代品，用于低速切削难加工材料和低速高精加工。

（2）硬质合金

硬质合金是由硬度和熔点都很高的碳化物，用 Co，Mo，Ni 作黏结剂烧结而成的粉末冶金制品。其常温硬度可达 78 HRC ~ 82 HRC，能耐 850℃ ~ 1000℃ 的高温，切削速度可比高速钢高 4 ~ 10 倍，但其冲击韧性与抗弯强度远比高速钢差，因此很少做成整体式刀具。实际使用中，常将硬质合金刀片焊接或用机械夹固的方式固定在刀体上。我国目前生产的硬质合金主要分为三类。

①K 类（YG），即钨钴类，由碳化钨和钴组成。这类硬质合金韧性较好，但硬度和耐磨性较差，适用于加工铸铁、青铜等脆性材料。常用的牌号有：YG8，YG6，YG3，它们制造的刀具依次适用于粗加工、半精加工和精加工。数字表示 Co 含量的百分数，YG6 即含 Co 为 6%，含 Co 越多，则韧性越好。

②P 类（YT），即钨钴钛类，由碳化钨、碳化钛和钴组成。这类硬质合金耐热性和耐磨性较好，但抗冲击韧性较差，适用于加工钢料等韧性材料。常用的牌号有：YT5，YT15，YT30 等，其中的数字表示碳化钛含量的百分数，碳化钛的含量越高，则耐磨性较好、韧性越低。这三种牌号的硬质合金制造的刀具分别适用于粗加工、半精加工和精加工。

③M 类（YW），即钨钴钛钽铌类，由在钨钴钛类硬质合金中加入少量的稀有金属碳化物（TaC 或 NbC）组成。它具有前两类硬质合金的优点，用其制造的刀具既能加工脆性材料，又能加工韧性材料。同时还能加工高温合金、耐热合金及合金铸铁等难加工材料。常用牌号有 YW1，YW2。

陶瓷刀具一般可以干式切削，抗弯强度低些，但红硬性很高，当温度达到 1200℃ 时，硬度仍高达 80HRA，主要适合加工钢、铸铁、不锈钢、淬硬合金零件以及精铣大平面等。

### 2. 对刀具材料的基本要求

在切削过程中，刀具切削部分不仅要承受很大的切削力，而且要承受切屑变形和摩擦产生的高温，要保持刀具的切削能力，刀具应具备如下切削性能。

（1）高的硬度和耐磨性。刀具材料的硬度必须高于工件材料的硬度。常温下一般应在 HRC60 以上。一般说来，刀具材料的硬度越高，耐磨性也越好。

（2）足够的强度和韧性。刀具切削部分要承受很大的切削力和冲击力。因此，刀具材料必须要有足够的强度和韧性。

（3）良好的耐热性和导热性。刀具材料的耐热性是指在高温下仍能保持其硬度和强度，耐热性越好，刀具材料在高温时抗塑性变形的能力、抗磨损的能力也越强。刀具材料的导热性越好，切削时产生的热量越容易传导出去，从而降低切削部分的温度，减轻刀具磨损。

（4）良好的工艺性。为便于制造，要求刀具材料具有良好的可加工性，包括热加工性能（热塑性、可焊性、淬透性）和机械加工性能。

（5）良好的经济性。

### 3. 数控铣削刀具的特点

（1）切削效率高。数控刀具必须具有高速切削和强力切削的性能。

（2）刀具精度高。数控刀具的精度、刚度和重复定位精度要求较高，刀柄与夹头间或与机床主轴锥孔之间的连接定位精度、刀具的形状精度也要高，以满足精密零件的加工需要。

（3）刀具的耐用度高。数控刀具不但切削性能好，而且耐用度高，性能稳定，但应尽量避免在加工同一个零件过程中换刀、刃磨。

（4）刀具的可靠性高。刀具的可靠性直接关系到零件的加工质量，因此，刀具不能因切削条件的改变而发生故障，要具有较高的工作可靠性。

（5）换刀速度快。

（6）具有完善的工具系统。采用模块式工具系统，可以较好地适应多品种零件的生产需要，减少工具储备。

（7）具有刀具管理系统。刀具管理系统可以对刀库中所有刀具自动识别，并存储刀具的位置、尺寸和切削时间等信息，还可以实现刀具的运送、更换、刃磨和尺寸预调等功能。

### 4. 数控铣削刀具选择

铣削刀具由多个切削刃组成，属于高效率加工。端面铣削中，所采用的刀具根据其运用范围的不同有不同的形状和种类。刀具的切削刃，在切削过程因摩擦剧烈，温度急剧上升，而在空转时又快速冷却。因此，要求刃具要具有良好的耐冲击性、耐磨损性和耐热性。除具有和主轴锥孔同样锥度刀杆的整体式刀具可与主轴直接安装外，大部分钻铣用刀具都需要通过标准刀柄夹持转接后与主轴锥孔连接，常用的铣刀及刀柄如图 4-10（a）所示。刀具系统通常由拉钉、刀柄和钻铣刀具等组成。

常用的数控铣刀，主要有面铣刀、立铣刀、球头铣刀、键槽铣刀、成形铣刀等，如图 4-10（b）所示，下面具体介绍各种刀具的用途。

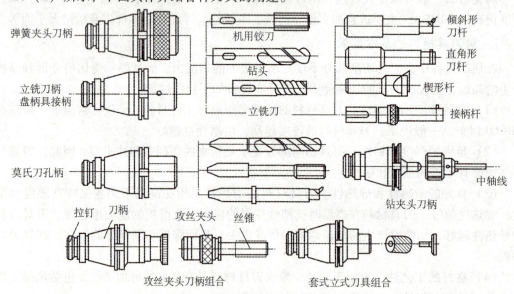

(a) 铣削刀具及刀柄

(b) 铣削刀具

图 4-10 铣削刀具及刀柄

（1）面铣刀（也叫端铣刀），如图 4-11 所示。面铣刀的圆周表面和端面上都有切削刃，端部切削刃为副切削刃。面铣刀多制成套式镶齿结构和刀片机夹可转位结构，刀齿材料为高速钢或硬质合金，刀体为 40Cr。常用于端铣较大的平面。采用粗铣和精铣两次走刀，粗铣刀的直径小些，减小切削扭矩；精铣刀的直径大些，减少接刀痕迹，提高表面加工质量。

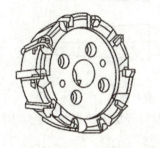 

图 4-11 面铣刀

高速钢面铣刀按国家标准规定，直径 $d = (80 \sim 250)$ mm，螺旋角 $\beta = 10°$，刀齿数 $z = 10 \sim 26$。

硬质合金面铣刀与高速钢铣刀相比，铣削速度较高、加工表面质量也较好，并可加工带有硬皮和淬硬层的工件，故得到广泛应用。硬质合金面铣刀按刀片和刀齿的安装方式不同，可分为整体式、机夹—焊接式和可转位式三种。

（2）立铣刀，如图 4-12 所示。立铣刀是数控铣削中最常用的一种铣刀。立铣刀的圆柱表面和端面上都有切削刃，圆柱表面的切削刃为主切削刃，端面上的切削刃为副切削刃。主切削刃一般为螺旋齿，这样可以增加切削平稳性，提高加工精度。由于普通立铣刀端面中心处无切削刃，所以立铣刀不能做轴向进给，端面刃主要用来加工与侧面相垂直的底平面。

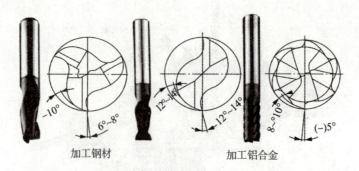

图 4-12　立铣刀

（3）模具铣刀，如图 4-13 所示。它由立铣发展而成，它的结构特点是球头或端面上布满切削刃，圆周刃与球头刃圆弧连接，可以做径向和轴向进给。

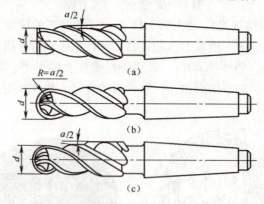

图 4-13　模具铣刀

（4）成形铣刀，如图 4-14 所示。切削刃与待加工面形状一致，用来加工成形表面。

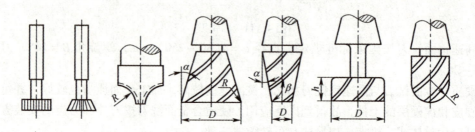

图 4-14　成形铣刀

（5）键槽铣刀，如图 4-15 所示。用于铣削封闭的键槽，为了保证槽的尺寸精度，一般用两刃键槽铣刀。圆柱面和端面都有切削刃，端面刃延至中心，既像立铣刀，又像钻头。加工时先轴向进给达到槽深，然后沿键槽方向铣出键槽全长。

国家标准规定，直柄键槽铣刀直径 $d=(2\sim22)$ mm，锥柄键精铣刀直径 $d=(14\sim50)$ mm。键槽铣刀直径的偏差有 e8 和 d8 两种。键槽铣刀的圆周切削刃仅在靠近端面的一小段长度内发生磨损，重磨时，只需刃磨端面切削刃，因此重磨后铣刀直径不变。

(a) 锥柄键槽铣刀　　　　(b) 直柄键槽铣刀

图 4-15　键槽铣刀

（6）鼓形或锥形铣刀，如图 4-16 所示。主要用于对变斜角类零件的变斜角面的近似加工。它的切削刃分布在半径为 $R$ 的圆弧面上，端面无切削刃。

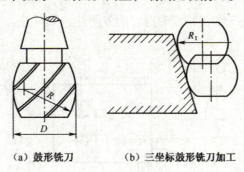

(a) 鼓形铣刀　　　(b) 三坐标鼓形铣刀加工

图 4-16　鼓形铣刀

### 5. 对刀点与换刀点的确定

在加工时，工件可以在机床加工尺寸范围内任意安装，要正确执行加工程序，必须确定工件在机床坐标系的确切位置。对刀点就是在数控机床上加工工件时，刀具相对工件运动的起点。由于程序也从该点开始执行，所以对刀点又称为起刀点或程序起点。对刀点选定后，即确定了机床坐标系与工件坐标系之间的相互位置关系。

进行数控加工编程时，刀具在机床上的位置由刀位点的位置来表示。刀位点，是刀具上代表刀具位置的参照点。不同的刀具，刀位点不同。车刀、镗刀的刀位点是指其刀尖；立铣刀、端铣刀的刀位点是指刀具底面与刀具轴线的交点；球头铣刀的刀位点是指球头铣刀的球心；钻头为钻尖，如图 4-17 所示。

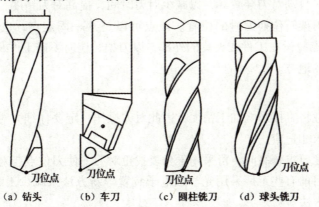

(a) 钻头　　(b) 车刀　　(c) 圆柱铣刀　　(d) 球头铣刀

图 4-17　刀位点

所谓对刀，是指加工开始前，将刀具移动到指定的对刀点上，使刀具的刀位点与对刀点重合。对刀点的选定原则：

(1) 方便数学处理和简化程序编制；
(2) 在机床上容易找正，便于确定零件的加工原点的位置；
(3) 加工过程中便于检查；
(4) 引起的加工误差小。

对刀点的设置没有严格规定，可以设置在工件上，也可以设置在夹具上，但在编程坐标系中必须有确定的位置，如图 4 - 18 所示的 $X1$ 和 $Y1$。对刀点既可以与编程原点重合，也可以不重合，主要取决于加工精度和对刀的方便性。当对刀点与编程原点重合时，$X1 = 0$，$Y1 = 0$。

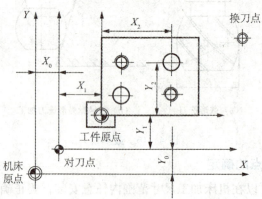

图 4 - 18  对刀点

当对刀精度要求不高时，可直接选用零件上或夹具上的某些表面作为对刀面。对刀精度要求较高时，对刀点应尽量选在零件的设计基准或工艺基准上。大批量生产时，为减少多次对刀带来的误差，常将对刀点作为程序的起点，同时也作为程序的终点。

实际操作机床时，可通过手工对刀操作把刀具的刀位点放到对刀点上，即"刀位点"与"对刀点"的重合。用手动对刀操作，对刀精度较低，且效率低。而有些工厂采用光学对刀镜、对刀仪、自动对刀装置等，以减少对刀时间，提高对刀精度。

换刀点是指刀架转位换刀时的位置。该点可以是某一固定点，也可以是任意的一点（如车床）。换刀点应设在工件或夹具的外部，以刀架转位时不碰工件及其他部件为准，设在距离工件较远的地方。

### 6. 对刀方法

对刀的准确性将直接影响加工精度，因此对刀操作一定要仔细，对刀方法一定要同零件的加工精度要求相适应。

零件加工精度要求较高时，可采用千分表找正对刀，使刀位点与对刀点一致，但这种方法效率较低。目前有些工厂采用光学或电子装置等新方法来减少工时和提高找正精度。常用的几种对刀方法有：

(1) 试切对刀法；
(2) 塞尺、标准芯棒和块规对刀法，如图 4 - 19 (a) 所示；

(3) 采用寻边器、偏心棒和 Z 轴设定器等工具对刀法，如图 4-19（b）所示；
(4) 顶尖对刀法；
(5) 百分表（或千分表）对刀法；
(6) 专用对刀器对刀法。

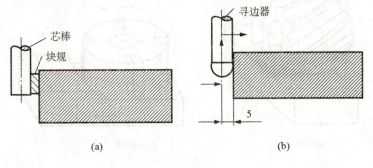

图 4-19 对刀方法

另外根据选择对刀点位置和数据计算方法的不同，又可分为单边对刀、双边对刀、转移（间接）对刀法和"分中对零"对刀法（要求机床必须有相对坐标及清零功能）等。

采用杠杆百分表（或千分表）对刀，操作方法比较麻烦，效率较低，但对刀精度较高，对被测孔的精度要求也较高，最好是经过铰或镗加工的孔，仅粗加工后的孔不宜采用。

采用寻边器对刀，方法操作简便、直观，对刀精度高，但被测孔或面应有较高精度。

采用碰刀（或试切）方式对刀，操作方法比较简单，但会在工件表面留下痕迹，对刀精度不高。为避免损伤工件表面，可以在刀具和工件之间加入塞尺进行对刀，这时应将塞尺的厚度减去。依此类推，还可以采用标准芯轴和块规来对刀。

刀具 Z 向对刀数据与刀具在刀柄上的装夹长度及工件坐标系的 Z 向零点位置有关，它确定工件坐标系的零点在机床坐标系中的位置。可以采用刀具直接碰刀对刀，也可利用 Z 向设定器进行精确对刀，其工作原理与寻边器相同。对刀时也是将刀具的端刃与工件表面或 Z 向设定器的测头接触，利用机床的坐标显示来确定对刀值。当使用 Z 向设定器对刀时，要将 Z 向设定器的高度考虑进去。

另外，当在加工工件中使用不同刀具时，每把刀具到 Z 坐标零点的距离都不相同，这些距离的差值就是刀具的长度补偿值，因此需要在机床上或专用对刀仪上测量每把刀具的长度（即刀具预调），并记录在刀具明细表中，供机床操作人员使用。

### 4.2.7 数控铣的铣削方式

(1) 周铣

如图 4-20（a）所示，铣刀垂直于工件表面，沿垂直于工件的方向运动，即立铣，一般用于零件外形轮廓的加工。

(2) 端铣

如图 4-20（b）所示，端铣指利用端铣刀铣削工件表面的一种加工方式。由分布在圆柱或圆锥面上的主切削刃担任切削作用，而端部切削刃为副切削刃，起辅助切削作用。

端铣刀具有较多的同时工作的刀刃。平铣也是端铣的一种,铣刀垂直于工件,沿着平行于工件表面的方向运动,一般用于零件大平面的加工。

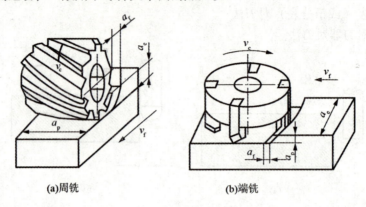

(a)周铣　　　　　　(b)端铣

图 4－20

在铣削轮廓表面时一般采用立铣刀侧面刃口进行切削。对于二维轮廓加工,通常采用的加工路线为:①从起刀点下刀到下刀点;②沿切向切入工件;③轮廓切削;④刀具向上抬刀,退离工件;⑤返回起刀点。

端铣用的面铣刀一般刚性较好,加工时振动小,而周铣用的立铣刀一般刀杆较长,直径较小,刚性较差,加工时容易产生弯曲变形和引起振动;一般端铣同时工作的刀齿比周铣多,铣削的层宽比层深大得多,故端铣比较平稳,切削力波动小;周铣时,为减振动,可选择大螺旋角铣刀来弥补。

### 4.2.8　顺铣和逆铣

科学合理地选择工艺参数,可以提高切削效率和零件的加工质量,降低生产成本。因此要根据零件的加工方法、数控设备、刀具、零件的加工精度和表面质量的要求,正确合理地选择工艺参数。

(1) 顺铣和逆铣的概念

如图 4－21(a)所示,铣削时,铣刀的旋转方向与零件的进给方向相反时称为逆铣。如图 4－21(b)所示,铣削时,铣刀的旋转方向与零件的进给方向一致时称为顺铣。

(2) 顺铣和逆铣的特点

顺铣时,刀具是从工件的待加工面向已加工面切削,避免了刀齿与已加工面的挤压和滑行,工件表面质量好;当零件表面有硬皮时,会加速刀具磨损甚至出现打刀现象;刀具的旋转方向与工件的进给方向相同,因此切削力的垂直分力压向工作台,工件振动小。

逆铣时,刀具的旋转方向与工件的进给方向相反,因此切削力的垂直分力方向垂直工作台向上,容易使工件产生振动;刀具是从工件的已加工面向待加工面切削,刀齿不会因与待加工面的硬皮产生磨损而出现打刀现象;此时刀具的切削厚度是逐渐增大的,当瞬时的切削厚度小于铣刀刃口的钝圆半径时,刀齿就会与已加工表面产生挤压,产生塑性变形,切不下金属,使表面产生冷硬层,加速刀具磨损,降低工件表面加工质量。

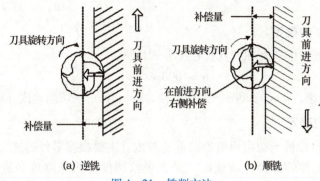

图 4-21 铣削方法

(3）顺铣和逆铣的选择

数控铣削粗加工时，如果工件表面有硬皮，为防止刀具崩刃，应尽量选择逆铣进行加工。数控铣削精加工时，如果工件表面无硬皮，为了提高零件的表面加工质量，减少刀具磨损，应尽量选择顺铣进行加工。

### 4.2.9 切削参数的选择

数控编程时，编程人员必须确定每道工序的切削用量，并以指令的形式写入程序中。切削用量包括切削速度、背吃刀量或侧吃刀量及进给速度等。对于不同的加工方法，需要选用不同的切削用量。切削用量的选择原则是：保证零件加工精度和表面粗糙度，充分发挥刀具切削性能，保证合理的刀具耐用度并充分发挥机床的性能，最大限度地提高生产率，降低成本。

#### 1. 切削速度的确定

切削速度 $v_c$ 是指刀具切削刃的圆周线速度。它既可以用经验公式计算，又可以根据选好的背吃刀量、进给速度及刃具的耐用度，在机床允许的切削速度范围内查取。数控铣削的切削速度与刀具的耐用度 $T$、每齿进给量 $f_z$、背吃刀量 $a_p$、侧吃刀量 $a_e$ 以及铣刀齿数 $z$ 成反比，与铣刀直径 $d$ 成正比。其中原因是 $f_z$，$a_p$，$a_e$，$z$ 增大时，使同时工作齿数增多，刀刃负荷和切削热增加，加快刀具磨损，因此刀具耐用度限制了切削速度的提高。如果加大铣刀直径则可以改善散热条件，相应提高切削速度。表 4-2 列出了铣削切削速度的参考值。

表 4-2 切削速度 $v_c$ 参考值

| 工件材料 | 硬度（HBS） | 铣削速度 $v_c$（mm/min） ||
|---|---|---|---|
| | | 硬质合金铣刀 | 高速钢铣刀 |
| 铸铁 | <190 | 66~150 | 21~36 |
| | 190~260 | 45~90 | 9~18 |
| | 260~320 | 21~30 | 4.5~10 |
| 钢 | <225 | 66~150 | 18~42 |
| | 225~325 | 54~120 | 12~36 |
| | 325~425 | 36~75 | 6~21 |

## 2. 主轴转速 n 的确定

主轴转速可根据切削速度和刀具直径按下式计算：

$$n = 1000v_c/\pi d$$

式中，$n$——主轴转速，r/min；$d$——刀具直径，mm；$v_c$——切削速度，mm/min。

## 3. 进给速度的确定

进给速度 $F$ 是数控机床切削用量中的重要参数，主要根据零件的加工精度和表面粗糙度要求以及刀具、工件的材料性质选取。最大进给速度受机床刚度和进给系统的性能限制。在轮廓加工中，在接近拐角处应适当降低进给量，以克服由于惯性或工艺系统变形在轮廓拐角处造成"超程"或"欠程"现象。

确定进给速度的原则：

（1）当工件的质量要求能够得到保证时，为提高生产效率，可选择较高的进给速度，一般在（100~200）mm/min 范围内选取；

（2）在切断、加工深孔或用高速钢刀具加工时，宜选择较低的进给速度，一般在（20~50）mm/min 范围内选取；

（3）当加工精度、表面粗糙度要求高时，进给速度应选小些，一般在（20~50）mm/min 范围内选取；

（4）刀具空行程时，特别是远距离"回零"时，可以选择该机床数控系统给定的最高进给速度。

铣削加工刀具属于多齿刀具，进给速度也可以用每齿进给量 $f_z$ 表示，单位为 mm/r。进给速度 $F$、刀具转速 $n$、刀具齿数 $z$ 和每齿进给量 $f_z$ 之间的关系为：$F = n \times z \times f_z$

对于多坐标联动的数控机床，数控程序给定的进给速度是各坐标轴的合成运动速度，其分速度是根据进给速度与各运动坐标分量来计算的。进给速度是影响刀具耐用度的重要因素，因此，在确定进给速度时，要综合考虑零件的表面粗糙度、加工精度、刀具和工件的材料等因素进行选取。

粗加工时，考虑机床进给机构和刀具的强度、刚度等限制因素，根据被加工零件的材料、刀具尺寸和已确定的背吃刀量来选择进给速度。

半精加工和精加工时，主要考虑被加工零件的精度、表面粗糙度、工件和刀具材料性能等因素的影响。工件表面粗糙度值小，进给速度小；工件材料硬度大，进给速度小；工件、刀具的刚度和强度低，进给速度就应选小值；工件表面加工余量大，进给速度应小一些。常用铣刀的进给量如表 4-3 所示。

表4-3 铣刀每齿进给量 $f_z$ 参考值

| 工件材料 | 每齿进给量$f_z$（mm/r） | | | |
|---|---|---|---|---|
| | 粗铣 | | 精铣 | |
| | 硬质合金铣刀 | 高速钢铣刀 | 硬质合金铣刀 | 高速钢铣刀 |
| 铸铁 | 0.15~0.30 | 0.12~0.20 | 0.10~0.15 | 0.02~0.05 |
| 钢 | 0.10~0.52 | 0.10~0.15 | | |

#### 4. 背吃刀量（或侧吃刀量）的确定

在保证加工表面质量加工质量的前提下，背吃刀量（$a_p$）应根据机床、工件和刀具的刚度来决定，在刚度允许的条件下，应尽可能使背吃刀量等于工件的加工余量，这样可以减少走刀次数，从而提高生产效率。根据工件的表面质量及加工精度、工件材料、刀具的材料等对零件选取背吃刀量（或侧吃刀量），以及加工过程中，粗精加工所需选取的加工余量。比如，为了保证加工表面质量，可留少量精加工余量，一般为（0.2~0.5）mm。

### 4.2.10 加工工序的划分

在数控机床上特别是在加工中心上加工零件，工序十分集中，许多零件只需在一次装夹中就能完成全部工序。但是零件的粗加工，特别是铸、锻毛坯零件的基准平面、定位面等的加工应在普通机床上完成之后，再装夹到数控机床上进行加工。这样可以发挥数控机床的特点，保持数控机床的精度，延长数控机床的使用寿命，降低数控机床的使用成本。在数控机床上加工零件其工序划分的方法有以下几种。

#### 1. 刀具集中分序法

刀具集中分序法即按所用刀具划分工序，用同一把刀加工完零件上所有可以完成的部位，再用第二把刀、第三把刀完成它们可以完成的其他部位。这种分序法可以减少换刀次数，压缩空程时间，减少不必要的定位误差。

#### 2. 粗、精加工分序法

这种分序法是根据零件的形状、尺寸精度等因素，按照粗、精加工分开的原则进行分序。对单个零件或一批零件先进行粗加工、半精加工，而后进行精加工。粗、精加工之间，最好隔一段时间，以使粗加工后零件的变形得到充分恢复，再进行精加工，以提高零件的加工精度。

#### 3. 按加工部位分序法

按加工部位分序法即先加工平面、定位面，再加工孔；先加工简单的几何形状，再加工复杂的几何形状；先加工精度比较低的部位，再加工精度要求较高的部位。

总之，在数控机床上加工零件，其加工工序的划分要视加工零件的具体情况来分析。

### 4.2.11 确定数控铣削的加工路线

在数控加工中刀具（严格说是刀位点）相对于工件的运动轨迹和方向称为加工路线。

即刀具从对刀点开始运动起，直至结束加工所经过的路径，包括切削加工的路径及刀具引入、返回等非切削空行程。走刀路线的确定非常重要，因为它与零件的加工精度和表面质量密切相关。

确定走刀路线的一般原则是：选择合适的加工方法，制订合理的切削进给加工路线，首先必须保证被加工零件的尺寸精度和表面质量；其次考虑数值计算简单，走刀路线尽量短，效率较高；然后还要在编程时注意切入点和切出点的程序处理，在用立铣刀的端刃或侧刃铣削零件平面轮廓，为了避免在工件轮廓的切入点和切出点留下刀痕，应沿轮廓外形的延长线切入和切出，如图4-22所示。切入点和切出点一般选在零件轮廓两个几何元素的交点处，以保证零件轮廓形状平滑。应避免在零件垂直表面的方向上进刀。

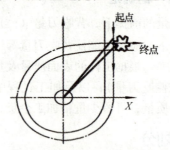

图4-22 刀具的切入、切出处理方式

### 1. 轮廓铣削加工路线的分析

对于连续铣削轮廓，特别是加工圆弧时，要注意安排好刀具的切入、切出，要尽量避免交接处重复加工，否则会出现明显的界限痕迹。如图4-22所示，用圆弧插补方式铣削外整圆时，要安排刀具从切向进入圆周铣削加工，当整圆加工完毕后，不要在切点处直接退刀，而是让刀具多运动一段距离，最好沿切线方向退出，以免取消刀具补偿时刀具与工件表面相碰撞，造成工件报废。

利用刀具补偿功能来控制尺寸精度，使程序简单。一般在加工工件之前建立刀具半径补偿，在加工工件之后取消刀具半径补偿。进刀点应设在工件外，与工件保持一定的距离。

数控铣削加工可采用顺铣和逆铣，一般顺铣的加工表面质量高于逆铣；精加工时大都选择顺铣加工方法。

### 2. 铣削内轮廓零件

铣削内圆弧时，也要遵守从切向切入的原则，安排切入、切出过渡圆弧。

（1）矩形槽加工。如图4-23所示的矩形槽加工路线，可分为三种加工方式：行切法、环切法以及混合法加工路线。如图4-23（a）所示的加工方式，能切除内腔中的全部余量，但在走刀起点和终点处残余量较高，达不到表面粗糙度要求；如图4-23（b）所示的走刀路线，先用行切法，最后沿周向环切一刀，光整轮廓表面，不仅加工路线较短而且能有较好的加工效果。如图4-23（c）所示也是一种较好的走刀路线。

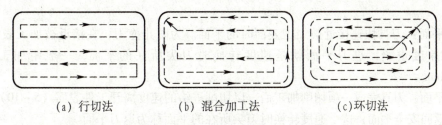

(a) 行切法　　　　　(b) 混合加工法　　　　(c) 环切法

图 4-23　矩形槽加工路线示意

（2）开始和结束切削段均用圆弧切入和圆弧切出，以保证不留刀痕；对表面质量要求不高时，可以采用斜线切入、切出。圆弧的大小和斜线的长短由内轮廓的尺寸大小确定。

（3）加工工件之前建立径向刀具补偿段，工件完成后取消径向刀具补偿段。

（4）进给精加工一般为顺铣，刀具每次走的工件轮廓长度必须大于刀具半径和刀具半径补偿值之和，否则，机床报警。

（5）落刀点应选在有空间下刀的地方，一般在内轮廓零件的中间；如果无空间，应先用钻头钻一个比所用刀具直径大一点的孔，有利于进刀。

（6）刀具沿轴向进刀和退刀。

### 3. 孔系加工路线的确定

孔系加工零件如图 4-24（a）所示，图 4-24（b）、（c）为两种不同的加工路线，采用图 4-24（c）所示的加工路线加工时空行程较短。

(a) 零件图样　　　　(b) 路线一　　　　(c) 路线二

图 4-24　走刀路线比较

## 4.2.12　关于数控铣削的几个概念

### 1. 点与面的定义

程序起始点：指程序开始时，刀尖点初始的位置。

程序返回点：指程序执行完毕时，刀尖返回后的位置，一般称为换刀点。

进刀点：指在曲面开始切削时，刀尖与曲面的接触点。

退刀点：指曲面切削完毕后，刀尖与曲面的接触点。

起始平面：程序开始时，刀尖初始位置所在的 Z 平面，该平面一般在工件最高点上（50~100）mm 处，对应高度为起始高度，如图 4-25 所示。

返回平面：程序结束时刀尖所在的平面，一般与起始

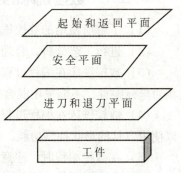

图 4-25　工艺平面之间的关系

平面重合。

进刀平面：刀具快速接近被加工表面时的平面。为防止撞刀，在接近被加工表面时，采用切削速度进给，进刀平面就是速度转换时刀尖所在的平面，一般距加工表面（5~10）mm。

退刀平面：刀具完成一项切削加工后，以切削进给的速度离开工件表面（5~10）mm，转为快速返回安全平面，这个速度转换时刀尖所在的平面称为退刀平面。

安全平面：刀具完成一项切削加工后，沿 $Z$ 轴方向返回一段距离，这时刀尖所在的 $Z$ 平面对应高度为安全高度。

#### 2. 起始点、返回点的选择原则

起始点、返回点 $Z$ 坐标定义在高出被加工零件的最高点（50~100）mm 的位置。同一程序中起始点、返回点最好相同，以免影响操作。进刀点在粗加工时，选择在曲面内最高的角点，切削余量小，不易损坏刀具；精加工时，应选择在曲面内曲率比较平缓的角点，使刀具受弯矩小；退刀点主要考虑加工的连续性和缩段加工时间，提高有效工作时间。

#### 3. 进刀点、退刀点的选择原则

粗加工时，进刀点的选择应在曲面内最高的角点，切削余量小，进刀时不易损坏刀具；精加工时，进刀点选择在曲面内曲率比较平缓的角点，刀具所受弯矩较小，不易折刀。选择退刀点时，主要考虑曲面加工的连续性，尽量缩短加工时间，提高机床的有效加工时间。

## 任务4.3  数控铣床编程概述

数控铣削加工包括平面零件外轮廓和内腔的加工、曲面零件的加工、钻孔加工、螺纹加工、复杂模具型腔的铣削加工等。在分析了数控铣床工艺设备和数控机床编程基础知识的基础上，下面将结合配置 FANUC-0i 数控系统讨论数控铣床的基本编程特点及编程方法。

### 4.3.1  数控铣床的编程特点

（1）了解所使用的数控铣床的数控系统功能及机床规格及指令代码。

（2）进行工艺分析，合理安排加工顺序，合理选择刀具、夹具及切削用量等参数。

（3）数控铣床在编程过程中，根据图样尺寸，一个程序段中可以采用绝对坐标编程或相对坐标编程，不能采用混合坐标编程；在一个程序中则可采用混合坐标编程。

（4）数控铣床在编程过程中，为使程序简化，提高工件的加工精度，编制程序时，可以使用刀具的形状补偿功能，也可以合理使用子程序和宏程序。

（5）在数控编程时，注意小数点的使用。

（6）合理设置换刀点，避免与工件发生干涉。

(7) 工件坐标系的选择要恰当，尽可能使数据计算简单，尽量减少空行程。

### 4.3.2 数控铣床编程的内容

以三坐标立式数控铣床为例，其加工的零件无论是平面轮廓还是空间曲面，一般程序段的内容都是由三部分组成的，即程序的准备部分、程序的加工部分、程序的结束部分，各部分的主要内容介绍如下。

#### 1. 程序的准备部分

（1）采用适当的编程方法，合理使用 G90 或 G91 指令。
（2）选择编程尺寸的单位，合理使用 G20 或 G21 指令。
（3）建立工件坐标系，一般使用 G54~G59，G92 指令在第一个程序段中建立。
（4）在加工工件之前，建立好刀具的半径补偿和长度补偿。
（5）减少刀具的空走刀路线，合理选择其加工路线，正确使用 G00 或 G01 指令。
（6）选择合理的主轴转速，确定合理的加工工艺路线方针。

#### 2. 程序的加工部分

（1）这部分是刀具和工件进行相对运动，进行切削加工，从而加工出来所需的零件。在刀具和工件接触、加工过程中，一般不使用 G00 指令，从而避免撞刀、扎刀的现象。
（2）加工过程中，刀心轨迹和工件轮廓不重合时，通过正确地使用刀具半径补偿指令解决该问题。
（3）选择合理的切削用量，如 $F$ 值、背吃刀量和侧吃刀量。
（4）加工过程中，产生大量的热量，合理地选用切削液。

#### 3. 程序的结束部分

（1）加工完毕后，要用 G40 指令取消刀具半径补偿，以免在后续加工中出错。
（2）加工完毕后，要用 G49 指令取消刀具的长度补偿。
（3）要确定刀具在结束部分的运动路线。一般为先切出、移出工件，然后抬刀到安全高度。
（4）完成主轴的停止、冷却液的关闭等操作。用 M05 停止主轴，M09 关闭冷却液。
（5）对一些具有固定循环功能的指令，还要取消固定循环。
（6）用 M30 或 M02 指令结束程序。

### 4.3.3 数控铣床的五大功能指令

前面提到数控机床编程有五大功能指令：准备功能 G 指令，辅助功能 M 指令，主轴转速 S 功能指令，进给速度 F 功能指令，刀具功能 T 指令，现在就来具体介绍。

#### 1. 准备功能 G 指令

G 功能是命令机械准备以何种方式切削加工或移动。以地址 G 后面接两位数字组成，其范围是 G00~G99，不同的 G 代码代表不同的意义与不同的动作方式，如表 4-4 所示。

表 4-4　G 代码

| 代码 | 功能 | 组别 | 代码 | 功能 | 组别 |
| --- | --- | --- | --- | --- | --- |
| ★G00 | 快速定位 | 01 | G52 | 局部坐标系统 | 00 |
| G01 | 直线插补 | | ★G54 | 选择第 1 坐标系统 | 12 |
| G02 | 顺时针插补 | | G55 | 选择第 2 坐标系统 | |
| G03 | 逆时针插补 | | G56 | 选择第 3 坐标系统 | |
| G04 | 暂停 | 00 | G57 | 选择第 4 坐标系统 | |
| G09 | 确定停止检验 | | G58 | 选择第 5 坐标系统 | |
| G10 | 自动原点补正，刀具补正设定 | | G59 | 选择第 6 坐标系统 | |
| ★G17 | XY 平面选择 | 02 | G73 | 高速深孔啄钻循环 | 09 |
| G18 | XZ 平面选择 | | G74 | 攻左螺纹循环 | |
| G19 | YZ 平面选择 | | G76 | 精镗孔循环 | |
| G20 | 英制单位输入选择 | 06 | ★G80 | 取消固定循环 | 09 |
| G21 | 公制单位输入选择 | | G81 | 钻孔循环 | |
| ★G27 | 参考点返回检查 | 00 | G82 | 深孔钻孔循环 | |
| G28 | 参考点返回 | | G83 | 深孔啄钻循环 | |
| G29 | 由参考点返回 | | G84 | 攻右螺纹循环 | |
| G30 | 第 2、3、4 参考点返回 | | G85 | 铰孔循环 | |
| G33 | 螺纹切削 | 01 | G86 | 背镗循环 | |
| ★G40 | 取消刀具半径补偿 | 07 | ★G90 | 绝对坐标编程 | 03 |
| G41 | 左刀补 | | G91 | 增量坐标编程 | |
| G42 | 右刀补 | | G92 | 定义坐标编程 | 00 |
| G43 | 刀具长度正补偿 | 08 | ★G94 | 每分钟进给量 | 05 |
| G44 | 刀具长度负补偿 | | ★G98 | Z 轴返回起始点 | 10 |
| ★G49 | 取消刀具长度补偿 | | G99 | Z 轴返回 r 点 | |

注：1. 标有★的 G 代码为电源接通时的状态；

2. "00" 组的 G 代码为非续效指令，其余为续效代码；

3. 如果同组的 G 代码出现在同一程序中，则最后一个 G 代码有效；

4. 在固定循环中，如果遇到 01 组的 G 代码，固定循环被取消。

## 2. 辅助功能 M 指令（如表 4-5 所示）

表 4-5  M 代码

| 代码 | 功能 | 说明 |
| --- | --- | --- |
| M00 | 程序暂停 | 执行完 M00 指令后，机床所有动作均被切断，重新按下自动循环按钮，程序继续执行 |
| M01 | 计划暂停 | 只有选择停止后，M01 才有效 |
| M02 | 程序结束 | 在程序的最后一条，表示执行完所有程序后，主轴进给停止，机床处于复位状态 |
| M03 | 主轴正转 | 主轴顺时针转动 |
| M04 | 主轴反转 | 主轴逆时针转动 |
| M05 | 主轴停止转动 | |
| M06 | 换刀 | |
| M08 | 冷却液开 | 切削液开关 |
| M09 | 冷却液关 | 切削液开关 |
| M30 | 程序结束 | 使用 M30 时，表示执行 M02 的内容之外，还返回到程序的第一条语句，准备下一个工件的加工 |
| M98 | 调用子程序 | |
| M99 | 子程序返回 | |

### 3. F, S, T 功能指令

（1）进给速度 F 功能指令。F 功能用于控制刀具移动时的进给速度，F 后面所接数值代表每分钟刀具进给量（mm/min），它为续效代码。

实际进给速度 F 的值可由下列公式计算而得：$F=f_z zn$，其中 $f_z$ 表示铣刀每齿的进给量，mm/z；$z$ 表示铣刀的刀刃数；$n$ 表示刀具的转速，r/min。

（2）主轴转速 S 功能指令。S 功能用于指定主轴转速（r/min），在数控机床的许可范围内，S 代码后面接几位数字。

（3）刀具功能 T 指令。T 功能指令用于选择加工所用刀具。

编程格式：T_ _

T 后面通常有两位数表示所选择的刀具号码，与 M 指令结合使用。

## 4.3.4 编程应注意的问题

### 1. 数控装置初始状态设定

当机床的电源打开时，数控装置将处于初始状态，表 4-4 中标有"★"的 G 代码被激活。由于开机后数控装置的状态可通过 MDI 方式更改，且会因为程序的运行而发生变化，为了保证程序的运行安全，建议在程序的开始应有程序初始状态设定程序段。例如：
G90 G80 G40 G17 G49 G21

说明：分别表示绝对坐标方式、取消固定循环、取消刀具半径补偿、选择 XY 平面、取消刀具长度补偿、公制。

### 2. 安全高度的确定

对于铣削加工，起刀点和退刀点必须离加工零件上表面有一个安全距离，保证刀具在停止状态时，不与加工零件和夹具发生碰撞。在安全高度位置时刀具中心所在的平面也称为安全面。

### 3. 进刀/退刀方式的确定

对于铣削加工，刀具切入工件的方式，不仅影响加工质量，同时直接关系到加工的安全。对于二维轮廓加工，一般要求从侧面进刀或沿切线方向进刀，尽量避免垂直进刀。退刀方式也应从侧向或切向退刀。刀具从安全高度下降到切削高度时，应离工件毛坯边缘有一个距离，不能直接贴着加工零件理论轮廓直接下刀，以免发生危险。

## 任务 4.4　数控铣床的 G 代码的简单应用

### 4.4.1　坐标值与尺寸

#### 1. 绝对坐标编程指令（G90）

指令格式：G90 G_ X_ Y_ Z_ ；

符号说明：该指令表示从程序原点开始的坐标值，即各坐标值都是相对于工件坐标系原点的值为绝对坐标值。

如图 4-26 所示，刀具从 A 点快速移动到 B 点，采用绝对坐标指令程序为
G90 G01 X40. Y30. F100

#### 2. 增量（相对）坐标指令（G91）

指令格式：G91 G_ X_ Y_ Z_ ；

符号说明：该指令表示程序段中的运动坐标数值为增量（相对）坐标值，即刀具运动的终点坐标相对于起点坐标的增量值。

如图 4-27 所示，刀具从 A 点运动到 B 点，采用增量坐标值程序为
G91 G01 X20. Y25. F100 ；

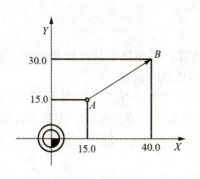 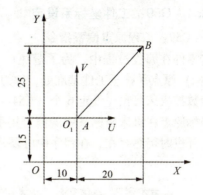

图4-26 绝对坐标指令　　图4-27 增量（相对）坐标指令

### 3. 小数点输入

目前，部分数控系统对程序中输入的数值可以用小数点，也可以不用，没有特别的规定，但有较多的系统（如 FANUC 系统）在数值中是否有小数点，其数值的单位是不同的。小数点可用于距离和时间等单位。

## 4.4.2 公制/英制变换

指令格式：G20/G21

公制尺寸或英制尺寸输入，可分别用 G21、G20 指定。G20 指令是单位为英寸（in）的输入状态，G21 指令是单位为毫米（mm）的输入状态。G20，G21 为模态功能指令，选择公制或英制时，必须在程序开头在一个独立的程序段中指定，同一程序中，只能使用一种单位，不可公制、英制混合使用。

G21 为系统默认状态指令。

## 4.4.3 数控铣床的工件坐标系

### 1. G92：工件坐标系设定

建立工件坐标系，用来确定刀具刀位点在坐标系中的坐标值。该指令是根据刀具所处的位置来确定机床原点与工件原点之间的距离。

指令格式：G92 X_ Y_ Z_ ；

符号说明：X_ Y_ Z_ 为刀位点在工件坐标系中所处的位置点坐标。该指令用来确定工件坐标系原点的位置，指定刀位点在工件坐标系中的坐标值。该指令为非模态指令，一般位于一个程序的第一段。如程序：G92 X100. Y100. Z50. ；其含义是将刀具所在位置坐标设置为（100，100，50），从而确定工件坐标系原点的位置。

注意事项：使用 G92 设定工件坐标系，其工件坐标系随刀具起始点的位置变化而发生变化，且数控机床关机后再重新启动机床，原来的工件坐标系不保存到数控系统的中。

### 2. G54~G59：工件坐标系设定

G54~G59：编程原点偏置指令

某些零件在编程过程中，为了避免尺寸换算，需多次平移工件坐标系。将工件坐标（编程坐标）原点平移至工件基准处，称为编程原点的偏置。

一般数控机床可预先设定6个（G54~G59）工件坐标系，如图4-28所示。这些坐标系的坐标原点在机床坐标系中的值可用手动数据输入方式输入，存储在机床存储器内，在机床重开机时仍然存在，在程序中可以分别选取其中之一使用，如图4-29所示。

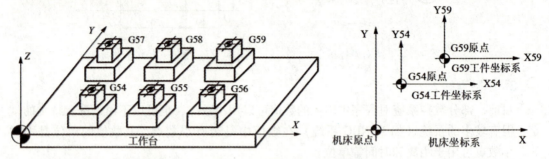

图4-28 设定工件坐标系　　　　图4-29 工件坐标系与机床坐标系

直接机床坐标系编程指令G53，为非模态指令，只在本程序段中有效。在含有G53指令的程序段中，利用绝对坐标编程的移动指令坐标位置是相对于机床坐标系的。

在接通电源和完成了原点返回后，系统自动选择工件坐标系1（G54）。在有模态命令对这些坐标做出改变之前，它们将保持其有效性。

注意事项：使用G54设定工件坐标系，数控机床关机后再重新启动机床，原来的工件坐标系值仍然保存到数控系统的中。

### 4.4.4　坐标平面选择指令（G17/G18/G19）

该指令用来选择圆弧插补平面和刀具补偿平面，G17表示 *XY* 平面，G18表示 *XZ* 平面，G19表示 *YZ* 平面，如图4-30所示。

由于数控铣床大都在 *XY* 平面内加工，故G17为机床的默认状态，编程时可省略。

图4-30 坐标平面选择

### 4.4.5 快速定位和直线插补

#### 1. G00：快速点定位指令

快速点定位指令命令刀具以点位控制方式从刀具所在点快速移动到目标位置，可以在几个轴上同时执行快速移动，无运动轨迹要求，只能用于快速定位，不能用于切削加工。

指令格式：G00 X_ Y_ Z_ ；

说明：X，Y，Z为目标点坐标值。

如图4-31所示，刀具从A点快速移动到目标点B，其程序段如下。

绝对坐标编程：G90 G00 X10. Y15. ；

增量坐标编程：G91 G00 X-15. Y-15. ；

注意：

（1）执行G00时，刀具实际运动的路线不一定是直线AB，可能是平行于某一坐标轴的直线运动到B点，也可能是与坐标轴成一定夹角的斜线运动到B点，具体根据系统确定，所以使用G00指令时要注意刀具是否与工件及夹具发生干涉，这非常重要，忽略这一点，就容易发生碰撞产生危险；

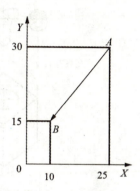

图4-31 快速点定位示例

（2）使用G00指令时，机床的进给率由机床参数指定，其移动速度为系统设定的最高速度。G00是模态指令；

（3）不运动的坐标可以省略，省略的坐标轴不做任何运动；

（4）目标点的坐标值可以用绝对值，也可以用增量值。

#### 2. G01：直线插补指令

直线插补指令用于直线运动。可使刀具在两坐标间以插补联动方式按指定的进给速度做任意斜率的直线运动，该指令是模态指令。

指令格式：G01 X_ Y_ Z_ F_ ；

说明：X，Y，Z为直线插补的终点坐标值，F是指定进给速度。

注意：

（1）执行G01时，刀具是以一定的速度和方向从起点到终点进行切削加工，一般用于工件的加工状态；

（2）使用G01指令时，后面必须要接F指令，表明机床以一定的进给速度运动；

（3）不运动的坐标可以省略，省略的坐标轴不做任何运动；

（4）目标点的坐标值可以用绝对值，也可以用增量值。

实现图4-31中从A点到B点的直线插补运动，其程序段为

绝对坐标编程：G90 G01 X10. Y15. F100 ；

增量坐标编程：G91 G01 X-15. Y-15. F100 ；

### 4.4.6 圆弧插补指令（G02/G03）

该指令控制刀具在指定坐标平面内以给定的进给速度从当前位置（圆弧起点）沿圆弧

移动到指令给出的目标位置（圆弧终点）。G02 为顺时针圆弧插补指令，G03 为逆时针圆弧插补指令。

1. 圆弧顺逆方向判别

沿着圆弧所在平面内的第三坐标轴的正方向向负方向看，顺时针方向加工的用 G02，称为顺时针圆弧插补；反之，称为逆时针圆弧插补 G03，如图 4-32 所示。

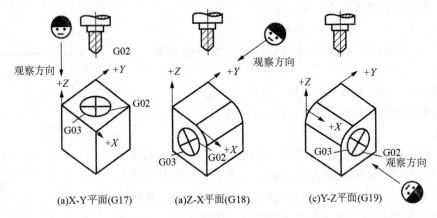

图 4-32　圆弧插补平面的选择

2. 指令格式

$$XY\text{ 平面圆弧 } G17 \begin{Bmatrix} G02 \\ G03 \end{Bmatrix} X\_\ Y\_\ \begin{Bmatrix} R\_ \\ I\_\ J\_ \end{Bmatrix} F\_\ ;$$

$$ZX\text{ 平面圆弧 } G18 \begin{Bmatrix} G02 \\ G03 \end{Bmatrix} X\_\ Z\_\ \begin{Bmatrix} R\_ \\ I\_\ K\_ \end{Bmatrix} F\_\ ;$$

$$YZ\text{ 平面圆弧 } G19 \begin{Bmatrix} G02 \\ G03 \end{Bmatrix} X\_\ Z\_\ \begin{Bmatrix} R\_ \\ J\_\ K\_ \end{Bmatrix} F\_\ ;$$

3. 符号说明

(1) 当使用绝对坐标编程时，X，Y，Z 为圆弧插补的终点坐标值；相对坐标编程时，X，Y，Z 为圆弧插补的终点相对于起点坐标增量值。

(2) R 为指定圆弧的半径。当圆心角≤180°时，用"+R"表示，正号可省略；当圆心角>180°时，用"-R"表示，负号不可省略。用圆弧半径指定圆弧位置时，不能进行整圆插补。

(3) I，J，K 为圆弧起点指向圆心所作矢量分别在 X，Y，Z 坐标方向上的分矢量（矢量方向指向圆心），与 G90，G91 无关，当矢量方向与坐标轴方向一致时，取"+"号，反之取"-"。如图 4-33~图 4-35 所示。利用圆心坐标编程方式可以进行任何圆弧插补（包括整圆），而且加工整圆时，只能用圆心坐标方式编程。

(4) 目标点的坐标值可以用绝对值，也可以用增量值。

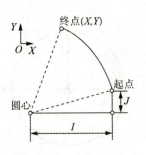
图 4-33 G17 平面圆弧插补

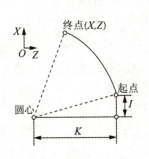
图 4-34 G18 平面圆弧插补

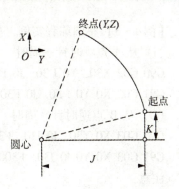
图 4-35 G19 平面圆弧插补

如图 4-33 所示,在 XY 平面内进行圆弧插补的编程格式:

G17 G02 X_ Y_ I_ J_ F_ ;
G17 G03 X_ Y_ I_ J_ F_ ;

如图 4-34 所示,在 XZ 平面内进行圆弧插补的编程格式:

G18 G02 X_ Z_ I_ K_ F_ ;
G18 G03 X_ Z_ I_ K_ F_ ;

如图 4-35 所示,在 YZ 平面内进行圆弧插补的编程格式:

G19 G02 Y_ Z_ J_ K_ F_
G19 G03 Y_ Z_ J_ K_ F_

### 4.4.7 暂停指令(G04)

指令格式:G04 X(P) _

符号说明:制定暂停时间,单位为 s,如 G04 X5.0,表示要经过 5 s 暂停,再执行后面的程序;P 后面不允许有小数点,单位为 ms,如 G04 P1000,表示暂停 1 s。

【例 4-1】A 点到 B 点的线性进给,如图 4-36 所示。
绝对值编程:G90 G01 X90. Y45. F800 ;
增量值编程:G91 G01 X70. Y30. F800 ;

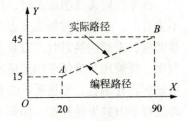
图 4-36 线性插补

【例 4-2】圆弧编程实例,如图 4-37 所示。

(i)圆弧 a

G91 G02 X30. Y30. R30. F300 ;
G91 G02 X30. Y30. I30. J0. F300 ;
G90 G02 X0 Y30. R30. F300 ;
G90 G02 X0 Y30. I30. J0. F300 ;

(ii)圆弧 b

G91 G02 X30. Y30. R-30. F300 ;
G91 G02 X30. Y30. I0 J30. F300 ;
G90 G02 X0 Y30. R-30. F300 ;
G90 G02 X0 Y30. I0 J30. F300 ;

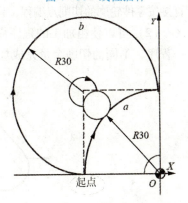
图 4-37 圆弧插补

【例4-3】整圆编程实例，如图4-38所示。

（i）从A点顺时针一周时

G90 G02 X30. Y0 I30. J0 F300；

G91 G02 X0 Y0 I30. J0 F300；

（ii）从B点逆时针一周时

G90 G03 X0 Y30. I0 J30. F300；

G91 G03 X0 Y0 I0 J30. F300；

注意：

（1）顺时针或逆时针是从垂直于圆弧所在平面的坐标轴的正方向看到的回转方向；

（2）整圆编程时不可以使用R，只能用I，J，K；

（3）同时编入R与I，J，K时R有效。

图4-38 整圆插补

## 任务4.5 数控铣床平面轮廓零件的铣削加工

### 4.5.1 刀具半径补偿功能

#### 1. 刀具补偿的作用

在零件轮廓铣削加工时，由于刀具半径尺寸的存在，实际刀具中心轨迹和工件轮廓是不重合的，在编程时如果按刀具中心轨迹进行编程，计算刀具轨迹就十分复杂，而且当刀具磨损、重磨或换刀时，刀具直径就发生了变化，这时必须重新计算刀具中心轨迹，修改程序，既烦琐又难保证加工精度。当数控机床有刀具半径补偿功能时，直接按零件图样上的轮廓尺寸编程，数控系统会自动计算刀具中心轨迹，使刀具偏离工件轮廓一个半径值，即进行了刀具半径补偿，如图4-39所示，A为工件轮廓，B为刀具中心轨迹。

（1）简化程序的编制，减少计算量。如图4-39所示，编程程时可以不考虑刀具的半径，直接按零件轮廓的切削点编程，只要在实际加工时把刀具半径输入刀具半径补偿地址中即可。

（2）可以使粗加工的程序简化。有意识地改变刀具半径补偿量，则可用同一刀具、同一程序、不同的切削余量完成加工。

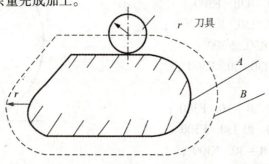

图4-39 刀具半径补偿实例

### 2. 刀具半径补偿过程

实现刀具半径是由数控系统中的 CNC 系统来完成的。在编程时，假想刀具的半径为零，直接根据工件的轮廓形状进行编程，然后将刀具的实际半径值存放在刀具半径偏置的粗寄存器中，在加工过程中，CNC 系统会根据零件程序和刀具半径自动计算刀具中心轨迹，完成对零件的加工。

刀具补偿过程的运动轨迹分为以下三个组成部分，如图 4-40 所示。

（1）建立刀补：刀具从起刀点接近工件，并在原来编程轨迹基础上，向左（G41）或向右（G42）偏置一个刀具半径。在该过程中不能进行零件加工。

（2）刀补进行：刀具中心轨迹与编程轨迹始终偏离一个刀具半径的距离。

（3）刀补撤销：刀具撤离工件，使刀具中心轨迹的终点与编程轨迹的终点（如起刀点）重合。它是刀补建立的逆过程。同样，在该过程中不能进行零件加工。

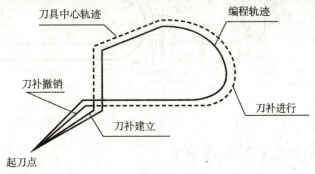

图 4-40 刀具半径补偿的过程

### 3. 刀具半径补偿种类与判别

（1）G41 为左刀具半径补偿：假设工件不动，沿着刀具的运动方向向前看，刀具位于工件左侧的刀具半径补偿，称为刀具半径左补偿。

（2）G42 为右刀具半径补偿：假设工件不动，沿着刀具的运动方向向前看，刀具位于零件右侧的刀具半径补偿，称为刀具半径右补偿，如图 4-41 所示。

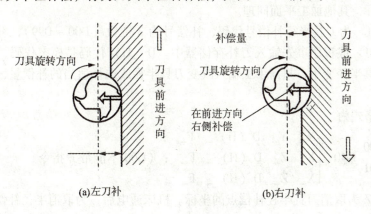

图 4-41 刀具半径补偿方式

### 4. 刀具半径补偿的应用

刀具因磨损、重磨、换刀而引起刀具直径改变后，不必修改程序，只需在刀具参数设置中输入变化后的刀具直径。如图 4-42 所示，1 为未磨损刀具，2 为磨损后刀具，两者直径不同，只需将刀具参数表中的刀具半径 $r_1$ 改为 $r_2$，即可适用同一程序。

用同一程序、同一尺寸的刀具，利用刀具半径补偿，可进行粗、精加工。如图 4-43 所示，刀具半径 $r$，精加工余量 $\Delta$。粗加工时，输入刀具直径 $D = 2(r + \Delta)$，则加工出点画线轮廓；精加工时，用同一程序、同一刀具，但输入刀具直径 $D = 2r$，则加工出实线轮廓。

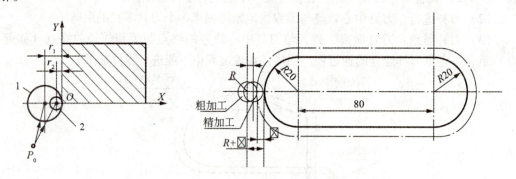

图 4-42 刀具磨损后的半径补偿　　图 4-43 利用刀具半径补偿进行粗精加工

### 4.5.2 刀具补偿功能编程指令

#### 1. 指令格式说明

G41，G42 指令格式为

$$\begin{cases} G17 \\ G18 \\ G19 \end{cases} \begin{cases} G00 \\ G01 \end{cases} \begin{cases} G41 \\ G42 \end{cases} \begin{matrix} X\_\ Y\_\ D(H)\_\ F\_\ ; \\ X\_\ Z\_\ D(H)\_\ F\_\ ;（G00 不能带 F 指令）\\ X\_\ Z\_\ D(H)\_\ F\_\ ; \end{matrix}$$

说明：（1）X，Y，Z 为终点的坐标值。在 XY 平面内只对 X，Y 轴进行刀具补偿，对 Z 轴不进行刀补，其他加工平面同理。

（2）D（H）为刀具半径补偿号代码，补偿号为 2 位数（D00～D99），补偿值由拨码盘、键盘（MDI）或程序事先输入刀补存储器中。D（H）代码是模态代码，当刀具磨损或重磨后，刀具半径变小，只需手工输入改变刀具半径或选择适当的补偿量，而不必修改已编好的程序。

G40 指令格式为

$$\begin{cases} G17 \\ G18 \\ G19 \end{cases} \begin{cases} G00 \\ G01 \end{cases} G40 \begin{matrix} X\_\ Y\_\ D(H)\_\ F\_\ ; \\ X\_\ Z\_\ D(H)\_\ F\_\ ;（G00 不能带 F 指令）\\ X\_\ Z\_\ D(H)\_\ F\_\ ; \end{matrix}$$

式中，X，Y，Z 为取消刀具半径补偿点的坐标。机床通电后，为取消半径补偿状态。

#### 2. 注意事项

（1）G17/G18/G19 用于指定刀具半径补偿是在哪个平面上进行，G17 可以省略。平面选择的切换必须在补偿取消方式下进行，否则机床会报警。

（2）G41，G42，G40 只能与 G00 或 G01 一起使用，不能和 G02，G03 一起使用，且只有在刀具运动过程中才能建立或者取消刀补。

（3）建立或取消刀补的程序段，在补偿平面内移动的距离一般要求大于刀具补偿值；在补偿状态下，铣刀的直线移动值及铣削内切圆弧的半径值要大于或等于刀具半径，否则机床会因补偿时产生干涉而报警。

【例4-4】如图4-44所示的刀具半径补偿程序。设加工开始时刀具距离工件表面50 mm，切削深度为10 mm。

按增量方式编程：
N10 G92 X0.0 Y0.0 Z50 ;
N20 G91 G17 ;                    //由 G17 指定刀补平面
N30 G41 G00 X20. Y10. D01 ;       //刀补号码 D01
N40 Z-48 M03 S800 ;
N50 G01 Z-12 F200 ;
N60 G01 Y40.0 F100 ;              //进入刀补状态
N70 X30. ;
N80 Y-30. ;
N90 X-40. ;
N100 G00 Z60 M05 ;
N110 G40 X-10. Y-20. ;            //解除刀补
N120 M30 ;

按绝对方式编程：
N10 G92 X0 Y0 Z50 ;
N20 G90 G17 G00 ;                 //由 G17 指定刀补平面
N30 G41 X20. Y10. D01 ;           //启动刀补
N40 Z2 M03 S800 ;
N50 G01 Z-10 F200 ;
N60 G01 Y50. F100 ;               //刀补状态
N70 X50. ;
N80 Y20. ;
N90 X10. ;
N100 G00 Z50 M05 ;
N110 G40 X0 Y0 ;                  //解除刀补
N120 M30

注意：使用 G41 和 G42 指令，当刀具接近工件轮廓时，数控装置认为是从刀具中心坐标转变为刀具外圆与轮廓相切点的坐标值，而使用 G40 刀具退出时则相反。如图4-45所示，在刀具接近工件和退出工件时要充分注意上述特点，防止刀具与工件干涉而过切。

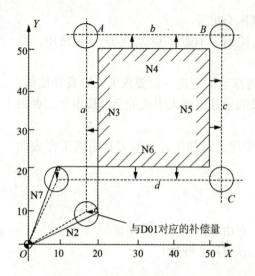

图4-44 刀具半径补偿实例

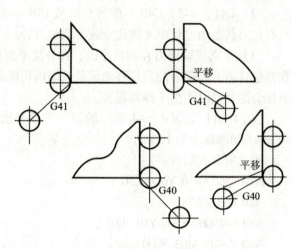

图4-45 G41，G40 进刀退刀

【例4-5】如图4-46所示，刀具直径为10 mm，设工件深度为5 mm。
设置G55：X = -400，Y = -150，Z = -50；（D01）= 5。

G55 G90 G00 Z40 ；
M03 S800 ；
X -50. Y0 ；
Z -5. F100 ；
G17 G42 G01 X -10. Y0 D01 ；
X60 ；
G03 X80. Y20. R20. ；
X40. Y60. R40. ；
G01 X0 Y40. ；
Y -10. ；
G00 G40 X0 Y -40. ；
Z40. ；
M05 ；
M30 ；

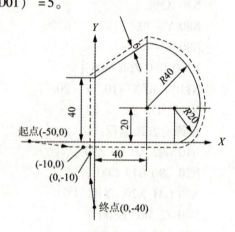

图4-46 刀具半径补偿实例

## 4.5.3 刀具长度补偿指令

在数控铣床上，使用刀具长度补偿指令，编程时就不必考虑刀具的实际长度及各把刀具不同的长度尺寸。当刀具磨损、更换刀具等原因引起刀长变化时，只需要修正刀长补偿值，而不必修改程序。

G43为刀具长度正补偿，它的作用是通过运算，在刀具编程终点坐标值上加一个刀具偏差量$e$。也就是使编程终点坐标正方向叠加一个偏差量。G44为刀具长度负补偿指令，它的作用与G43刚好相反，是在编程终点坐标负方向上叠加一个偏差值。G49是撤销刀具长度补偿的指令,做与长度补偿指令相反的运算。

G43(G44)Z_ H_ ;　　　　　　　　　//沿 Z 轴补偿刀具长度差值

G17(G18 G19)G43(G44)X(Y Z)_ H_ ;//沿 X, Y, Z 轴补偿刀具长度差值

补偿后的坐标值为补偿值与指令值运算后的终点位置,而不管选择的是绝对编程或增量编程。

【例 4-6】如图 4-47 所示的刀具长度补偿实例,H01 = -4.0(偏置值),其编程段为

N01 G91 G00 X120.0 Y80.0 M03 S800

N02 G43 Z -32.0 H01

N03 G01 Z -21.0 F100

N04 G04 P2000

N05 G00 Z21.0

N06 X30.0 Y -50.0

N07 G01 Z -41.0

N08 G00 Z41.0

N09 X50.0 Y30.0

N10 G01 Z -25.0

N11 G04 P2000

N12 G00 Z57.0 H00 (G49)

N13 X -200.0 Y -60.0

N14 M05

N15 M30

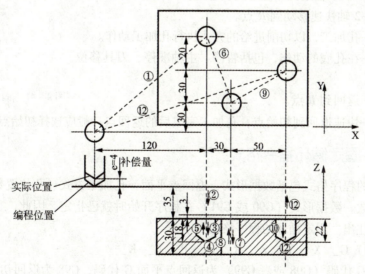

图 4-47　刀具长度补偿实例

由于偏置号的改变而造成偏置值的改变时，新的偏置值并不加到旧偏置值上。例如，H01 的偏置值为 20.0，H02 的偏置值为 30.0 时：

G90 G43 Z100.0 H01　　　　　　//Z 将达到 120.0
G90 G43 Z100.0 H02　　　　　　//Z 将达到 130.0

刀具长度补偿同时只能加在一个轴上，因此下列指令将出现报警。要进行刀具长度补偿轴的切换，必须取消一次刀具长度补偿。

G43 Z_ H_
G43 X_ H_　　　　　　　　　　//报警

## 任务 4.6　数控铣床固定循环指令应用

### 4.6.1　固定循环的组成

在钻孔、镗孔等加工过程中刀具一般是快速进给—切削加工—快速退出，然后在新的位置定位重复同样的动作。在编写程序时，同样的程序要重复多次，使程序十分臃肿，但这些加工动作基本已经典型化，在编程时可以把这一系列的典型的加工动作预先编好程序，存储在机床的系统中，然后用一个 G 代码程序调用，从而简化程序，我们把这种 G 代码称为固定循环。

对于这些多次重复的动作，一般由以下 6 个动作组成，如图 4-48 所示。

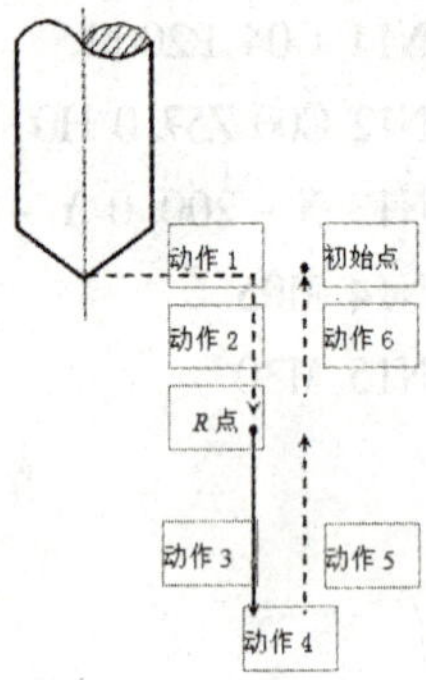

动作 1——X，Y 轴定位，使刀具快速定位到孔加工位置。
动作 2——Z 轴快速移动到 R 点。
动作 3——孔加工，以切削进给的方式执行孔加工动作。
动作 4——在孔底的动作，包括暂停、主轴准停、刀具移位等动作。
动作 5——返回到 R 点。

图 4-48　固定循环的动作

动作 6——快速返回到初始点，孔加工完成后的返回点一般应选择初始点。

### 4.6.2　固定循环指令格式

固定循环的程序格式包括数据形式、返回点平面、孔加工方式、孔位置数据、孔加工数据和循环次数。数据形式（G90 或 G91）在程序开始时就已指定，因此，在固定循环程序格式中可不注出。固定循环的程序格式如下：

G98（G99）G_ X_ Y_ Z_ R_ Q_ P_ F_ K_

式中，第一个 G 代码（G98 或者 G99）为返回点平面 G 代码，G98 为返回初始平面，G99 为返回 R 点平面；

第二个 G 代码为孔加工方式，即固定循环代码 G73，G74，G76 和 G81～G89 中的任一个；

X，Y 为孔位数据，指被加工孔的位置；

Z 为 R 点到孔底的距离（G91 时）或孔底坐标（G90 时）；

R 为初始点到 R 点的距离（G91 时）或 R 点的坐标值（G90 时）；

Q 指定每次进给深度（G73 或 G83 时），是增量值，Q＜0；在 G76 或 G87 指令中，指定刀具的位移量，用增量值给定；

P 指定刀具在孔底的暂停时间；

F 为切削进给速度；

K 指定固定循环的次数，不指定时为 1。

G73～G83，Z，R，Q，P 都是模态代码，某一固定循环加工方式一旦被指定后就保持不变，直至指定其他循环孔加工方式或者使用 G80 指令取消其循环。若程序中使用 G80，G01～G03 等代码可以取消固定循环。因此在加工同一种孔的过程中，不需要重新指定每个孔加工方式，只需要给出循环孔加工所需要的全部数据即可。

### 4.6.3 固定循环代码

#### 1. 数据格式代码

固定循环指定地址 R 与地址 Z 的数据指定与 G90 和 G91 的选择方式有关。在 G90 的方式下，R 与 Z 一律取其终点坐标值；在 G91 的方式下，R 为 R 点相对初始点的增量值坐标。Z 为 Z 点相对于 R 点的增量坐标。加工盲孔时底孔平面就是底孔 Z 轴高度，通孔时，应使刀具伸出一段距离，以保证孔深符合规定的要求，如图 4-49 所示。

#### 2. 返回点代码

由 G98/G99 决定刀具在返回式到达的平面。指定 G98 时，则刀具返回到初始点所在的平面；指定 G99 时，则刀具返回到 R 点所在的平面，如图 4-50 所示。

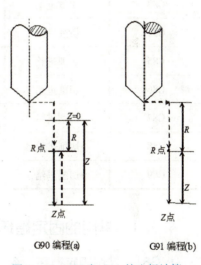

图 4-49 G90 与 G91 的坐标计算

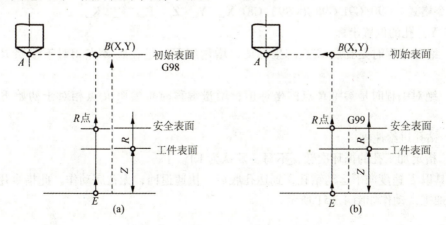

图 4-50 G98 与 G99 的区别

### 3. 孔加工方式代码（G73~G89），如表4-6所示

表4-6 固定循环功能表

| 指令 | 孔加工动作<br>-Z方向进刀 | 在孔底位置的动作 | 退刀操作<br>+Z方向退回动作 | 用途 |
|---|---|---|---|---|
| G73 | 间歇进给 |  | 快速移动 | 高速深孔啄钻循环 |
| G74 | 切削进给 | 主轴停止→主轴正转 | 切削进给 | 攻左螺纹循环 |
| G76 | 切削进给 | 主轴定向停止 | 快速移动 | 精镗孔循环 |
| G80 |  |  |  | 固定循环取消 |
| G81 | 切削进给 |  | 快速移动 | 钻孔循环 |
| G82 | 切削进给 | 暂停 | 快速移动 | 沉孔钻孔循环 |
| G83 | 间歇进给 |  | 快速移动 | 深孔啄钻循环 |
| G84 | 切削进给 | 主轴停止→主轴反转 | 切削进给 | 攻右螺纹循环 |
| G85 | 切削进给 |  | 切削进给 | 铰孔循环 |
| G86 | 切削进给 | 主轴停止 | 快速移动 | 镗孔循环 |
| G87 | 切削进给 | 主轴停止 | 快速移动 | 背镗孔循环 |
| G88 | 切削进给 | 暂停→主轴停止 | 手动操作 | 镗孔循环 |
| G89 | 切削进给 | 暂停 | 切削进给 | 镗孔循环 |

### 4.6.4 常用的固定循环指令

#### 1. G81：钻削固定循环指令

指令格式：G90/G91 G98（G99）G81 X_ Y_ Z_ R_ F_ K_ ；

X，Y：孔的位置坐标。

Z：绝对编程时是孔底Z点的坐标值；增量编程时是孔底Z点相对于参照R点的增量值。

R：绝对编程时是参照R点的坐标值；增量编程时是参照R点相对于初始B点的增量值。

F：钻孔进给速度。

K：指定加工孔的循环次数，不写，默认为K1。

刀具以F速度向下运动钻孔，到达孔底后，快速返回，无孔底动作。此指令用于一般孔钻削加工，动作如图4-51所示。

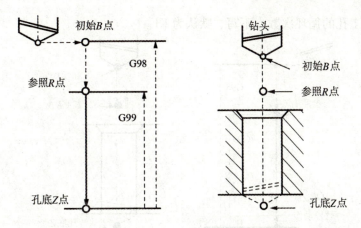

图 4-51 孔钻削固定循环

【例 4-7】如图 4-52 所示的 4 个 $\phi$10 mm 浅孔,工件坐标系原点定于工件上表面及 $\phi$56 孔中心线交点处,选用 $\phi$10 的钻头,初始平面位置位于工件坐标系(0,0,50)处,R 平面距工件表面 3 mm。

其程序段为

N01　G90 G54 X0 Y0 Z100；
N02　S800 M03 M08；
N03　G00 Z50.；
N04　G99 G81 X45. Y0 Z-14. R3. F100；
N05　X0 Y45.；
N06　X-45. Y0；
N07　G98 X0 Y-45.；
N08　G80 M09 Z100；
N09　M05；
N10　M30；

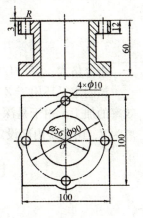

图 4-52　G81 固定循环实例

### 2. G82：带停顿的钻削循环指令

指令格式：G98/G99 G82 X_ Y_ Z_ R_ P_ F_ K_ ；

此指令主要用于加工沉孔、盲孔,以提高孔深精度。该指令除了要在孔底暂停外,其他动作与 G81 相同,动作如图 4-53 所示。

X,Y：孔的位置。

Z：绝对编程时是孔底 Z 点的坐标值；增量编程时是孔底 Z 点相对于参照 R 点的增量值。

R：绝对编程时是参照 R 点的坐标值；增量编程时是参照 R 点相对于初始 B 点的增量值。

P：孔底暂停时间。

F：钻孔进给速度。

K：指定加工孔的循环次数，不写，默认为K1。

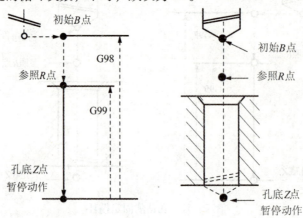

图4-53　G82带停顿的钻孔循环

### 3. G73：高速深孔加工固定循环指令

指令格式：G98/G99　G73 X_ Y_ Z_ R_ Q_ F_ K_ ；

该固定循环用于 Z 轴的间歇进给，使深孔加工时容易排屑，减少退刀量，可以进行高效率的加工。由于是深孔加工，采用间歇进给，以利于排屑。每次背吃刀量为 Q，退刀距离为 d，由系统内部设定，末次进给量小于 q，动作如图4-54所示。

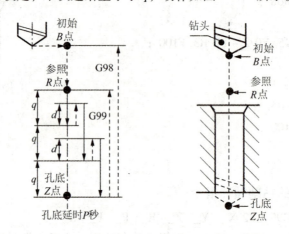

图4-54　高速深孔钻削固定循环

### 4. G83：深孔加工固定循环指令

指令格式：G98/G99　G83 X_ Y_ Z_ R_ Q_ F_ K_ ；

与 G73 的区别是：G73 每次以进给速度钻出 q 深度后，快速抬高 q+d，再由此处以进给速度钻孔至第二个 q 深度，依次重复，直至完成整个深孔的加工；而 G83 指令则是在每次进给钻进一个 q 深度后，均快速退刀至安全平面高度，然后快速下降至前一个 q 深度之上 d 处，再以进给速度钻孔至下一个 q 深度，这样有利于深孔钻削排屑，动作如图4-55所示。

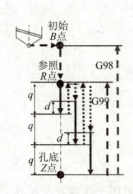
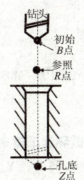

图 4-55 深孔钻削固定循环

### 5. G84：螺纹加工固定循环指令

指令格式：G98/G99 G74/G84  X_ Y_ Z_ R_ F_ ；

G74 和 G84 它们分别用于左螺纹加工和右螺纹加工。其固定循环动作如图 4-56 所示，丝锥在初始平面高度快速平移至孔中心 X，Y 处，然后再快速下降至安全平面 R 高度，反转起动主轴，以进给速度（导程/转）F 切入至 Z 处，主轴停转，再正转起动主轴，并以进给速度退刀至 R 平面，主轴停转，然后快速抬刀至初始平面。

图 4-56 螺纹加工循环指令 G74

【例 4-7】 如图 4-57 所示，零件上 5 个 M20×1.5 的螺纹底孔已打好，试编写右旋螺纹加工程序。

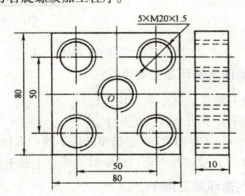

图 4-57 螺纹加工循环指令 G84 应用

设工件坐标系原点位于零件上表面对称中心，丝锥初始平面位置在工件坐标系原点上方 50 mm 处。加工程序如下：

N10　G90 G54 G00 Z100 ；
N20　M03 S800 M08 ；
N30　Z50 ；
N40　G84 X0 Y0 Z-20. R5. F1.5 ；
N50　X25. Y25. ；

N60　X-25. Y25. ;
N70　X-25. Y-25. ;
N80　X25. Y-25. ;
N90　G80 G00 X0 Y0 Z100. M09 ;
N100　M05 ;
N110　M30 ;

### 6. G85：镗削固定循环加工指令

指令格式：G98/G99 G85 X_ Y_ Z_ R_ F_ ;

该指令主要用于精度要求不太高的镗孔加工，一般用于粗镗孔、扩孔、铰孔的加工循环指令。其固定循环动作如图 4-58 所示。在初始高度，刀具快速定位至孔中心 $X$，$Y$，接着快速下降至参照 $R$ 点，再以进给速度 $F$ 镗孔至孔底 $Z$，然后以进给速度退刀至安全平面，再快速抬至初始平面高度。

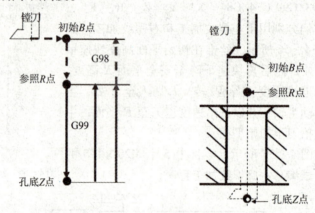

图 4-58　镗削固定循环

### 7. G86：退刀型镗削固定循环加工指令

指令格式：G98/G99 G86 X_ Y_ Z_ R_ F_ ;

该指令一般用于粗镗孔、扩孔、铰孔的加工。

该指令格式与 G85 相同，但与 G85 固定循环动作不同：当镗孔至孔底后，主轴停转，快速返回安全平面（G99 时）或初始平面（G98 时）后，主轴重新起动。

### 8. G87：背镗削固定循环加工指令

指令格式：G98/G99 G87 X_ Y_ Z_ R_ Q_ P_ F_ ;

背镗孔时的镗孔进给方向与一般孔加工方向相反，背镗加工时，刀具主轴沿 $Z$ 轴正向向上加工进给，参照 $R$ 点在孔底 $Z$ 的下方，如图 4-59 所示。

镗削动作如下：

刀具快移到 $B$ 点→主轴定向停转→反向偏移 $I$ 或 $J$ 量→快移到参照高度→偏移到 $R$ 点→主轴正转→向上工进镗孔→延时 $P$ 秒→主轴定向停转→反向偏移 $I$ 或 $J$ 量→快速抬刀到安全高度→偏移到 $B$ 点→主轴正转。

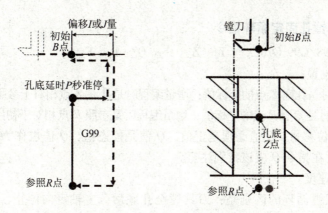

图 4-59 背镗削固定循环加工

### 9. G88：镗孔固定循环指令

指令格式：G98/G99 G88 X_ Y_ Z_ R_ F_ ;

其固定循环动作与 G86 类似。不同的是，刀具在镗孔至孔底后，暂停 $P$ 秒，然后主轴停止转动，如图 4-60 所示，而退刀是在手动方式下进行的。

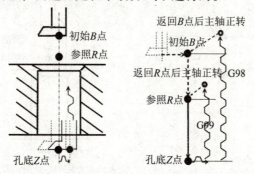

图 4-60 镗削固定循环指令 G88

### 10. G89：铰镗孔固定循环指令

指令格式：G98/G99 G89 X_ Y_ Z_ R_ P_ F_ ;

该动作过程与 G85 类似，但是孔底有暂停，适用于精镗孔，如图 4-61 所示。

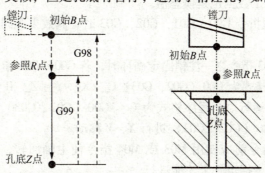

图 4-61 铰镗削固定循环指令 G89

### 11. G76：精镗孔固定循环指令

指令格式：G98/G99 G76 X_ Y_ Z_ R_ Q_ P_ F_ ；

X，Y：孔的位置。

Z：绝对编程时是孔底 Z 点的坐标值；增量编程时是孔底 Z 点相对于参照 R 点的增量值。

R：绝对编程时是参照 R 点的坐标值；增量编程时是参照 R 点相对于初始 B 点的增量值。

Q：孔底动作位移量，Q 值必须是正值，Q 值是模态值，Q 值也作为 G73 和 G83 指令的切削深度，因此在指令 Q 应该特别注意。

F：镗孔进给速度。

精镗循环与粗镗循环的区别是：刀具镗至孔底后，主轴定向停止，并反刀尖方向偏移，使刀具在退出时刀尖不致划伤精加工孔的表面。

其固定循环动作如图 4-62 所示，镗刀在初始平面高度快速移至孔中心 X，Y，再快速降至参照 R，然后以进给速度 F 镗孔至孔底 Z，暂停 P 秒，主轴定向，停止转动，然后反刀尖方向偏移 Q，再快速抬刀至安全平面（G99 时）或初始平面（G98 时），再沿刀尖方向平移 Q。

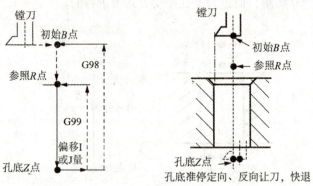

图 4-62　精镗固定循环指令 G76

### 12. 固定循环指令注意事项

（1）孔加工循环 G 指令是模态指令，一旦建立一直有效，直到被新的孔加工循环方式代替或被撤销，孔加工数据也是模态值。

（2）若程序中出现指令 G00，G01，G02，G03 时，其效果等同于 G80，循环方式和加工数据也被全部取消。

（3）当用 G00～G03 指令之一注销固定循环时，若 G00～G03 指令之一和固定循环出现在同一程序段，如程序格式为 G00（G02，G03）G_ X_ Y_ Z_、R_ Q_ P_ F_ L_ 时，按 G_ 指定的固定循环运行。当程序格式为 G_ G00（G02，G03）X_ Y_ Z_ R_ Q_ P_ F_ L_ 时，按 G00（G02，G03）进行 X，Y 移动。

（4）在固定循环指令前应使用 M03 或 M04 指令使主轴回转，在固定循环程序段中，X，Y，Z，R 数据应至少指定一个才能进行。

（5）在使用控制主轴回转的固定循环（G74，G84，G86）中，如果连续加工一些孔间距比较小，或者初始平面到 R 点平面的距离比较短的孔时，会出现在进入孔的切削动作前时，主轴还没有达到正常转速的情况，遇到这种情况时，应在各孔的加工动作之间插入 G04 指令，以获得时间。

##  任务 4.7　典型零件数控铣床的工艺与编程

【例 4-8】如图 4-63 所示的零件，毛坯尺寸为 105×105×6，$\phi20$，$\phi10$ 孔已加工，编写其外轮廓的加工程序。

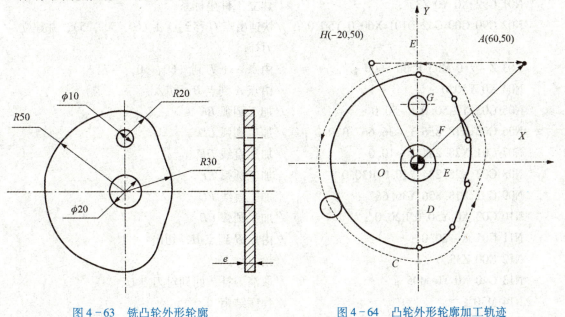

图 4-63　铣凸轮外形轮廓　　　　图 4-64　凸轮外形轮廓加工轨迹

### 1. 加工工艺分析

装夹方式：由于该零件有两个孔，可做一个一面两销简单夹具，其中 $\phi10$ 孔处为菱形销。由于在加工过程中，切削力是由螺栓螺帽拧紧在夹具、工件、垫板之间的摩擦力承受的，因此在不影响周边铣削的情况下，夹具、垫板的面积尽可能选大一些。

刀具的选择：由于是外轮加工，选用立铣刀，又因为该零件轮廓较简单，所以刀具直径和长度的选择只需考虑刀具的刚度，在保证加工过程刀杆、刀具与垫板不发生干涉的情况下，刀具的长度尽可能短。据此，刀具直径选 $\phi12$，长度选 50 mm。

加工路线：由于零件轮廓较简单，只需考虑切入和切出的方式。按工艺原则的要求，切入和切出段尽可能与零件轮廓相切，以避免直接切入和切出时在工件上留下刀痕。加工路线如图 4-64 中的所示。

切削用量：主轴转速 600 r/min，进给速度 200 mm/min。

### 2. 基准坐标确定

在编制程序之前要计算每一圆弧的起点坐标和终点坐标值，有了坐标值才能正式编程。算得的基点坐标分别为 G（18.856，36.667），F（28.284，10.000），E（28.284，

−10.000)，$D$ (18.856，−36.667)。

确定工件坐标系。选择凸轮 $\phi$20 孔圆心（即夹具上芯轴的中心）为 $X$, $Y$ 轴零点，工件表面为 $Z$ 轴零点，建立工件坐标系。起刀点选在 $O$ 点，其 $Z$ 坐标值要视装夹螺栓的高度而定，这里假定螺栓伸出高度的 $Z$ 坐标值为 30 mm（即螺栓顶端到工件表面的距离），则起刀点 $Z$ 坐标值可定为 35 mm。

### 3. 数控程序的编写

```
D01 = 6 ;                              //设置 φ12 立铣刀的刀补值（半径）
N01 G92 X0 Y0 Z35 ;                    //建立工件坐标系
N02 G90 G00 G42 D101 X60.0 Y50.0 ;     //快速由点 O 移到点 A (60, 50, 35)，并建立刀补
N03 Z-7.0 M03 F500 S600 ;              //由点 A 下刀到 (60, 50, -7)
N04 X0 Y50.0 ;                         //由点 A 到点 B，切入
N05 G03 Y-50.0 J-50.0 ;                //加工圆弧 BC
N06 G03 X18.856 Y-36.667 R20.0 ;       //加工圆弧 CD
N07 G01 X28.284 Y-10.0 ;               //加工直线 DE
N08 G03 X28.284 Y10.0 R30.0 ;          //加工圆弧 EF
N09 G01 X18.856 Y36.667 ;              //加工直线 FG
N10 G03 X0 Y50.0 R20.0 ;               //加工圆弧 GB
N11 G01 X-20.0 ;                       //由点 B 到点 H，切出
N12 G00 Z35.0 ;                        //抬刀
N13 G40 X0 Y0 M05 ;                    //取消刀补，回到对刀点 O
N14 M30 ;                              //程序结束
```

【例 4-9】 如图 4-65 所示，精铣零件拱形凸台轮廓。设定工件材料为硬铝，刀具为 $\phi$12 mm 的立铣刀，刀具材料为高速钢。

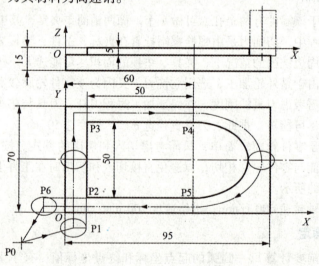

图 4-65 外轮廓精铣

## 1. 加工工艺分析

装夹方式：工件采用机床用平口虎钳装夹，零件下表面用垫铁支撑，百分表找正。

刀具的选择：零件拱形凸台轮廓已完成粗加工留余量，只需沿零件轮廓完成精加工。选 $\phi 12$ mm 的立铣刀，设定刀具半径补偿值 D01：$R = 6$ mm。加工时刀具在零件轮廓外（P0 点）垂直下刀至 5 mm 深。

加工路线：按照 P0→P1→P2→P3→P4→P5→P6→P0 各基点顺序加工编程。

切削用量：主轴转速 1200 r/min（实际主轴转速、进给速度可以根据加工情况，通过操作面板上倍率开关调节），进给速度 200 mm/min。

## 2. 基准坐标确定

如图 4-65 所示，选择工件上表面及左下角点 O 为工件坐标原点。切入、切出点 P1、P6 通常选择在零件轮廓的延长线或切线上，与工件外轮廓距离应大于刀具半径（本题取 10mm）。各个基点的水平面内坐标：P0（-30，-30），P1（10，-10），P3（10，60），P4（60，60），P5（60，10），P6（-10，10）。

## 3. 数控程序的编写

| | |
|---|---|
| O0001 ； | //主程序名 |
| N10 G90 G54 G00 Z100 ； | //绝对坐标编程，调用工件坐标系 G54，刀具垂直快移至 Z100 |
| N20 X-30 Y-30 M03 S1200 ； | //定位至 P0 点上方，主轴正转 1200 r/min |
| N30 Z-5 ； | //快速下刀至 Z-5 |
| N40 G41 G00 X10 Y-10 D01 ； | //P0→P1，建立刀补 |
| N50 G01 Y60 F200 ； | //P1→P3，进给速度 200 mm/min |
| N60 X60 ； | //P3→P4 |
| N70 G02 (X60) Y10 R25 ； | //顺时针圆弧插补，P4→P5 |
| N80 G01 X-10 ； | //P5→P6 |
| N90 G00 G40 X-30 Y-30 ； | //P6→P0，取消刀补 |
| N100 Z100 ； | //抬刀 |
| N110 M05 ； | //主轴停止 |
| N120 M30 ； | //程序结束 |

【例 4-10】零件图如图 4-65 所示，工件毛坯为 95×70×15 的硬铝板，拱形凸台轮廓侧面要求表面粗糙度为 Ra1.6 μm，刀具为 $\phi 12$ mm 的立铣刀，刀具材料为高速钢，试完成零件的加工编程。

## 1. 加工工艺分析

（1）工艺分析与例 4-9 相同，此处略。根据题意，零件拱形凸台轮廓需要通过粗、精加工来完成，如图 4-66（a）所示。此例可以不改变加工程序，通过改变刀具半径补偿值的方式实现粗加工和精加工。

（2）刀具半径补偿值的计算，如图 4-66（b）所示。

①零件上加工余量最大值 $L = AB = 24.5$ mm。

②计算粗加工进给次数。已知刀具半径 $d = 12$ mm,进给次数 $N = L/d = 24.5/12 \approx 2.04$,则取 $N = 3$ 次(当小数部分 $\leq 0.5$ 时,向整数进1;当小数部分 $> 0.5$ 时,向整数进2)。

③确定粗加工轨迹行距值。图4-66(b)中 $R$ 为刀具半径,$R = d/2 = 6$ mm。$W$ 为第一刀进给量,其值等于刀具半径 $R$ 减去刀具覆盖零件轮廓最外点($B$ 点)超出量 $\Delta$,本题取 $\Delta = 3$ mm。所以,$W = R - \Delta = 6$ mm $- 3$ mm $= 3$ mm。最后得到行距 $C = [L - (R + W)] / (N - 1) = 15.5/2$ mm $= 7.7$ mm。

④确定刀具半径补偿值。

第一刀 D01:$R1 = L - W = 24.5$ mm $- 3$ mm $= 21.5$ mm。

第二刀 D02:$R2 = L - W - C = 13.8$ mm。

第三刀 D03:$R3 = R = 6$ mm,但考虑给精加工(第4刀)留出余量 0.5 mm,实际 $R3 = 6$ mm $+ 0.5$ mm $= 6.5$ mm。

第四刀 D04(精加工):$R4 = 6$ mm。

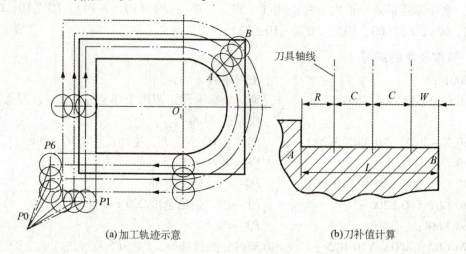

(a)加工轨迹示意     (b)刀补值计算

图4-66 加工方案分析

## 2. 数控程序的编写

为了简化编程,将例4-9中拱形凸台轮廓精加工程序作为子程序(具体使用方法第五章有详细介绍),调用4次。也可以不用子程序编程,用直接编程法。

```
O1000 ;                            //主程序名
N10 G90 G54 G00 Z100 ;             //绝对坐标编程,调用工件坐标系 G54,刀具快移
                                     至 Z100
N20 X-30 Y-30 M03 S1200 ;          //定位至 P0 点上方,主轴正转 1200 r/min
N30 Z-4. ;                         //快速下刀至 Z-4
N40 M98 P2 ;                       //粗加工
N50 Z-5. ;                         //快速下刀至 Z-5
N70 M98 P2 ;                       //精加工凸台水平面
N80 G41 G00 X10 Y-10 D04 ;         //P0→P1,建立刀补,刀补地址 D04,R=6
```

| | |
|---|---|
| N100 M98 P1 ； | //调用子程序，精加工凸台侧面，第四刀 |
| N110 Z100 ； | //抬刀 |
| N130 M05 ； | //主轴停止 |
| N140 M30 ； | //程序结束 |
| O0002 ； | //子程序名 |
| N10 G41 G00 X10 Y−10 D01 ； | //$P0 \to P1$，建立刀补，刀补地址 D01，$R=21.5$ |
| N20 M98 P1 ； | //调用子程序，粗加工第一刀 |
| N30 G41 G00 X10 Y−10 D02 ； | //$P0 \to P1$，建立刀补，刀补地址 D02，$R=13.8$ |
| N40 M98 P1 ； | //调用子程序，粗加工第二刀 |
| N50 G41 G00 X10 Y−10 D03 ； | //$P0 \to P1$，建立刀补，刀补地址 D03，$R=6.5$ |
| N70 M98 P1 ； | //调用子程序，粗加工第三刀 |
| N80 M99 ； | |
| O0001 ； | //子程序名 |
| N2 G01 Y60 F200 ； | //$P1 \to P3$，进给速度 200 mm/min |
| N4 X60 ； | //$P3 \to P4$ |
| N6 G02 (X60) Y10 R25 ； | //顺时针圆弧插补，$P4 \to P5$ |
| N8 G01 X−10 ； | //$P5 \to P6$ |
| N10 G00 G40 X−30 Y−30 ； | $P6 \to P0$，取消刀补 |
| N12 M99 ； | //子程序结束返回 |

## 习题四

4.1 数控铣削的主要加工对象有哪些？其特点是什么？

4.2 数控铣床常用夹具的种类有哪些？平口钳的选用要注意哪些事项？

4.3 数控铣削加工常用刀具有哪些？

4.4 简述刀具半径补偿和长度补偿的建立方法。

4.5 在数控系统中，一般的固定循环包括哪几个动作？

4.6 简述铣削加工中走刀路线的安排方法，切削用量的选择方法。

4.7 常用孔加工的固定循环指令有哪些，如何应用？

4.8 如图 4-67 所示，根据尺寸要求，在 96 mm×48 mm 硬铝板上加工出 POS 字样，圆弧半径 $R9$。

4.9 用 $\phi 10$ 的钻头钻图 4-68 所示的四孔。若孔深为 10 mm，用 G81 指令；若孔深为 40 mm，用 G83 指令。试用循环指令编程。

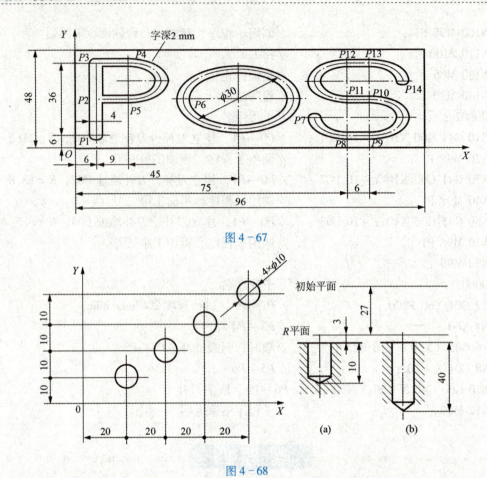

图 4-67

图 4-68

4.10 零件厚度为 10 mm，材料为 45 钢。使用 φ16 的高速钢 4 齿立铣刀。按图 4-69 所示的刀具中心轨迹编程，图 4-70 是走刀路线图。设工件原点在零件的左下角。

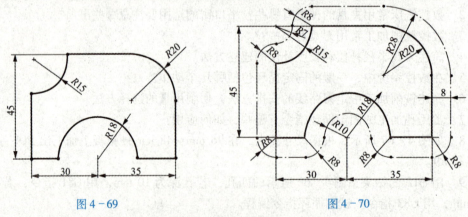

图 4-69　　　　　　　　　图 4-70

4.11 如图 4-71 所示，试编写凸台轮廓的加工程序。已知零件毛坯为 80 mm × 80 mm × 30 mm 的硬铝板，且毛坯各个表面已经加工完成，刀具为 φ10 mm 的高速钢立铣刀。

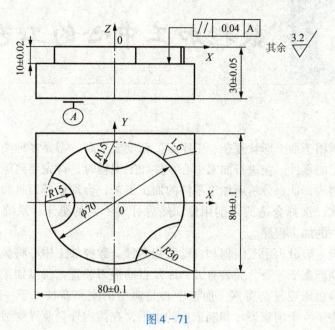

图 4-71

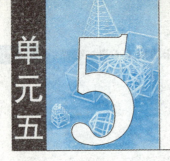

# 单元五 数控加工中心的工艺与编程

加工中心主要用于加工形状复杂、工序多、精度要求高、需要多种类型机床经过多次装夹才能完成加工的零件。在进行加工中心零件加工编程时，首先要熟练掌握所用机床操作系统和机床的结构，认真分析所加工零件的加工工艺，合理选择刀具和夹具，采用正确的装夹、定位方式，选择合适的切削用量，然后针对不同的机床、系统、零件和加工工艺，编写出相适应的加工程序。

数控机床编程一般分为手工编程和自动编程两种。数控加工中心将数控铣床、数控钻床和数控镗床的功能集于一身，并装有刀具库及自动换刀装置，所以加工中心程序的编制比功能单一的数控机床要复杂得多。加工中心是典型的集高新技术于一体的机械加工设备，它的发展代表了一个国家设计和制造业的水平，在国内外企业界受到高度重视。

 **任务 5.1　加工中心的特点与分类**

### 5.1.1　加工中心的特点

加工中心把铣削、镗削、钻削等功能集中在一台设备上，一次装夹就可完成多个加工要素的加工，适用于加工凸轮、箱体、支架、盖板、模具等各种复杂型面的零件。目前，加工中心已成为现代机床发展的主流方向，与普通数控机床相比，它还具有以下几个方面的特点。

**1. 工序集中**

加工中心具有自动换刀装置，能自动更换刀具，对工件进行多工序加工，使得工件在一次装夹中能完成铣、镗、钻、扩、铰、攻丝等加工，工序高度集中。

加工中心还常常带有自动分度工作台或主轴箱可自动转角度，工件在一次装夹后，自动完成多个平面或多个角度位置的多工序加工。

**2. 加工精度高**

加工中心同其他数控机床一样具有加工精度高的特点，而且加工中心由于加工工序集中，避免了长工艺流程，减少了人为干扰，能实现高精度定位和加工。

**3. 加工效率高**

加工中心由于工序集中，可减少工件装夹、测量和机床的调整时间，减少工件半成品的周转、搬运存放时间，使机床的切削利用率达 80% 以上。带有自动交换工作台的加工中心，一个工件在加工的同时，另一个工作台可以实现工件的装夹，从而大大缩短辅助时间，提高加工效率。

### 5.1.2 加工中心的分类

根据不同的划分方式加工中心可以归为不同的类别。

#### 1. 按工艺用途分类

（1）镗铣加工中心

镗铣加工中心是机械加工行业应用最多的一类加工设备，如图 5-1 所示。其加工范围主要是铣削、钻削和镗削，适用于箱体、壳体以及各类复杂零件特殊曲线和曲面轮廓的多工序加工，适用于多品种小批量加工。

（2）钻削加工中心

钻削加工中心的加工以钻削为主，刀库形式以转塔头为多。适用于中小零件的钻孔、扩孔、铰孔、攻螺纹等多工序加工。

（3）车削加工中心

车削加工中心以车削为主，主体是数控车床，机床上配备有转塔式刀库或由换刀机械手和链式刀库组成的刀库，如图 5-2 所示。机床数控系统多为二、三轴伺服配制，即 $X$，$Z$，$C$ 轴，部分高性能车削中心配备有铣削动力头。

图 5-1 镗铣加工中心

图 5-2 车削加工中心

（4）复合加工中心

在一台设备上可以完成车、铣、镗、钻等多工序加工的加工中心称之为复合加工中心，可代替多台机床实现多工序加工，如图 5-3 所示。这种方式既能减少装卸时间提高生产效率，又能保证和提高形位精度。复合加工中心指五面复合加工中心，它的主轴头可自动回转，进行立卧转换加工。

#### 2. 按主轴特征分

图 5-3 复合加工中心

（1）立式加工中心

立式加工中心指主轴为垂直状态的加工中心。其结构形式多为固定立柱，工作台为长方形，无分度回转台功能，适合加工盘、套、板类零件。它一般具有三个直线运动坐标轴，并可在工作台上安装一个沿水平轴旋转的回转台，用以加工螺旋线类零件。立式加工中心装夹方便，便于操作，易于观察加工情况，调试程序容易，应用广泛。但受立柱高度及换刀装置的限制，不能加工太高的零件，在加工型腔或下凹的型面时，切屑不易排出，严重时会损坏刀具，破坏已加工表面，影响加工的顺利进行。

（2）卧式加工中心

如图5-4所示，卧式加工中心指主轴为水平状态的加工中心。卧式加工中心通常都带有自动分度的回转工作台，有的还带有自动交换工作台装置。它一般具有3~5个运动坐标，常见的是三个直线运动坐标加一个回转运动坐标，在工件一次装夹后，能完成除安装面和顶面以外的其余四个表面的加工。它最适合加工箱体类零件。与立式加工中心相比较，卧式加工中心加工排屑容易，对加工有利，但结构复杂，价格较高。

图5-4 带自动交换工作台的加工中心

（3）龙门式加工中心

龙门式加工中心形状与数控龙门铣床相似。龙门式加工中心主轴多为垂直设置，除自动换刀装置以外，还带有可更换的主轴头附件，数控装置的功能也较齐全，能够一机多用，尤其适用于大型和形状复杂的工件加工。

（4）五轴加工中心

五轴加工中心具有立式加工中心和卧式加工中心的功能。五轴加工中心，工件一次安装后能完成除安装面以外的其余五个面的加工。常见的五轴加工中心有两种形式：一种是主轴可以旋转90°，可以进行立式和卧式加工；另一种是主轴不改变方向，而由工作台带着工件旋转90°，完成对工件五个面的加工。

另外按加工中心运动坐标数和同时控制的坐标数划分，有三轴二联动、三轴三联动、四轴三联动、五轴四联动、六轴五联动等。三轴、四轴是指加工中心具有的运动坐标数，联动是指控制系统可以同时控制运动的坐标数，从而实现刀具相对工件的位置和速度控制，加工各种空间曲面。

按工作台的数量和功能划分，有单工作台加工中心、双工作台加工中心和多工作台加工中心。

按加工精度划分，有普通加工中心和高精度加工中心。普通加工中心，分辨率为1 $\mu m$，最大进给速度（15~25）m/min，定位精度10 $\mu m$左右。高精度加工中心、分辨率为0.1 $\mu m$，最大进给速度为（15~100）m/min，定位精度为2 $\mu m$左右。

## 5.1.3 加工中心的刀库和换刀

自动换刀的数控机床一般采用刀库式自动换刀装置。带刀库的自动换刀系统由刀库和刀具交换机构组成，它是多工序数控机床上应用最广泛的换刀方法。其容量、布局以及具体结构，对数控机床的设计都有很大影响。

## 1. 刀库的分类

刀库是自动换刀装置中的主要部件之一，用于存放刀具。根据刀库存放刀具的数量和取刀方式，刀库设计成以下几种常见的形式。

（1）直线刀库

刀具在刀库中直线排列、结构简单，存放道具数量较少（通常 8~12 把），使用较少。此形式多见于自动换刀数控车床，在数控钻床上也采用过此形式。

（2）圆盘刀库

为进一步扩充存刀量，又有多圈分布，多层分布和多排分布。为适应机床主轴的布局，刀库上刀具轴线可以按不同方向配置，如轴向、径向或斜向。

如图 5-5（a）、（b）所示的刀库，刀具轴向布置，常置于主轴侧面，刀库轴心线可垂直放置，也可以水平放置，较多使用。

如图 5-5（c）所示的刀库，刀具径向布置，占有较大空间，一般置于机床立柱上端，其换刀时间较短，使整个换刀装置较简单。

如图 5-5（d）所示的刀库，刀具为伞状布置，可根据机床的总体布局要求安排刀库的位置，多斜放于立柱上端，刀库容量不宜过大。

上述三种圆盘刀库是较常用的形式，其存刀量最多为 50~60 把，存刀量过多，则结构尺寸庞大，与机床布局不协调。圆盘式刀库具有如下的特点。

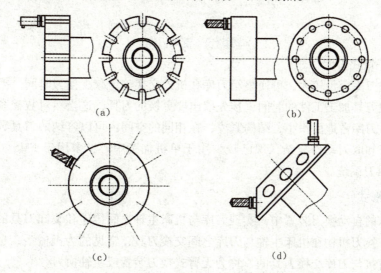

图 5-5 盘式刀库

①制造成本低。主要部件是刀库体及分度盘，只要这两样零件加工精度得到保证即可，运动部件中刀库的分度使用的是非常经典的"马氏机构"，前后、上下运动主要选用气缸。装配调整比较方便，维护简单。

②每次机床开机后刀库必须回零。

③机床关机后刀具记忆清零。

④固定地址换刀，刀库换刀时间比较长，一般要 8 s 以上（从一次切削到另一次切削）。

⑤圆盘刀库的总刀具数量受限制，不宜过多。
⑥圆盘刀库具有占地小，结构紧凑。

(3) 链式刀库

这种结构因刀库容量较大，链环的形状可以根据机体的布局配置成各种形状，也可将换刀位突出以利换刀，当链式刀库需增加刀具容量时，只需增加链条的长度和支承链轮的数目，在一定范围内，无须变更线速度及惯量。这些特点为系列刀序的设计省制造带来了很大的方便，可以满足不同使用条件，故为最常用形式。

链式刀库较常使用的形式如图5-6所示，在一定范围内，需要增加刀具数量时，可增加链条的长度，而不增加链轮直径。这些为系列刀库的设计与制造提供了很多方便。一般当刀具数量在30~120把时，多采用链式刀库。

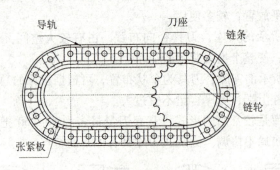

图5-6 链式刀库

(4) 格子箱式刀库

格子箱式刀库容量较大，可使整箱刀库在机外交换，为减少换刀时间，换刀机械手通常利用前一把刀具加工工件的时间，预先取出要更换的刀具，这当然对数控系统提出了更高的要求。该刀库占地面积小，结构紧凑，在相同的空间内可以容纳的刀具数目较多。但由于它的选刀和取刀动作复杂，现已较少用于单机加工中心，多用于FMS（柔性制造系统）的集中供刀系统。

### 2. 换刀形式

数控机床的自动换刀装置中，实现刀库与机床主轴之间传递和装卸刀具的装置称为刀具交换装置。换刀机构在机床主轴与刀库之间交换刀具，常见的为机械手；也有不带机械手而由主轴直接与刀库交换刀具的，称为无臂式换刀装置或主轴换刀。

(1) 无机械手换刀

这种换刀方式是利用刀库与机床主轴的相对运动实现刀具交换，如图5-7所示，换刀过程如下

如图5-7 (a) 所示，分度：将刀盘上接收刀具的空刀座转到换刀所需的预定位置。

如图5-7 (b) 所示，接刀：活塞杆推出，将空刀座送至主轴下方，并卡住刀柄定位槽。

如图5-7 (c) 所示，卸刀：主轴松刀，铣头上移至参考点。

如图5-7 (d) 所示，再分度：再次分度回转，将预选刀具转到主轴正下方。

如图 5-7（e）、(f) 所示，装刀：铣头下移，主轴抓刀，活塞杆缩回，刀盘复位。

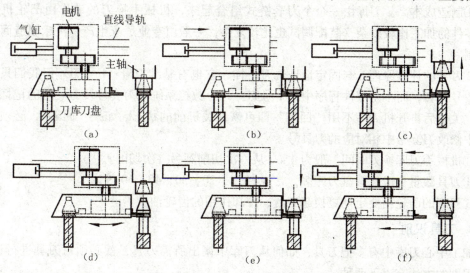

图 5-7 主轴换刀过程

（2）机械手换刀

采用机械手进行刀具交换的方式应用得最为广泛，这是因为机械手刀库换刀是随地址换刀。每个刀套上无编号，它的最大优点是换刀迅速、可靠。机械手换刀有很大的灵活性，而且可以减少换刀时间。换刀分解动作如图 5-8 所示。

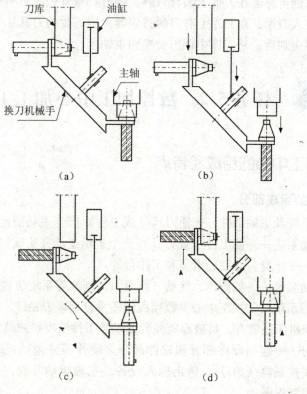

图 5-8 机械手换刀过程

机械手换刀具有如下特点。

①制造成本高。刀库由一个个刀套链式组合起来,机械手换刀的动作由凸轮机构控制,零件的加工比较复杂,装配调试也比较复杂,一般由专业厂家生产,机床制造商一般不自制。

②刀号的计数原理。与固定地址选刀一样,它也有基准刀号:1号刀。但我们只能理解为1号刀套,而不是零件程序中的1号刀:T1。数控系统对刀套号及刀具号的记忆是永久的,关机后再开机刀库不用"回零"即可恢复关机前的状态。如果"回零",必须在刀具表中修改刀套号中相对应的刀具号。

③机械手刀库换刀时间一般为4 s(从一次切削到另一次切削)。

④刀具数量一般比圆盘刀库多,常规有18,20,30,40,60等。

⑤刀库的凸轮箱要定期更换起润滑、冷却作用的齿轮油。

### 3. 刀具识别

加工中心刀库中有多把刀具,如何从刀库中调出所需刀具,就必须对刀具进行识别,刀具识别的方法有以下两种。

刀座编码:在刀库的刀座上编有号码,在装刀之前,首先对刀库进行重整设定,设定完后,就变成了刀具号和刀座号一致的情况,此时一号刀座对应的就是一号刀具,经过换刀之后,一号刀具并不一定放到一号刀座中(刀库采用就近放刀原则),此时数控系统自动记忆一号刀具放到了几号刀座中,数控系统采用循环记忆方式。

刀柄编码:识别传感器在刀柄上编有号码,将刀具号首先与刀柄号对应起来,把刀具装在刀柄上,再装入刀库,在刀库上有刀柄感应器,当需要的刀具从刀库中转到装有感应器的位置时,被感应到后,从刀库中调出交换到主轴上。

## 任务5.2 数控加工中心加工工艺

### 5.2.1 加工中心的组成和特点

#### 1. 加工中心的组成部分

(1)主传动系统及主轴部件——使刀具(或工件)产生主切削运动。

(2)进给传动系统——使工件(或刀具)产生进给运动并实现定位。

(3)基础件——床身、立柱、滑座和工作台等。

(4)其他辅助装置——如液压、气动、润滑、切削液等系统装置。

(5)自动换刀系统——加工中心类数控机床还带自动换刀系统。为了提高数控加工的可靠性,现代数控机床还带有刀具破损监控装置以及工件精度检测监控装置等。

(6)控制部分——包括硬件部分和软件部分。硬件部分包括:计算机数字控制装置(CNC)、可编程序控制器(PLC)、输出输入设备、主轴驱动装置、显示装置。软件部分包括系统程序和控制程序。

### 2. 加工中心在结构上的特点

（1）机床的刚度高、抗振性好。为了满足加工中心高自动化、高速度、高精度、高可靠性的要求，加工中心的静刚度、动刚度和机械结构系统的阻尼比都高于普通机床。

（2）机床的传动系统结构简单，传递精度高，速度快。加工中心传动装置主要有三种，即滚珠丝杠副，静压蜗杆—蜗母条，预加载荷双齿轮—齿条。

（3）主轴系统结构简单，主轴功率大，调速范围宽，并可无级调速。目前大部分加工中心的主轴传动都采用交流主轴伺服系统，速度可从（10~20 000）r/min 无级变速。驱动主轴的伺服电机功率一般都很大，由于采用交流伺服主轴系统，主轴电动机功率虽大，但输出功率与实际消耗的功率保持同步，其工作效率最高。

（4）加工中心的导轨都采用了耐磨损材料和新结构，能长期地保持导轨的精度，在高速重切削下，保证运动部件不振动，低速进给时不爬行以及保持运动中的高灵敏度。

（5）加工中心设置有刀库和换刀机构。这是加工中心与数控铣床和数控镗床的主要区别，使加工中心的功能和自动化加工的能力更强了。加工中心的刀库容量少的有几把，多的达几百把。这些刀具通过换刀机构自动调用和更换，也可通过控制系统对刀具寿命进行管理。

（6）控制系统功能较全。它不但可对刀具的自动加工进行控制，还可对刀库进行控制和管理，实现刀具自动交换。有的加工中心具有多个工作台，工作台可自动交换，极大地增强了加工中心的柔性加工能力。

## 5.2.2 适宜加工中心加工的内容

由于加工中心的自动换刀功能和集中工序的加工能力，适合加工中心加工的内容主要有以下几类。

### 1. 形状复杂的零件、普通机床难加工的零件

加工中心适宜加工形状复杂、工序多、精度要求高、需要多种类型的普通机床和众多刀具、夹具并经过多次装夹和调整才能完成加工的零件。如凸轮和模具等具有复杂三维曲面的零件的加工。

（1）凸轮类

作为机械式信息贮存与传递的基本元件，被广泛地应用于各种自动机械中，这类零件有各种曲线的盘形凸轮、圆柱凸轮、圆锥凸轮和端面凸轮等，如图 5-9（a）所示。加工时，可根据凸轮表面的复杂程度，选用三轴、四轴或五轴联动的加工中心。

（2）整体叶轮类

整体叶轮类零件属于复杂曲面类零件，主要表面由复杂曲线、曲面组成。典型零件有叶轮、螺旋桨等。

整体叶轮常见于航空发动机的压气机、空气压缩机、船舶水下推进器等，它除具有一般曲面加工的特点外，还存在许多特殊的加工难点，如通道狭窄，刀具很容易与加工表面和邻近曲面产生干涉。加工这类零件时，需多坐标联动加工。如图 5-9（b）所示的叶轮，它的叶面是一个典型的三维空间曲面，加工这样的型面，可采用四轴以上联动的加工中心。

（a）凸轮类零件　　　　　　　　（b）叶轮

图 5-9　凸轮类零件、叶轮

（3）模具类

常见的模具有锻压模具、铸造模具、注塑模具及橡胶模具等。如图 5-10 所示为汽车模具。采用加工中心加工模具，由于工序高度集中，动模、静模等关键件的精加工基本上是在一次安装中完成全部机加工内容，尺寸累积误差及修配工作量小。同时模具的可复制性强，型腔结构复杂，互换性好，装配精度高，对加工表面质量的稳定性和一致性要求均较高，因此，加工中心的加工能力将得到极大发挥，也是模具制造的发展方向。

图 5-10　汽车模具

（4）球面

采用加工中心铣削，三轴铣削只能用球头铣刀做逼近加工，效率较低，五轴铣削可采用端铣刀做包络面来逼近球面。复杂曲面用加工中心加工时，编程工作量较大，大多数要有自动编程技术。

## 2. 既有平面又有孔系的零件

加工中心具有自动换刀装置，在一次安装中，可以完成零件上平面的铣削、孔系的钻削、镗削、铰削、铣削及攻螺纹等多工步加工。加工的部位可以在一个平面上，也可以在不同的平面上。五面体加工中心一次安装可以完成除装夹面以外的五个面的加工。因此，既有平面又有孔系的零件是加工中心的首选加工对象，这类零件常见的有箱体类零件和盘、套、板类零件。

（1）箱体类零件

箱体类零件一般是指具有孔系和平面，内部有一定型腔，在长、宽、高方向上有一定比例的零件。各种箱体零件尽管形状各异，尺寸不一，但是它们都具有空腔、结构复杂、壁厚不均等共同特点。箱体类零件一般都要进行多工位孔系及平面加工，组成孔系的各孔本身有形状精度的要求，同轴孔系和相邻孔系之间及孔系与安装基准之间又有位置精度的要求。通常箱体类零件需要进行钻削、扩削、铰削、攻螺纹、镗削、铣削、锪削等工序的加工，工序多、过程复杂，还需用专用夹具装夹；需要的刀具较多，在普通机床上加工难度大，工装套数多，需多次装夹找正，手工测量次数多，精度不易保证。这类零件在加工中心上加工，一次装夹可完成普通机床60%~90%的工序内容，并且精度一致性好，质量稳定，生产周期短。这类零件在机械、汽车等行业应用较多，如汽车上的发动机缸体，机床上的主轴箱等，图5-11和图5-12是常见的几种箱体类零件。

图5-11 齿轮箱箱体

图5-12 汽车发动机箱体

2) 盘、套、板类零件

盘、套、板类零件包括带有键槽和径向孔，端面有分布的孔系，曲面的盘套或轴类零件，如带法兰的轴套，带有键槽或方头的轴类零件等。还有具有较多孔加工的板类零件，如各种电机盖等。端面有分布孔系、曲面的盘类零件宜选择立式加工中心，有径向孔的可选卧式加工中心。

### 3. 异形件

异形件是外形不规则的零件，大都需要点、线、面多工位混合加工。异形件的刚性一般较差，夹压变形难以控制，加工精度也难以保证，甚至某些零件的有的加工部位用普通机床难以完成。用加工中心加工时应采用合理的工艺措施，一次或二次装夹，利用加工中心多工位点、线、面混合加工的特点，完成多道工序或全部的工序内容。

在航天航空及运输业中，具有复杂曲面的零件应用很广，如航空发动机的整体叶轮和螺旋桨等。这类复杂曲面采用普通机床加工或精密铸造是无法达到预定的加工精度的，而使用多轴联动的加工中心，配合自动编程技术和专用刀具，可大大提高其生产效率并保证曲面的形状精度。复杂曲面加工时，程序编制的工作量很大，一般需要专业软件架构曲面模型或实体模型，再由制造软件生成数控机床的加工程序。

异形零件是指如图5-13所示的支架、拨叉类零件，这一类外形不规则的零件，大多要点、线、面多工位混合加工。由于异形零件外形不规则，在普通机床上只能采取工序分散的原则加工，需用工装较多，周期较长，或采用专用夹具，机床调整困难。利用加工中心多工位点、线、面混合加工的特点，可以采用专用夹具一次完成大部分甚至全部工序内容，生产效率高，可以成批生产。

图 5-13　支架、拨叉类零件

**4. 需特殊加工的零件**

在熟练掌握了加工中心的功能之后，配合一定的工装和专用工具，利用加工中心可完成一些特殊的工艺工作，如在金属表面上刻字、刻线、刻图案；在加工中心的主轴上装上高频电火花电源，可对金属表面进行线扫描表面淬火；用加工中心装上高速磨头，可实现小模数渐开线圆锥齿轮磨削及各种曲线、曲面的磨削等。

**5. 周期性投产的零件**

用加工中心加工零件时，所需工时主要包括基本时间和准备时间，其中，准备时间占很大比例。采用加工中心可以将这些准备时间的内容储存起来，供以后反复使用。这样，对周期性投产的零件，生产周期就可以大大缩短。

**6. 加工精度要求较高的中小批量零件**

针对加工中心加工精度高、尺寸稳定的特点，对加工精度要求较高的中小批量零件，选择加工中心加工，容易获得所要求的尺寸精度和形状位置精度，并可得到很好的互换性。

**7. 新产品试制中的零件**

在新产品定型之前，需经反复试验和改进。选择加工中心试制，可省去许多用通用机来加工所需的试制工装。当零件被修改时，只需修改相应的程序及适当地调整夹具、刀具即可，节省了费用，缩短了试制周期。

## 5.2.3　加工中心零件的结构工艺性分析

加工中心零件的结构工艺性分析一般主要考虑以下几个方面。

**1. 选择加工内容**

加工中心最适合加工形状复杂、工序较多、要求较高的零件，这类零件常需使用多种类型的通用机床、刀具和夹具，经多次装夹和调整才能完成加工。

**2. 检查零件图样**

零件图样应表达正确，标注齐全。同时要特别注意，图样上应尽量采用统一的设计基准，从而简化编程，保证零件的精度要求。

### 3. 分析零件的技术要求

根据零件在产品中的功能，分析各项几何精度和技术要求是否合理；考虑在加工中心上加工，能否保证其精度和技术要求；选择哪一种加工中心最为合理。

### 4. 审查零件的结构工艺性

分析零件的结构刚度是否足够，各加工部位的结构工艺性是否合理等。

## 5.2.4 零件的装夹及定位

### 1. 定位基准的选择

（1）选择基准的三个基本要求
①所选基准应能保证工件定位准确，装卸方便；
②所选基准与各加工部位的尺寸计算简单；
③保证加工精度。
（2）选择定位基准六个原则
①尽量选择设计基准作为定位基准；
②定位基准与设计基准不能统一时，应严格控制定位误差，保证加工精度；
③工件需两次以上装夹加工时，所选基准在一次装夹定位中能完成全部关键精度部位的加工；
④所选基准要保证完成尽可能多的加工内容；
⑤批量加工时，零件定位基准应尽可能与建立工件坐标系的对刀基准重合；
⑥需要多次装夹时，基准应该前后统一。

在加工中心加工时，零件的定位仍应遵循六点定位原则。同时，还应特别注意以下几点。

①进行多工位加工时，定位基准的选择应考虑能完成尽可能多的加工内容，即便于各个表面都能被加工的定位方式。例如，对于箱体零件，尽可能采用一面两销的组合定位方式。

②当零件的定位基准与设计基准难以重合时，应认真分析装配图样，明确该零件设计基准的设计功能，通过尺寸链的计算，严格规定定位基准与设计基准间的尺寸位置精度要求，确保加工精度。

③编程原点与零件定位基准可以不重合，但两者之间必须要有确定的几何关系。编程原点的选择主要考虑便于编程和测量。

总之，正确选择定位基准，对保证零件技术要求、合理安排加工顺序有着至关重要的影响。

### 2. 加工中心夹具的确定

在加工中心上，夹具的任务不仅是装夹零件，而且要以定位基准为参考基准，确定零件的加工原点，因此定位基准要准确可靠。

（1）加工中心对夹具的基本要求
①夹紧机构不得影响进给，加工部位要敞开；

②夹具在机床上能实现定向安装；
③夹具的刚性与稳定性要好。
（2）加工中心夹具的选用原则
①在保证加工精度和生产效率的前提下，优先选用通用夹具；
②批量加工可考虑采用简单专用夹具；
③大批量加工可考虑采用多工位夹具和高效的气压、液压等专用夹具；
④采用成组工艺时应使用成组夹具。
（3）选择装夹方法和设计夹具的要点
①尽可能选择箱体的设计基准为精基准；粗基准的选择要保证重要表面的加工余量均匀，不加工表面的尺寸、位置应符合图纸的要求，且便于装夹。
②定位夹具必须有高的切削刚性。由于零件在一次装夹中要同时完成粗加工和精加工，所以夹具既要满足零件的定位要求，又要承受大的切削力。加工中心高速强力切削时，定位基准要有足够的接触面积和分布面积，以承受大的切削力且定位稳定可靠。
③夹具必须保证零件最小变形。由于零件在粗加工时切削力较大，当粗加工后松开压板时，零件可能产生变形，夹具必须谨慎地选择支承点、定位点和夹紧点。夹紧点尽量接近支撑点，避免夹紧力在零件中空的区域，如图 5-14 所示。如果上述方法仍不能控制零件变形，就只能分开零件的粗、精加工程序，或者在编制精加工前使用机床暂停指令，让操作者放松夹具夹紧力，消除零件变形后再进行精加工。

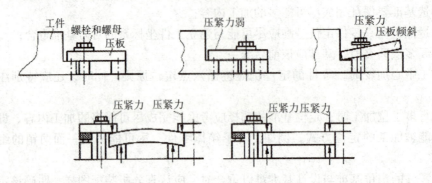

图 5-14　装夹变形的形式

④夹具本身要以加工中心工作台上的基准槽或基准孔来定位并安装到机床上，这可确保零件的工件坐标系与机床坐标系固定的尺寸关系，这是和普通机床加工的一个重要区别。

⑤夹紧零件后必须为刀具运动留有足够的空间，要使加工部位开敞。定位、夹紧机构元件不得妨碍加工中的走刀（如不产生碰撞）。由于钻夹头、弹簧夹头、镗刀杆很容易与夹具发生干涉，尤其是零件外轮廓的加工，很难安排定位夹紧元件的位置，箱体零件可利用零件内部空间来安排夹紧方式。

⑥夹具结构尽量简单。当零件加工批量小时，尽量采用组合夹具、可调式夹具及其他通用夹具。也可利用由通用元件拼装的组合可调夹具，以缩短生产准备周期。但是组合夹具的精度必须满足零件加工的要求。对小型、宽度小的工件可考虑在工作台上装夹几个零

件同时加工。

⑦夹具在机床上的安装误差和零件在夹具中的装夹误差对加工精度都将产生直接的影响。即使在编程原点与定位基准重合的情况下，也要求对零件在机床坐标系中的位置进行准确的调整。夹具中零件定位支承的磨损及污垢都会引起加工误差，因此，操作者在装夹零件时一定要将污物去除干净。

### 3. 常用夹具种类

（1）通用夹具：如虎钳、分度头、卡盘等。

（2）组合夹具：组合夹具由一套结构已经标准化、尺寸已经规格化的通用元件组合元件构成。

（3）专用夹具：专为某一项或类似的几项加工设计制造的夹具。

（4）可调整夹具：组合夹具与专用夹具的结合，既能保证加工的精度，装夹更具灵活性。

（5）多工位夹具：可同时装夹多个工件的夹具。

（6）成组夹具：用于形状类似、尺寸相近、装夹方式相似的工件夹具。

在考虑夹紧方案时，应保证夹紧可靠，减少工件的变形，具有一定的刚性，夹具不干涉刀具的运行。

具体可以参考第四章。

## 5.2.5 加工中心的刀具

选择正确的数控刀具可以提高数控加工的效率，保证数控刀具资源的合理分配，保证零件的加工质量。其总体原则是：精度高、刚性好、调整方便，在满足加工需要的前提下尽量使用较短的刀具长度，以提高刀具的整体刚性，对刀具的使用寿命和加工质量是有很大帮助的。

### 1. 数控刀具的特点

（1）刚性好（尤其是粗加工刀具）、精度高、抗振及热变形小。

（2）互换性好，便于快速换刀。

（3）寿命高，切削性能稳定、可靠。

（4）刀具尺寸便于调整以减少换刀时间。

（5）能断屑和卷屑，利于切屑排除。

（6）系列化、标准化，有利于编程和刀具管理

### 2. 刀具选择应该遵循的基本原则

根据机床的不同条件，零件周边轮廓的加工可采用立铣刀或者面铣刀；在加工大平面或者某刀具需要长时间的切削，必须要考虑刀具的磨损情况时，可选用耐磨性高的刀具，以减少刀具磨损对质量带来的影响。

（1）尽量减少刀具的数量。

（2）机床调用一把刀具以后，在工艺允许的情况下完成其所能进行加工的所有部位。

（3）粗、精加工的刀具要分开使用，不能混用。

（4）根据机床的状况，刀具的选择要综合考虑成本、效率等问题。

（5）从加工的角度来看，刀具的长度要根据刀具加工深度来决定，一般来说，刀具越短越好。其必须考虑到使用时的刚性，必要时可采用加长杆或小直径刀柄。粗加工时尽可能考虑到用大刀，Z 轴方向加工越深刀具直径要越大。

（6）另外，据工件的工艺流程及材料特性，当后续工段有热处理时且凹腔较大时，应考虑用小刀以减少热处理应力控制变形，细小或薄壁工件加工则要考虑尽量用小刀。

### 3. 刀具系统的分类

加工中心机床所使用的刀具必须适应数控机床高速、高效和自动化程度高的特点。根据加工中心的类型不同，其刀柄柄部的形式及尺寸也不尽相同。

加工中心按刀柄的结构，可分为整体式和模块式刀具系统两大类。

（1）整体式刀具系统

整体式刀具系统基本上由柄部和刃部组成，传统的钻头、铰刀和铣刀就属于整体式刀具，如图 5-15 所示。整体式刀柄其装夹刀具的工作部分与它在机床上安装定位用的柄部是一体的。这种刀柄对机床与零件的变换适应能力较差，为适应零件与机床的变换，用户必须储备各种规格的刀柄，因此刀柄的利用率较低。

图 5-15 整体式刀具

（2）模块式刀具系统

模块式刀具系统由于定位精度高、安装方便、连接刚性好，可增加刀具的适应性，是目前采用较多的方式。它由刀柄、中间接杆和工作头组成，各个部分之间采用不同的接口连接，安装上不同的可转位刀具后，就构成了一个大局系统，它具有一定的抗振性。模块式刀具系统针对不同的刀具，一般具有单圆柱定心，径向定位销锁紧的连接方式。如图 5-16 所示。

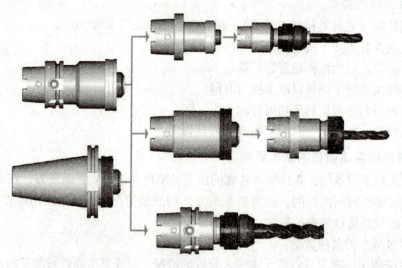

图 5-16 模块式刀柄

### 4. 刀柄的分类及选择原则

（1）刀柄的分类

按照刀具的加紧方式划分，可分为弹簧夹头刀柄、侧固式刀柄、液压刀柄和热涨刀柄。

按照转速划分，可分为低速刀柄和高速刀柄。

按照所夹持的刀具划分，可分为圆柱铣刀刀柄、面铣刀刀柄、丝锥钻头刀柄、躺倒刀柄等。

（2）刀柄的选择原则

刀柄结构形式的选择应兼顾技术先进与经济合理：①对一些长期反复使用、不需要拼装的简单刀具以配备整体式刀柄为宜，使工具刚性好，价格便宜（如加工零件外轮廓用的立铣刀刀柄、弹簧夹头刀柄及钻夹头刀柄等）；②在加工孔径、孔深经常变化的多品种、小批量零件时，宜选用模块式刀柄，以取代大量整体式镗刀柄，降低加工成本；③对数控机床较多尤其是机床主轴端部、换刀机械手各不相同时，宜选用模块式刀柄。由于各机床所用的中间模块（接杆）和工作模块（装刀模块）都可通用，可大大减少设备投资，提高工具利用率。

## 5.2.6 切削用量的选择

在粗加工时一般以生产效率为主，但同时也要兼顾加工成本；在精加工时要保证质量优先的原则，兼顾切削效率和加工成本，具体可以参考第四章数控铣床的。

## 5.2.7 加工工序的划分

根据零件的形状、结构、表面特征，以及零件尺寸的精度等级和表面粗糙度的要求来确定加工工艺，一般采用以下原则。

### 1. 先粗后精的原则

各表面的加工顺序按照粗加工、半精加工、精加工和光整加工的顺序进行，目的是逐步提高零件加工表面的精度和表面质量。如果零件的全部表面均由数控机床加工，工序安排一般按粗加工、半精加工、精加工的顺序进行，即粗加工全部完成后再进行半精加工和精加工。

粗加工应选用直径尽量大的刀具，设定尽可能高的加工速度，粗加工的目标是尽可能去除工件材料，并加工得与模具部件相似。但必须综合考虑刀具性能、工件材料、机床负载和损耗等，从而决定合理的切削深度、进给速度、切削速度和刀具转速等参数。一般来说，粗加工的刀具直径、切削深度和步进值较大，而受机床的负载能力的限制，切削速度和刀具转速较小。

该方法适用于位置精度要求较高的加工表面。这并不是绝对的，如对于一些尺寸精度要求较高的加工表面，考虑到零件的刚度、变形及尺寸精度等要求，也可以考虑这些加工表面分别按粗加工、半精加工、精加工的顺序完成。

### 2. 粗、精加工分开进行

因为粗加工时，切削量大，工件所受切削力、夹紧力大，发热量多，以及加工表面有较显著的加工硬化现象，工件内部存在着较大的内应力，如果粗、精加工连续进行，则精加工后的零件精度会因为应力的重新分布而很快丧失。对于某些加工精度要求高的零件，在粗、精加工工序之间，零件最好搁置一段时间，使粗加工后的零件表面应力得到完全释放，从而减小零件表面的应力变形程度，这样有利于提高零件的加工精度。

### 3. 基准面先加工原则

零件在加工过程中，作为定位基准的表面应首先加工出来，以便尽快为后续工序的加工提供精基准，称为"基准先行"。因为定位基准的表面精确，装夹误差小，所以任何零件的加工过程，总是先对定位基准面进行粗加工和半精加工，必要时还要进行精加工。例如，轴类零件总是对定位基准面进行粗加工和半精加工，再进行精加工；轴类零件总是先加工中心孔，再以中心孔面和定位孔为精基准加工孔系和其他表面。如果精基准面不止一个，则应该按照基准转换的顺序和逐步提高加工精度的原则来安排基准面的加工。

### 4. 先面后孔原则

对于箱体类、支架类、机体类等零件，平面轮廓尺寸较大，用平面定位比较稳定可靠，故应先加工平面，后加工孔。这样，不仅使后续的加工有一个稳定可靠的平面作为定位基准面，而且在平整的表面上加工孔，加工变得容易一些，也有利于提高孔的加工精度。通常，可按零件的加工部位划分工序，一般先加工简单的几何形状，后加工复杂的几何形状；先加工精度较低的部位，后加工精度较高的部位；先加工平面，后加工孔。

### 5. 先内后外原则

对于精密套筒，其外圆与孔的同轴度要求较高，一般采用先孔后外圆的原则，即先以外圆作为定位基准加工孔，再以精度较高的孔作为定位基准加工外圆，这样可以保证外圆和孔之间具有较高的同轴度要求，而且使用的夹具结构也很简单。

### 6. 减少换刀次数的原则

在数控加工中，应尽可能按刀具进入加工位置的顺序安排加工顺序。

### 7. 热处理工序的安排

为改善金属的切削加工性能，如退火、正火、调质等，一般安排在机械加工前进行。为消除内应力，如时效处理、调质处理等，一般安排在粗加工之后，精加工之前进行。为了提高零件的机械性能，如渗碳、淬火、回火等，一般安排在机械加工之后进行。如热处理后有较大的变形，还须安排最终加工工序。

## 5.2.8 工艺文件的编制

数控工艺文件是指需要操作者遵守和执行的文件，能够帮助操作者更加明确程序的内容、工件的装夹方式、所选用的刀具，以及其他需要注意的事项，以确保加工过程的顺利执行。常见的数控工艺文件包括数控加工工艺卡片、数控加工工序卡片、数控加工刀具卡片、数控加工程序单等。

（1）工序简图：要描述工件的装夹方式，所选用的夹具和编号，编程的原点和装夹的方向，标注工序加工的尺寸精度等级和公差，如图5-17所示。

（2）工序卡：主要包括工步的顺序和内容，刀具的编号以及内容，主轴转速和进给等，如图5-18所示。

（3）刀具卡：主要包括刀具编号以及名称，刀具的组成，长度和半径的补偿，必要时要画出刀具的结构图，说明关键点，如型号、接口、中间接杆的要求等，给出量具的规格和精度，如图5-19所示。

（4）加工程序说明：需要列出程序中的暂停、检查、换刀等关键点，提醒操作人员注意。

| 单位 | | 零件编号 | | 零件名称 | | 图号 | |
|---|---|---|---|---|---|---|---|
| 工序号 | 程序号 | 夹具名称 | | 加工设备 | | 车间 | |
| 工步号 | 工步内容 | 刀具号 | 刀具规格 | 主轴转速 | 进给 | 切深 | 备注 |
| | | | | | | | |
| | | | | | | | |
| | | | | | | | |
| 编制 | | 审核 | | 日期 | | 共 页，第 页 | |

图5-17 数控加工工艺卡片

| 单位 | | 零件编号 | | 零件名称 | | | |
|---|---|---|---|---|---|---|---|
| | | 零件图号 | | 使用设备 | | | |
| | 工序简图 | 工序号 | | 程序编号 | | | |
| | | 夹具名称 | | 夹具编号 | | | |
| 工步号 | 作业内容 | 加工面 | 刀具号 | 刀补 | 转速 | 进给 | 切深 | 备注 |
| | | | | | | | | |
| | | | | | | | | |
| | | | | | | | | |
| 编制 | 审核 | 批准 | | 时间 | | 共 页，第 页 | |

图5-18 数控加工工序卡

# 数控机床及应用技术

| 零件代码 | | | | 零件名称 | | 图号 | |
|---|---|---|---|---|---|---|---|
| 序号 | 刀具号 | 刀具名称、规格 | 数量 | 加工表面 | | 长度 | 直径 |
| | | | | | | | |
| | | | | | | | |
| | | | | | | | |
| 编制 | | | 审核 | | 批准 | 共 页，第 页 | |

图 5-19　数控加工刀具卡

## 任务 5.3　加工中心的程序编制

在第四章中，已经介绍了数控机床的常用准备功能 G 指令和辅助功能 M 指令，在此不再赘述。下面以 FANUC 0i 系统为主介绍加工中心编程中的其他功能指令的用法。

### 5.3.1　固定循环指令

在数控加工中，一些典型的加工工序，如钻孔，一般需要快速接近工件、慢速钻孔、快速回退等固定的动作。又如在车螺纹时，需要切入、切螺纹、径向退出、再快速返回四个固定动作。将这些典型的、固定的几个连续动作，用一条 G 指令来代表，这样，只需用单一程序段的指令程序即可完成加工，这样的指令称为固定循环指令。

固定循环指令请参考第四章。

### 5.3.2　子程序

当同样的一组程序被重复使用多于一次时，可以把它编成子程序，在主程序不同的地方通过一定的调用格式多次调用。

#### 1. 子程序格式

子程序由子程序名、子程序体和子程序结束指令组成，子程序名由起始符（FANUC 系统是"O"，西门子系统用"%"）加多位自然数组成，子程序体是一个完整的加工过程程序。其格式和所用指令与主程序完全相同。M99 是子程序结束指令。

```
O_ ；            //子程序名
_ ；             //子程序体
_ ；
_ ；
M99；            //子程序结束
```

#### 2. 子程序调用

指令格式：M98 P_　L_　；

M98 是在主程序中调用子程序的指令，P 是调用子程序标识符，P 后面的自然数是被调用子程序名，L 字是调用次数，省略为 1 次。子程序中还可再调用子程序，但最多可调用四级子程序也就是可嵌套四级。

一般来说，执行零件程序都是按顺序执行。根据加工工艺要求，子程序调用命令放在主程序合适的位置。当主程序执行到 M98 P_ L_ 时，控制系统将转到子程序执行。到 M99 返回主程序断点处（调用处）。

下面所示为子程序调用举例：

| 主程序 | 子程序 1 | 子程序 2 |
| --- | --- | --- |
| O0526 | O0001 | O0002 |
| N0010… ; | N0100… ; | N0200… ; |
| N0020… ; | N0110… ; | N0210… ; |
| N0030 M98 P0001 ; | N0120 M98 P0002 L2 ; | N0210 M99 ; |
| N0040… ; | N0130… ; | |
| N0050… ; | N0140 M99 ; | |
| N0070 M30 ; | | |

使用子程序应注意以下事项：

（1）在半径补偿模式中不能调用子程序；

（2）当 M99 在程序中出现时，程序将会返回主程序头。例如在主程序中加入"M99 ;"，当跳段选择开关关闭时，主程序执行 M99 并返回程序头重新开始工作并循环下去。当跳段选择开关有效时，主程序台跳过 M99 语句执行后面程序段，如图 5-20 所示。

（3）当出现"M99 P_ ;"语句时，程序不是跳转到程序头，而是跳转到 P 后所指定的行号。

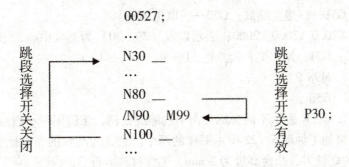

图 5-20 M99 语句说明

【例 5-1】如图 5-21 所示，铣削 6 个正方形，Z 轴起始高度 100 mm，切深 10 mm。其程序如下：

O5001 ;                        //主程序
N10 G90 G54 G00 G17 X0 Y0 ;
N20 S1000 M03 ;
N30 M98 P100 L3 ;
N40 G90 G00 X0 Y60 ;

```
N60 M98 P100 L3 ;
N70 G90 G00 X0 Y0 M05 ;
N80 M30 ;
O0001 ;                          //子程序
N10 G91 Z-95 ;
N20 G41 X20 Y10 D01 ;
N30 G01 Z-15 F200 ;
N40 Y30 F100 ;
N60 X30 ;
N70 Y-30 ;
N80 X-30 ;
N90 G00 Z110 ;
N100 G40 X-10 Y-20 ;
N110 X50 ;
N110 M99 ;
```

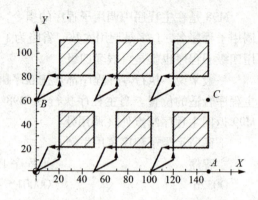

图 5-21 子程序应用举例

## 5.3.3 坐标变换功能指令

**1. 比例缩放功能指令**

指令格式：

（1）格式一：G51 X_ Y_ Z_ P_ ；
　　　　　　　M98 P_ ；
　　　　　　　G50 ；

指令说明：G51——建立缩放；G50——取消缩放。

例如：G51 X20.0 Y30.0 P2000；表示以点（20,30）为缩放中心，缩放比例为 2 倍。

（2）格式二：G51 X_ Y_ Z_ I_ J_ K_ ；
　　　　　　　M98 P ；
　　　　　　　G50 ；

指令说明：I，J，K 表示不同坐标方向上的缩放比例，该值用带小数点数值指定。

【例 5-2】精加工如图 5-22 所示图样的两个凸台，大凸台的缩放比例为 2 倍，已知刀具为 $\phi6$ mm 的立铣刀，凸台高度为 2 mm，工件材料为石蜡。

其程序段如下：

```
O2000 ;                          //主程序名
N10 G90 G54 G00 Z100. ;          //调用 G54 坐标系，刀具定位 Z100
N20 M03 S800 ;
N30 M98 P0100 ;                  //调用子程序加工小凸台
N40 G51 X50. Y30. P2000 ;        //建立比例缩放，缩放中心（50,30），缩放
                                   比例为 2 倍
N50 M98 P0100 ;                  //调用缩放程序体（子程序），加工大凸台
```

```
N60 G50 ;                      //取消缩放
N70 Z100 ;                     //抬刀
N80 M05 ;                      //主轴停
N90 M30 ;                      //程序结束
O2001 ;                        //子程序名
N2 X20. Y-10. ;                //定位至起点
N4 G01 Z-2. F200 ;             //下刀至底面
N6 G41 X0 Y-10.0 D01 ;         //刀具半径左补偿,到轮廓基点
N8 G02 X0. Y10. R10. ;         //顺时针圆弧插补
N10 G01 X15. Y0. ;             //直线插补
N12 X0. Y-10. ;                //直线插补
N14 G40 G00 X20. Y-10. ;       //取消刀补,回到起点
N16 Z10 ;                      //抬刀
N18 M99 ;                      //子程序结束返回
```

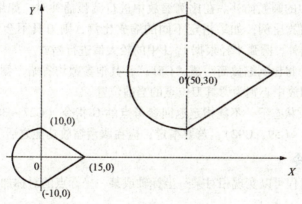

图 5-22 等比例缩放举例

【例 5-3】 如图 5-23 所示,参照凸台外轮廓轨迹 $ABCD$,以 $(-40,-20)$ 为缩放中心在 $XY$ 平面内进行不等比例缩放,$X$ 方向的缩放比例为 1.5 倍,$Y$ 方向的缩放比例为 2 倍,试加工出轮廓 $A'B'C'D'$ 凸台。已知刀具为 $\phi 6$ mm 的立铣刀,凸台高度为 2 mm,工件材料为石蜡。

**解** 缩放比例分析:比例缩放功能实质上就是系统自动将图形轮廓的各个点到缩放中心的距离,按各坐标轴方向上的比例绽放,得到新的点后,执行插补。以 $C$ 点为例,$X$ 轴方向缩放比例为 $b/a = 1.5$,$Y$ 轴方向缩放比例为 $d/c = 2$,则 $b = 90$,$d = 60$,

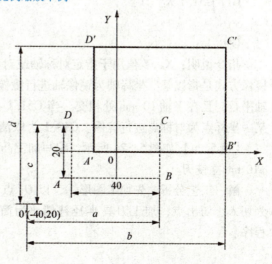

图 5-23 不等比例缩放举例

得到 C 的坐标为 (50, 40)。

加工程序段如下：

| | |
|---|---|
| O3000 ; | //主程序名 |
| N10 G90 G54 G00 Z100.0 ; | //调用 G54 坐标系，刀具定位 Z100 |
| N20 M03 S800 ; | |
| N30 X50.0 Y-50.0 Z20.0 ; | //定位至起始点上方 |
| N40 G01 Z-2.0 F200 ; | //下刀至底面 |
| N50 G51 X-40. Y-20. I1.5 J2.0 ; | //建立比例缩放，缩放中心 (-40, -20)，不等比例缩放 |
| N60 G41 G01 X20. Y-10. D01 ; | //以原轮廓轨迹进行编程 |
| N70 Y10. ; | |

使用比例缩放功能应注意以下事项。

（1）比例缩放中的刀具补偿。在编写比例缩放程序时，要特别注意建立刀补程序段的位置。通常刀补程序段应写在缩放程序体以内。

（2）比例缩放中的圆弧插补。在比例缩放中进行圆弧插补时，如果进行等比例缩放，则圆弧半径也相应缩放比例；如果指定不同的缩放比例，则刀具不会走出相应的椭圆轨迹，仍将进行圆弧插补，圆弧半径根据 I，J 中的较大值进行缩放。

（3）如果程序中将比例缩放简写成"G51；"，其他参数均省略，则表示缩放比例由机床系统参数决定，缩放中心则为刀具刀位点的当前位置。

（4）在缩放有效状态下，不能指定返回参考点的 G 指令（G27~30），也不能指定坐标系设定指令（G52~G59，G92）；若要指定，应在取消缩放功能之后。

### 2. 镜像功能指令

使用镜像指令编程可以实现相对某一坐标轴或某一坐标点的对称加工。

指令格式：

G17 G51.1 X_ Y_ ；

……

G50.1 ；

指令说明：X，Y 值用于指定对称轴或对称点。当 G51.1 指令后有一个坐标字时，该镜像方式是指以某一坐标轴为镜像轴进行镜像。例如："G51.1 Y10 ；"是指该镜像轴与 X 轴平行，且在 Y 轴 10 mm 处相交。当 G51.1 指令后有两个坐标字时，该镜像方式是指以某一坐标点为对称点进行镜像。G50.1 为取消镜像命令。

【例 5-4】如图 5-24 所示，编写加工凸台外轮廓程序，已知凸台高度 2 mm，刀具为 $\phi$10 mm 立铣刀。

**解** 工艺分析，先加工图形①，以 $O_1$ 点为起始点，并选择零件轮廓延长线上的点作为切入、切出点，加工刀具半径补偿。为简化程序，将图形①的加工程序体编写成子程序。

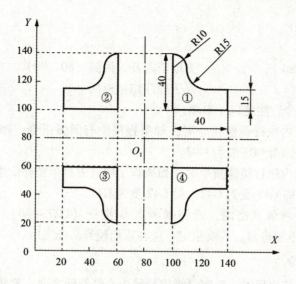

图 5-24 镜像功能举例

```
O3000 ;                        //主程序名
N10 G90 G54 G00 Z100. ;        //调用 G54 坐标系,刀具定位 Z100
N20 M03 S800 ;
N30 X80. Y80. Z20. ;           //移动至 O1 点上方
N40 G01 Z-2.0 F200 ;           //下刀
N50 M98 P3001 ;                //加工轮廓 1
N60 G51.1 X80. ;               //以 X80 为轴打开镜像
N70 M98 P3001 ;                //加工轮廓 2
N80 G50.1 ;                    //取消镜像
N90 G51.1 X80. Y80. ;          //以点(80,80)为对称中心打开镜像
N100 M98 P3001 ;               //加工轮廓 3
N110 G50.1 ;                   //取消镜像
N120 G51.1 Y80. ;              //以 Y80 为轴打开镜像
N130 M98 P3001 ;               //加工轮廓 4
N140 G50.1 ;                   //取消镜像
N150 G00 Z100 ;                //抬刀
N160 M05 ;                     //主轴停
N170 M30 ;                     //程序结束
O3001 ;                        //子程序名
N2 G41 X100. Y90. D01 ;        //建立刀补,移至切入点
N4 Y140. ;
N6 G02 X110. Y130. R10. ;
N8 G03 X125. Y115. R15. ;
N10 G01 X140. ;
```

N12 Y100. ;
N14 X90. ;
N16 G40 X80. Y80. ;    //取消刀补，回到（80，80）
N18 M99 ;    //子程序结束返回

使用镜像功能指令应注意以下事项。

（1）在指定平面内执行镜像指令时，如果程序中有圆弧指令，则圆弧的旋转方向相反，即 G02 变为 G03，而 G03 变为 G02。

（2）在指定平面内执行镜像指令时，如果程序中有刀具半径补偿指令，则刀具半径补偿的偏置方向相反，即 G41 变为 G42，而 G42 变为 G41。

（3）在镜像指令有效状态时，返回参考点 G 指令（G27～30）和坐标系设定指令（G52～G59，G92）不能指定；若要指定，应在取消镜像功能之后。

### 3. 旋转功能指令

旋转功能指令可使编程图形轮廓以指定旋转中心及旋转方向，旋转一定的角度。

指令格式：

G17 G68 X_ Y_ R_ ；
…
G69 ；

指令说明：G68 表示打开坐标系旋转，G69 表示撤销旋转功能。X，Y 用于指定坐标系旋转中心。R 用于指定坐标系旋转角度（0°～360°），逆时针方向的旋转角为正值，反之为负，角度用十进制数表示，可以带小数，例如 35°30′可以用 35.5 表示。

【例 5-5】如图 5-25 所示，试编程加工 5 个曲线轮廓凸台，已知凸台高度为 2 mm，刀具为 φ10 mm 立铣刀。

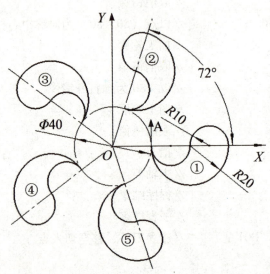

图 5-25　旋转功能举例

**解**　工艺分析，将图形①的加工程序编写为子程序。选公切线上的点 A（20，10）

为切入、切出点。

```
O4000 ;                        //主程序名
N10 G90 G54 G00 Z100. ;        //调用 G54 坐标系，刀具定位 Z100
N20 M03 S800 ;
N30 X0 Y0 Z20. ;               //移动至 O 点上方
N40 G01 Z-2.0 F200 ;           //下刀
N50 M98 P4001 ;                //加工轮廓 1
N60 G68 X0 Y0 R72 ;            //以 O 为旋转中心，打开旋转，旋转角 72°
N70 M98 P4001 ;                //加工轮廓 2
N80 G69 ;                      //取消坐标旋转功能
N90 G68 X0 Y0 R72 ;
N100 M98 P4001 ;               //加工轮廓 3
N110 G69 ;
N120 G68 X0 Y0 R72 ;
N130 M98 P4001 ;               //加工轮廓 4
N140 G69 ;
N150 G68 X0 Y0 R72 ;
N160 M98 P4001 ;               //加工轮廓 5
N170 G69 ;
N180 G00 Z100 ;                //抬刀
N190 M05 ;                     //主轴停
N200 M30 ;                     //程序结束
O4001 ;                        //子程序名
N2 G42 X20. Y10. D01 ;         //建立刀补，移至切入点
N4 Y0. ;
N6 G03 X60. Y0 R20. ;
N8 G03 X40. Y0 R10. ;
N10 G02 X20. Y0 R10. ;
N12 G01 Y10. ;
N14 G40 X0 Y0 ;                //取消刀补，回到 O(0, 0)
N16 M99 ;                      //子程序结束返回
```

使用旋转功能指令应注意以下事项

（1）在坐标系旋转取消指令 G69 后的第一个移动指令必须用绝对值 G90 指定，如果用增量值 G91 指定，则不能执行正确的移动。

（2）在坐标系旋转编程过程中，若要用到刀具补偿指令，则需在指定坐标旋转指令后再加刀具补偿，而在取消坐标旋转之前取消刀具补偿。

（3）在旋转指令有效状态时，返回参考点 G 指令（G27～30）和坐标系设定指令（G52～G59，G92）不能指定；若要指定，应在取消旋转功能之后。

### 5.3.4 宏程序

在一般的程序编制中程序字为一常量,一个程序只能描述一个几何形状,所以缺乏灵活性。有些情况下机床需要按一定规律动作,如在钻孔循环中,用户应能根据工况确定切削参数,一般程序不能达到,在进行自动测量时人或机床对测量数据进行处理,这些数据存储在变量中,一般程序不能处理,需要用到宏程序来处理。

在程序中使用变量,通过对变量进行赋值及处理的方法达到程序功能,这种有变量的程序就是宏程序。

**1. 宏程序的调用**

(1) 非模态调用:就是宏程序的简单调用,是指在主程序中,宏程序可以被单个程序段单次调用。

指令格式:G65 P_ L_ ;

其中,G65——宏程序调用指令;

P(宏程序号)——被调用的宏程序代号;

L(重复次数)——宏程序重复运行的次数,重复次数为1时,可省略不写;(变量分配)——为宏程序中使用的变量赋值。

宏程序与子程序相同的一点是,一个宏程序可被另一个宏程序调用,最多可调用4重。

(2) 模态调用:就是宏程序调用有继效作用。在模态调用中、宏程序调用被取消前,宏程序在主程序中可以被多次调用。

指令格式:G66  P_  L_  ;

调用取消指令为G67。

**2. 宏程序的编写格式**

宏程序的编写格式与子程序相同,结尾用M99返回主程序。其格式如下:

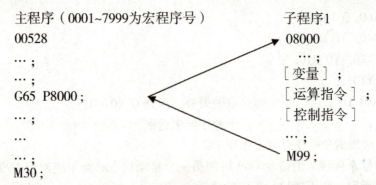

主程序(0001~7999为宏程序号)
O0528
… ;
… ;
G65 P8000;
… ;
… ;
M30;

子程序1
O8000
  … ;
[变量];
[运算指令];
[控制指令]
… ;
M99;

上述宏程序内容中,除通常使用的编程指令外,还可使用变量、算术运算指令及其他控制指令。变量值在宏程序调用指令中赋给。

**3. 变量**

在常规的主程序和子程序内,总是将一个具体的数值赋给一个地址。为了使程序更具通用性、灵活性，在宏程序中设置了变量，即将变量赋给一个地址。

(1) 变量的表示

变量可以用"#"号和跟随其后的变量序号来表示，如#i（i = 1，2，3…）。也可用表达式来表示变量，如#［表达式］。

例如 #5 #201 #［#50］ #［201 - 1］

(2) 变量的引用

将跟随在一个地址后的数值用一个变量来代替，即引入了变量。

例如：

对于 F#103，若#103 = 50 时，则为 F50；

对于 Z - #110，若#110 = 100 时，则为 Z - 100；

对于 G#130，若#130 = 3 时，则为 G03。

①变量的分配类型

直接分配：变量可在操作面板直接输入，也可在 MDI 方式赋值，也可在程序内直接赋值。如#_ = 数值

引数分配：宏程序体以子程序的方式出现，所用变量可在宏调用时赋值。

如 G65 P9120 X100 Y20 F20；其中 X，Y，F 对应于宏程序中变量号，变量的具体数值由引数后的数值决定。引数与宏程序体中变量的对应关系有两种（如表 5 - 2 和表 5 - 3），两种方法可混用，其中 G，L，N，O，P 不能作为引数为变量赋值。

例如：G65 P1000 A1.0 B2.0 I3.0 ；

上述程序段为宏程序的简单调用格式，其含义为：调用宏程序号为 1000 的宏程序运行一次，并为宏程序中的变量赋值，其中：#1 为 1.0，#2 为 2.0，#4 为 3.0。

表 5 - 2 变量赋值方法一

| 引数（自变量） | 变量 | 引数（自变量） | 变量 | 引数（自变量） | 变量 |
| --- | --- | --- | --- | --- | --- |
| A | #1 | I | #4 | T | #20 |
| B | #2 | J | #5 | U | #21 |
| C | #3 | K | #6 | V | #22 |
| D | #7 | M | #13 | W | #23 |
| E | #8 | Q | #17 | X | #24 |
| F | #9 | R | #18 | Y | #25 |
| H | #11 | S | #19 | Z | #26 |

表 5-3 变量赋值方法二

| 自变量地址 | 变量 | 自变量地址 | 变量 | 自变量地址 | 变量 | 自变量地址 | 变量 |
|---|---|---|---|---|---|---|---|
| A | #1 | $I_3$ | #10 | $I_6$ | #19 | $I_9$ | #28 |
| B | #2 | $J_3$ | #11 | $J_6$ | #20 | $J_9$ | #29 |
| C | #3 | $K_3$ | #12 | $K_6$ | #21 | $K_9$ | #30 |
| $I_1$ | #4 | $I_4$ | #13 | $I_7$ | #22 | $I_{10}$ | #31 |
| $J_1$ | #5 | $J_4$ | #14 | $J_7$ | #23 | $J_{10}$ | #32 |
| $K_1$ | #6 | $K_4$ | #15 | $K_7$ | #24 | $K_{10}$ | #33 |
| $I_2$ | #7 | $I_5$ | #16 | $I_8$ | #25 | | |
| $J_2$ | #8 | $J_5$ | #17 | $J_8$ | #26 | | |
| $K_2$ | #9 | $K_5$ | #18 | $K_8$ | #27 | | |

②变量的级别

本级变量#1~#33 作用于宏程序某一级中的变量称为本级变量,即这一变量在同一程序级中调用时含义相同,若在另一级程序(如子程序)中使用,则意义不同。本级变量主要用于变量间的相互传递,初始状态下未赋值的本级变量即为空白变量。

通用变量#100~#144,#500~#531 可在各级宏程序中被共同使用的变量称为通用变量,即这一变量在不同程序级中调用时含义相同。因此,一个宏程序中经计算得到的一个通用变量的数值,可以被另一个宏程序应用。

**4. 算术运算指令**

变量之间进行运算的通常表达形式是:#i =(表达式)

(1) 变量的定义和替换

#i = #j

(2) 加减运算

#i = #j + #k     //加
#i = #j - #k     //减

(3) 乘除运算

#i = #j × #k     //乘
#i = #j / #k     //除

(4) 函数运算

#i = SIN [#j]           //正弦函数(单位为度)
#i = COS [#j]           //余函数(单位为度)
#i = TANN [#j]          //正切函数(单位为度)
#i = ATANN [#j] / #k    //反正切函数(单位为度)
#i = SQRT [#j]          //平方根
#i = ABS [#j]           //取绝对值

（5）运算的组合

以上算术运算和函数运算可以结合在一起使用，运算的先后顺序是：函数运算、乘除运算、加减运算。

（6）括号的应用

表达式中括号的运算将优先进行。连同函数中使用的括号在内，括号在表达式中最多可用 5 层。

### 5. 控制指令

（1）条件转移

指令格式：IF ［条件表达式］ GOTO n

以上程序段含义为：如果条件表达式的条件得以满足，则转而执行程序中程序号为 n 的相应操作，程序段号 n 可以由变量或表达式替代；如果表达式中条件未满足，则顺序执行下一段程序；如果程序做无条件转移，则条件部分可以被省略。

表达式可按如下书写：

#j EQ #k        //表示 =
#j NE #k        //表示 ≠
#j GT #k        //表示 >
#j LT #k        //表示 <
#j GE #k        //表示 ≥
#j LE #k        //表示 ≤

（2）重复执行

指令格式：

WHILE ［条件表达式］DO m（m = 1，2，3）

…

END m

上述"WHILE…END m"程序含意为：条件表达式满足时，程序段 DO m 至 END m 重复执行；条件表达式不满足时，程序转到 END m 后处执行；如果 WHILE ［条件表达式］部分被省略，则程序段 DO m 至 END m 之间的部分将一直重复执行。

注意：

① WHILE DO m 和 END m 必须成对使用；

② DO 语句允许有 3 层嵌套，即

DO 1
DO 2
DO 3
END 3
END 2
END 1

③ DO 语句范围不允许交叉，即如下语句是错误的

DO 1

DO 2
END 1
END 2

以上介绍了宏程序应用的基本问题,有关应用详细说明,请查阅 FANUC-0i 系统说明书。

【例 5-6】如图 5-26 所示,用宏程序和子程序功能顺序加工圆周等分孔。设圆心在 $O$ 点,它在机床坐标系中的坐标为 $(X_0,Y_0)$,在半径为 $r$ 的圆周上均匀地钻几个等分孔,起始角度为 $\alpha$,孔数为 $n$。以零件上表面为 $Z$ 向零点。

使用以下保持型变量:

\#502:半径 $r$;

\#503:起始角度 $\alpha$;

\#504:孔数 $n$,当 $n>0$ 时,按逆时针方向加工,当 $n<0$ 时,按顺时针方向加工;

\#505:孔底 $Z$ 坐标值;

\#506:$R$ 平面 $Z$ 坐标值;

\#507:$F$ 进给量。

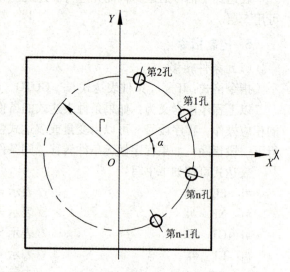

图 5-26 等分孔计算方法

使用以下变量进行操作运算:

\#100:表示第 $i$ 步钻第 $i$ 孔的记数器;

\#101:计数器的最终值(为 $n$ 的绝对值);

\#102:第 $i$ 个孔的角度位置 $\theta_i$ 的值;

\#103:第 $i$ 个孔的 $X$ 坐标值;

\#104:第 $i$ 个孔的 $Y$ 坐标值;

用宏程序编制的钻孔子程序如下:

O5555

N110 G65 H01 P#100 Q0            //#100=0

N120 G65 H22 P#101 Q#504         //#101=|#504|

N130 G65 H04 P#102 Q#100 R360    //#102=#100×360°

N140 G65 H05 P#102 Q#102 R#504   //#102=#102/#504

N150 G65 H02 P#102 Q#503 R#102   //#102=#503+#102 当前孔角度位置 $\theta_i=\alpha+(360°×i)/n$

N160 G65 H32 P#103 Q#502 R#102   //#103=#502×COS(#102) 当前孔的 $X$ 坐标

N170 G65 H31 P#104 Q#502 R#102   //#104=#502×SIN(#102) 当前孔的 $Y$ 坐标

N180 G90 G00 X#103 Y#104        //定位到当前孔（返回开始平面）
N190 G00 Z#506                  //快速进到 R 平面
N200 G01 Z#505 F#507            //加工当前孔
N210 G00 Z#506                  //快速退到 R 平面
N220 G65 H02 P#100 Q#100 R1     //#100 = #100 + 1 孔计数
N230 G65 H84 P – 130 Q#100 R#101 //当#100 < #101 时，向上返回到 130 程序段
N240 M99                        //子程序结束

调用上述子程序的主程序如下：
O0529
N10 G54 G90 G00 X0 Y0 Z20       //进入加工坐标系
N20 M98 P9010                   //调用钻孔子程序，加工圆周等分孔
N30 Z20                         //抬刀
N40 G00 G90 X0 Y0               //返回加工坐标系零点
N50 M30                         //程序结束

设置 G54：X = –400，Y = –100，Z = –50。
变量#500 ~ #507 可在程序中赋值，也可由 MDI 方式设定。

## 任务 5.4  加工中心程序设计典型实例

【例 5 – 7】加工如图 5 – 27 所示的拱形型腔，试编写加工程序。已知零件毛坯为 90 mm × 60 mm × 15 mm 硬铝板，外形尺寸已加工到图示尺寸公差。

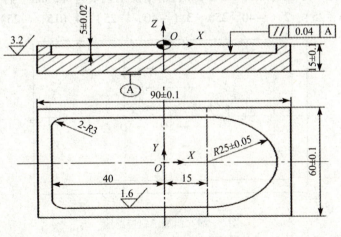

图 5 – 27  平面内轮廓加工

### 1. 相关知识刀具选择

加工内腔时，刀具直径应不大于内腔的最小曲率半径，否则会因少切而出现残留余

量。但是刀具直径若太小，切削效率就会降低。所以可以使用多把刀具，大直径刀具完成粗加工，小直径刀具完成精加工。

刀具半径补偿：与加工平面外轮廓一样，为了简化编程去除余量，实现轮廓的粗、精加工，也常采用刀具半径补偿功能。但要注意：当刀具补偿值大于零件内腔圆角半径时（图5-28中，$R''>R$），一般的数控系统会报警显示出错，解决的办法是粗加工时忽略轮廓内圆角，按直角编程加工。精加工时选择刀具半径 $r \leqslant R$（内腔圆角半径），按刀具实际半径值补偿，完成加工。

下刀：加工凹槽、型腔时通常使用键槽刀、立铣刀或面铣刀等，这些刀具除键槽刀外，刀具底部中心都没有切削刃。所以不能垂直下刀，否则会折断刀具。通常的解决办法是预先加工（钻孔）下刀孔，或采用螺旋线、斜线下刀方式。

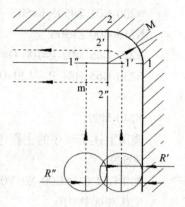

图5-28 刀具半径补偿值出错

### 2. 工艺分析

（1）工件采用平口虎钳装夹，其下表面用垫铁支撑，百分表找正。工件坐标系的建立如图5-27所示。

（2）由于型腔内角半径 $R3$ mm 比较小，而型腔底面积较大，为提高切削效率，选两把刀具，分别是 $\phi 12$ mm、$\phi 4$ mm 立铣刀，分粗加工、精加工两道工序完成。$Z$ 向深度分3层加工，背吃刀量分别为 3 mm、1.5 mm、0.5 mm。

3）粗加工轨迹如图5-29所示。内角按直角编程加工，用 $\phi 12$mm 立铣刀，螺旋线方式下刀，螺旋线中心选择为 $O_1$，旋转半径为5 mm。粗加工3刀完成，刀具半径补偿值为 $D01=21$ mm，$D02=13$ mm，$D03=6.5$ mm，留精加工余量为 0.5 mm。各个基点坐标为 $O_1$ (15, 0)、1 (15, 25)、2 (-40, 25)、3 (-40, -25)、4 (15, -25)。

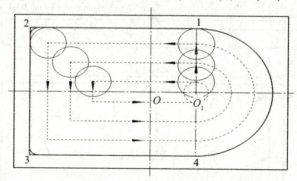

图5-29 粗加工轨迹路线

（4）精加工轨迹如图5-30所示。选择 $O_1$ 为起点，切入点 $a$ (27, 13)、切出点 $b$ (3, 13)，圆弧 $ab$ 的半径为 12 mm；各个基点的坐标为 1 (15, 25)、2 (-37, 25)、3 (-40, 22)、4 (-40, -22)、5 (-37, -25)、6 (15, -25)。刀具半径补偿值 $D04=2$ mm。

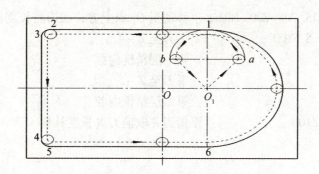

图 5-30 精加工轨迹路线

(5) 切削用量选择。粗加工主轴转速为 1000 r/min，精加工时为 1500 r/min。粗加工进给速度为 200 mm/min。精加工时为 150 mm/min（实际主轴转速、进给速度可以根据加工情况，通过操作面板上倍率开关调节）。

(6) 本零件选用立式加工中心加工，以说明加工中心自动换到功能的应用，设刀具 T01 为 $\phi12$ mm 立铣刀，长度补偿值为 H01；T02 为 $\phi4$ mm 立铣刀，长度补偿值为 H02。

### 3. 零件的加工程序

| | |
|---|---|
| O0050 ; | //主程序名 |
| N10 G90 G40 G49 G80 G17 ; | //初始化 |
| N20 T01 ; | //选 1 号刀 |
| N30 M06 ; | //装 1 号刀 |
| N40 G54 G43 G00 Z100. H01 ; | //调用 G54 直角坐标系，刀具定位 Z100，加刀具长度补偿 |
| N50 M03 S1000 T02 ; | //主轴正转，转速 1000 r/min，选 2 号刀备用 |
| N60 X20. Y0. Z20. ; | //移动至螺旋线起点上方 |
| N70 G01 Z0 F100 ; | //下刀至工件表面 |
| N80 G03 Z-4.5 I-5. J0 ; | //螺旋线下刀值 Z-4.5，底面留 0.5 mm 精加工余量 |
| N90 G03 I-5. J0 ; | //铣平下刀孔底面，下刀孔直径 $\phi22$ mm |
| N100 Z-3. ; | //抬刀至第一层铣削深度，粗加工 |
| N110 G41 X15. Y25. D01 ; | //→1，建立刀具半径补偿 |
| N120 M98 P1 ; | //第一层铣削 |
| N130 Z-4.5. ; | //下刀至第二层铣削深度 |
| N140 G41 X15. Y25. D02 ; | //→1，建立刀具半径补偿 |
| N160 M98 P1 ; | //第二层铣削 |
| N170 Z-5. ; | //下刀至第三层铣削深度，底面精加工 |
| N180 G41 X15. Y25. D01 ; | //→1，建立刀具半径补偿 |
| N190 M98 P1 ; | //第三层铣削 |
| N200 G00 Z100 G49 ; | //抬刀至 Z100，取消刀具长度补偿 |
| N210 G28 ; | //回参考点 |
| N220 M06 ; | //交换安装 2 号刀具 |

| | |
|---|---|
| N230 G00 G43 X15. Y0. Z20. H02 ; | //移至 $O_1$ 点上方,加刀具长度补偿 |
| N240 G01 Z - 4.5 F100 ; | //下刀至 Z - 4.5 |
| N250 M98 P2 ; | //第一层精铣内腔 |
| N260 Z - 5. ; | //下刀至 Z - 5 |
| N270 M98 P2 ; | //第二层精铣内腔 |
| N280 G00 G49 Z100 ; | //抬刀并取消刀具长度补偿 |
| N290 M05 ; | |
| N300 M30 ; | |
| O1 ; | //子程序名 |
| N4 G01 X - 40. ; | //1→2 |
| N6 Y - 25. ; | //2→3 |
| N8 X15. ; | //3→4 |
| N10 G03 X15. Y25. R25 ; | //4→1 |
| N12 G40 Y0 ; | //1→$O_1$,取消刀具半径补偿 |
| N14 M99 ; | |
| O2 ; | //子程序名 |
| N2 G41 X27. Y13. D04 ; | //$O_1$→a,建立刀具半径补偿 |
| N6 G03 X15. Y25. R12. ; | //a→1 |
| N8 G01 X - 37. ; | //1→2 |
| N10 G03 X - 40. Y22. R3. ; | //2→3 |
| N12 G01 Y - 22. ; | //3→4 |
| N14 G03 X - 37. Y - 25. ; | //4→5 |
| N16 G01 X15. ; | //5→6 |
| N18 G03 X15. Y25. R25. ; | //6→1 |
| N20 X3. Y13. R12. ; | //1→b |
| N22 G01 G40 X15. Y0 ; | //b→$O_1$,取消刀补 |
| N24 M99 ; | //子程序结束返回 |

【例 5 - 8】 心型凸轮零件图如图 5 - 31 所示。材料为 TH200,毛坯加工余量上下底面 5 mm,其余 2 mm。凸轮是典型机械零件之一,由于其轮廓复杂,在普通机床上加工,很难保证加工精度,而使用加工中心加工,既可以保证精度又可以提高效率。

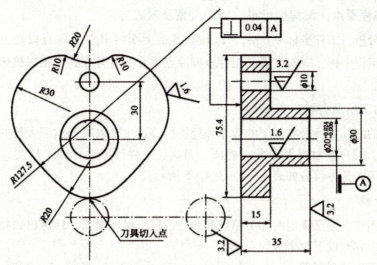

图 5-31 凸轮零件图

## 1. 工艺分析

在加工中心进行工艺分析时，主要从两个方面考虑：精度、效率。理论上加工工艺必须达到图纸要求，同时又能充分合理地发挥出机床功能。

（1）图纸分析

图纸分析主要包括零件轮廓形状、尺寸精度、技术要求和定位基准等。从零件图可以看出，零件轮廓形状为圆弧过渡。图中尺寸精度和表面粗糙度要求较高的是凸轮外轮廓、安装孔和定位孔，位置精度要求较高的是底面和基准轴线之间的平行度，在加工过程中应重点保证。

（2）确定定位基准

在加工中心上加工工件时，工件的定位仍遵守六点定位原则。在选择定位基准时，一方面要全面考虑各个工件的加工情况，保证工件定位准确，装卸方便，能迅速完成工件的定位和夹紧，保证各项加工的精度；另一方面要满足加工中心工序集中的特点，即一次安装尽可能完成零件上较多表面的加工。一般来说，定位基准应尽量选择工件上的设计基准，并且最好是零件上已有的面和孔，若没有合适的面或孔，也可专门设置工艺孔或工艺凸台等作为定位基准。

根据以上原则和图纸分析，本例加工时首先以顶面为基准加工底面、安装孔和定位孔，然后，以底面和两孔定位，一次装夹，将所有表面和轮廓全部加工完成，这样就可以保证图纸要求的尺寸精度和位置精度。

## 2. 工件的装夹

根据工艺分析，主要加工凸轮轮廓，当加工底面安装孔和定位孔时采用平口虎钳装夹。平口虎钳装夹工件时，应首先找正虎钳固定钳口，注意工件应安装在钳口中间部位，工件被加工部分要高出钳口，避免刀具与钳口发生干涉，夹紧工件时，注意工件上浮。加工轮廓和其他表面时，用压板、螺栓装夹，应避免与被加工表面发生干涉。

### 3. 确定编程原点、编程坐标系、对刀位置及对刀方法

根据工艺分析，工件坐标原点 $X_0$、$Y_0$ 设在基准上面的中心，$Z_0$ 点设在上表面。编程原点确定后，编程坐标、对刀位置与工件坐标原点重合，对刀方式可根据机床选择，这里选用手动对刀。

### 4. 确定加工所用各种工艺参数

切削条件的好坏直接影响加工的效率和经济性，这主要取决于编程人员的经验，工件的材料及性质，刀具的材料及形状，机床、刀具、工件的刚性，加工精度、表面质量要求，冷却系统等。具体参数如表4-4、表4-5所示。

### 5. 数值计算

根据零件图样，按已确定的加工路线和允许的程序保证误差，计算出数控系统所需数值，数值计算内容有以下两个方面：

（1）基点和节点的计算；

（2）刀位点轨迹的计算。

由于以上计算工作量比较大，现在主要由计算机来完成。按零件图和工件坐标系，凸轮轮廓各交点 $(X,Y)$ 坐标如下：

(0.000, 31.633), (-13.09, -26.820), (-33.825, -4.072), (-40.295, 14.538), (-17.275, 43.715), (-9.966, 42.660), (9.966, 42.660), (17.275, 43.175), (40.295, 14.538), (33.825, -4.072), (13.019, -26.820)。

表 5-4 数控加工工艺卡

| ×××公司 | 产品型号 | | 零件名称 | 零件图号 | 夹具名称 | 程序名称 | 材料 | 使用设备 | 编制 |
|---|---|---|---|---|---|---|---|---|---|
| | | | 平面凸轮 | | 平口钳 | O7411, O7412 | TH200 | TH7640 | |
| 工步号 | 加工内容 | | 刀具号 | 刀具名称 | 刀具规格 (mm) | 刀具补偿号 | 主轴转速 (r/min) | 进给速度 (mm/min) | 切削深度 (mm) | 加工余量 (mm) |
| 1 | 铣底面 | 粗 | T01 | 立铣刀 | φ40 | H1 | 220 | 44 | 2 | |
| | | 精 | | | | H2 | 500 | 44 | 0.5 | |
| 2 | 钻中心孔 | | T02 | 中心钻 | φ3 | H3 | 900 | 80 | 2 | |
| 3 | 钻孔 | | T03 | 麻花钻 | φ18 | H4 | 450 | 45 | 25 | |
| 4 | 钻孔 | | T04 | 麻花钻 | φ9.5 | H5 | 450 | 45 | 25 | |
| 5 | 铰孔 | | T05 | 铰刀 | φ20 | H6 | 30 | 5 | 25 | |
| 6 | 铰孔 | | T06 | 铰刀 | φ10 | H7 | 30 | 5 | 25 | |
| 7 | 铣外轮廓 | 粗 | T07 | 立铣刀 | φ20 | H8, D8 | 290 | 58 | 23 | |
| | | 精 | | | | H8, D9 | | | | |
| 8 | 铣上面 | | T08 | 立铣刀 | φ40 | H9 | 220 | 44 | 2 | |
| 9 | 倒角 | | T09 | 倒角刀 | φ20 | H10 | 220 | 100 | 1 | |

表 5-5 刀具调整卡

| ×××公司 | 产品型号 | 零件名称 | 零件图号 | 程序名称 | 材料 | 使用设备 | 编制 |
|---|---|---|---|---|---|---|---|
| | | 平面凸轮 | | O7411,O7412 | TH200 | TH7640 | |
| 刀具号(T) | 刀具名称 | | 刀具规格(mm) | 刀具偏置值 | 用途 | 刀具材料 | |
| 1 | 立铣刀 | | φ40 | H1,H2 | 铣上、下面 | 合金镶条 | |
| 2 | 中心钻 | | φ3 | H3 | 孔定位 | 高速钢(HSS) | |
| 3 | 麻花钻 | | φ18 | H4 | 钻安装孔 | 高速钢(HSS) | |
| 4 | 麻花钻 | | φ9.5 | H5 | 钻定位孔 | 高速钢(HSS) | |
| 5 | 铰刀 | | φ20 | H6 | 铰孔 | 高速钢(HSS) | |
| 6 | 铰刀 | | φ10 | H7 | 铰孔 | 高速钢(HSS) | |
| 7 | 立铣刀 | | φ20 | H8,D8,D9 | 铣外轮廓 | 合金镶条 | |
| 8 | 立铣刀 | | φ40 | H9 | 铣上面 | 合金镶条 | |
| 9 | 倒角刀 | | φ16 | H10 | 倒角 | 高速刀(HSS) | |

### 6. 编写加工程序

做完以上工作,可以开始按铣刀前进方向逐段编写加工程序了,编写程序时应注意所用代码格式要符合所用的机床控制系统的功能,以及用户编程手册的要求,不要遗漏必要的指令或程序段,且数值填写要正确无误,尽量减少差错,特别要注意多零、少零、正负号及小数点。

O5411(FANUC-0M);
G90 G17 G40 G49 G80 G54;
T1 M06;                    //T01 号刀(粗加工底面)
S220 M03;                  //主轴正转
G00 X-50 Y-40 Z20;         //快速定位
G43 G01 Z5 F44 H1;
M08;
G01 Z-2 F44;
G01 X50 Y-40;
G01 X50 Y-10;
G01 X-50 Y-10;
G01 X-50 Y20;
G01 X50 Y20;
G01 X50 Y50;
G01 X-50 Y50;
G01 X-50 Y80;
G01 X50 Y80;
G00 Z20;

```
G00 X-50 Y-40 ;
G01 Z-4.5 F44 ;
G01 X50 Y-40 ;
G01 X50 Y-10 ;
G01 X-50 Y-10 ;
G01 X-50 Y20 ;
G01 X50 Y20 ;
G01 X50 Y50 ;
G01 X-50 Y50 ;
G01 X-50 Y80 ;
G01 X50 Y80 ;
G00 Z20
S800 M03 ;                       //精加工底面
G43 G01 Z5 F44 H2 ;
X-50 Y-40;
G01 Z-5 ;
G01 X50 Y-40;
G01 X50 Y-10;
G01 X-50 Y-10;
G01 X-50 Y20;
G01 X50 Y20;
G01 X50 Y50;
G01 X-50 Y50;
G01 X-50 Y80;
G01 X50 Y80;
M05 ;
M09 ;
G49 G00 Z20 ;
T2 M06 ;                         //T02号刀（钻孔定位）
S900 M03 ;
G43 G00 Z5 H3 ;
M08 ;
G98 G81 X0 Y0 Z5 R2 F80 ;        //定位并定义固定循环
X0 Y30 ;
G80 ;
G49 G00 Z20 ;
M05 ;                            //T03号刀（钻安装孔）
M09 ;
```

```
T3 M06 ;
S450 M03 ;
G43 G00 Z30 H4 ;
M08 ;
G98 G83 X0 Y0 Z42 R2 Q5 F45 ;        //定位并定义固定循环
G80 ;
G49 G00 Z20 ;
M05 ;
M09 ;
T4 M06 ;                              //T04号刀（钻定位孔）
S450 M03 ;
G43 G00 Z30 H5 ;
M08 ;
G98 G83 X0 Y30 Z23 R2 Q4 F45 ;
G80 ;
G49 G00 Z20 ;
G00 X0 Y0 ;
M05 ;
M09 ;
T5 M06 ;                              //T05号刀（铰安装孔）
S30 M03 ;
G43 G00 Z30 H6 ;
M08 ;
G98 G81 X0 Y0 Z42 R2 F10 ;
G80 ;
G49 G00 Z20 ;
M05 ;
M09 ;
T6 M06 ;                              //T06号刀（铰定位孔）
S30 M03 ;
G43 G00 Z30 H7 ;
M08 ;
G98 G81 X0 Y30 Z23 R2 F10 ;
G80 ;
G49 G00 Z20 ;
M05 ;
M09 ;
M30 ;
```

O5412 ;
G54 G49 G90 G80 G40 G17 ;
T7 M06 ;                              //T07 号刀（粗铣外轮廓）
S290 M03 ;
G00 X60 Y-50 ;
G43 G00 Z20 H8 ;
M08 ;
G01 Z-25 F44 ;
G41 G01 X60 Y-31.637 F44 D8 ;         //半径补偿
G01 X0 Y-31.637 ;                     //切向入口
G02 X-13.019 Y-26.820 R20 ;
G02 X-33.825 Y-4.072 R127.5 ;
G02 X-17.275 Y43.715 R30 ;
G02 X-9.966 Y42.660 R20 ;
G03 X9.966 Y42.660 R20 ;
G02 X17.275 Y43.715 R10 ;
G02 X33.825 Y-4.072 R30 ;
G02 X-13.019 Y-26.820 R127.5 ;
G02 X0 Y-31.633 R20 ;
G01 X-40 Y-31.633 ;
G40 G01 X-60 Y-50 ;
G49 G00 Z50 ;
G00 X60 Y-50 ;
G43 G00 Z20 H8 ;
…
G40 G01 X-60 Y-50 ;
G49 G00 Z50 ;
S800 M03 ;                            //精铣外轮廓
G00 X60 Y-50 ;
G43 G00 Z20 H8 ;
G01 Z-25 F60 ;
G41 G01 X60 Y-31.637 F44 D9 ;
G01 X0 Y-31.637 ;
G02 X-13.019 Y-26.820 R20 ;
G02 X-33.825 Y-4.072 R127.5 ;
G02 X-17.275 Y43.715 R30 ;
G02 X-9.966 Y42.660 R20 ;
G03 X9.966 Y42.660 R20 ;

```
G02 X17.275 Y43.715 R10 ;
G02 X33.825 Y-4.072 R30 ;
G02 X-13.019 Y-26.820 R127.5 ;
G02 X0 Y-31.633 R20 ;
G01 X-40 Y-31.633 ;
G40 G01 X-60 Y-50 ;
G49 G00 Z50 ;
M05 ;
M09 ;
…
T8 M06 ;                    //T08 号刀（铣上面）
S220 M03 ;
G43 G00 Z30 H9 ;
M08 ;
G01 X-20 Y0 F44 ;
G01 Z-2 ;
G01 X20 Y0 ;
G01 Z-4.5 ;
G01 X-20 Y0 ;
S800 M03 ;
G01 Z-5 ;
G01 X20 Y0 ;
G49 G00 Z50 ;
G00 X0 Y0 ;
T9 M06 ;                    //T09 号刀（倒角）
S220 M03 ;
G43 G00 Z30 H10 ;
M08 ;
G01 Z-2 ;
G49 G00 Z50 ;
M05 ;                       //主轴停止
M09 ;
M30 ;                       //程序结束
```

## 习题五

5.1 G28 指令中的坐标值指的是什么？G28，G29 适用于什么场合？

5.2 简述加工中心的特点及加工对象。

5.3 加工中心加工阶段的划分方法？如何确定加工中心的加工顺序？

5.4 简述加工中心刀库的分类与应用范围。

5.5 请你结合已掌握的工艺知识，说明如何对加工中心进行数控加工工艺性分析。

5.6 加工中心上使用的工艺装备有何特点？

5.7 加工中心编程与数控铣床编程有何区别？

5.8 加工中心对夹具有哪些要求？如何选择夹具？

5.9 完成如图 5-32 所示转接盘零件的加工编程。零件材料为硬铝 LY12，毛坯尺寸为 80 mm×80 mm×15 mm，外形尺寸已经加工到位。

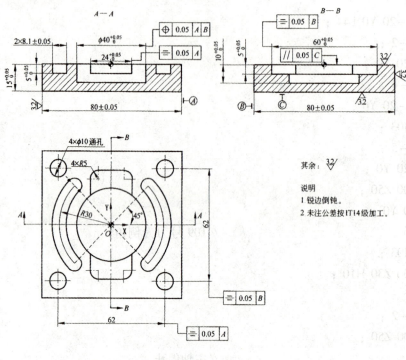

图 5-32

5.10 加工如图 5-33 所示零件，毛坯尺寸为 100 mm×100 mm×20 mm，设备选用立式加工中心，试编写其加工程序。

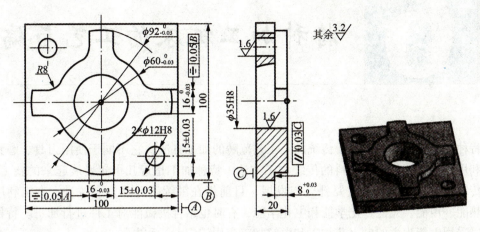

图 5-33

# 单元六 特种加工机床的工艺与编程

特种加工是指那些不属于传统加工工艺范畴的加工方法，它不同于使用刀具、磨具等直接利用机械能切除多余材料的传统加工方法。特种加工是近几十年发展起来的新工艺，是对传统加工工艺方法的重要补充与发展，目前仍在继续研究开发和改进。直接利用电能、热能、声能、光能、化学能和电化学能，有时也结合机械能对工件进行加工。特种加工中以采用电能为主的电火花加工和电解加工应用较广，泛称电加工。

 **任务 6.1　特种加工概述**

## 6.1.1　特种加工的概念及特点

加工中心和各种铣床都是以机械能进行切削加工的机床，我们知道数控机床是集机电、光于一体的机床，除了可以利用机械能以外，还可以利用其他能量进行切削加工，我们称之为特种加工机床。所谓特种加工亦称"非传统加工"或"现代加工方法"，泛指利用电能、热能、光能、电化学能、化学能、声能及特殊机械能等能量达到去除或增加材料的加工方法，从而实现材料被去除、变形、改变性能或被镀覆等。特种加工具有以下特点：

（1）与加工对象的机械性能无关，有些加工方法，如激光加工、电火花加工、等离子弧加工、电化学加工等，是利用热能、化学能、电化学能等，这些加工方法与工件的硬度、强度等机械性能无关，故可加工各种硬、软、脆、热敏、耐腐蚀、高熔点、高强度、特殊性能的金属和非金属材料。

（2）非接触加工，不一定需要工具，有的虽使用工具，但与工件不接触，因此，工件不承受大的作用力，工具硬度可低于工件硬度，故使刚性极低元件及弹性元件得以加工。

（3）微细加工，工件表面质量高，有些特种加工，如超声、电化学、水喷射、磨料流等，加工余量都是微细进行，故不仅可加工尺寸微小的孔或狭缝，还能获得高精度、极低粗糙度的加工表面。

（4）不存在加工中的机械应变或大面积的热应变，可获得较低的表面粗糙度，其热应力、残余应力、冷作硬化等均比较小，尺寸稳定性好。

（5）两种或两种以上的不同类型的能量可相互组合形成新的复合加工，其综合加工效果明显，且便于推广使用。

（6）特种加工对简化加工工艺、变革新产品的设计及零件结构工艺性等产生积极的影响。

## 6.1.2 特种加工的发展与主要运用领域

由于材料科学、高新技术的发展和激烈的市场竞争、发展尖端国防及科学研究的急需，不仅新产品更新换代日益加快，而且产品要求具有很高的强度重量比和性能价格比，并正朝着高速度、高精度、高可靠性、耐腐蚀、高温高压、大功率、尺寸大小两极分化的方向发展。为此，各种新材料、新结构、形状复杂的精密机械零件大量涌现，对机械制造业提出了一系列迫切需要解决的新问题。例如各种难切削材料的加工；各种结构形状复杂、尺寸或微小或特大、精密零件的加工；薄壁、弹性元件等低刚度、特殊零件的加工等。这些需要采用特种加工技术，以解决武器装备制造中用常规加工方法无法实现的加工难题，所以特种加工技术的主要应用领域是：

（1）难加工材料，如钛合金、耐热不锈钢、高强钢、复合材料、工程陶瓷、金刚石、红宝石、硬化玻璃等高硬度、高韧性、高强度、高熔点材料；

（2）难加工零件，如复杂零件三维型腔、型孔、群孔和窄缝等的加工；

（3）低刚度零件，如薄壁零件、弹性元件等的加工；

（4）以高能量密度束流实现焊接、切割、制孔、喷涂、表面改性、刻蚀和精细加工；

（5）在特种加工范围内还有一些属于改善表面粗糙度或表面性能的工艺，如电解抛光、化学抛光、电火花表面强化、镀覆、刻字等。

与传统机械加工方法相比特种加工具有许多独到之处：

（1）加工范围不受材料物理、机械性能的限制，能加工任何硬的、软的、脆的、耐热或高熔点金属以及非金属材料；

（2）易于加工复杂型面、微细表面以及柔性零件；

（3）易获得良好的表面质量，残余应力、冷作硬化、热影响区等均比较小；

（4）各种加工方法易复合形成新工艺方法，便于推广应用。

## 6.1.3 特种加工的分类

特种加工的分类方法很多，一般按能量来源和作用原理可分为：

（1）电火花加工、电子束加工、等离子束加工（利用电能、热能进行切削加工）；

（2）离子束加工（利用电能、机械能进行切削加工）；

（3）电解加工（利用电化学能进行切削加工）；

（4）电解磨削、阳极机械磨削（利用电化学能、机械能进行切削加工）；

（5）超声波加工（利用声能、机械能进行切削加工）；

（6）激光加工（利用光能、热能进行切削加工）；

（7）化学加工等（利用化学能进行切削加工）。

### 1. 电火花加工

电火花加工是利用浸在工作液中的两极间脉冲放电时产生的电蚀作用蚀除导电材料的特种加工方法，又称放电加工或电蚀加工，英文简称 EDM。

进行电火花加工时，工具电极和工件分别接脉冲电源的两极，并浸入工作液中，或将工作液充入放电间隙。通过间隙自动控制系统控制工具电极向工件进给，当两电极间的间隙达到一定距离时，两电极上施加的脉冲电压将工作液击穿，产生火花放电。在放电的微细通道中瞬时集中大量的热能，温度可高达一万摄氏度以上，压力也有急剧变化，从而使这一点工作表面局部微量的金属材料立刻熔化、气化，并爆炸式地飞溅到工作液中，迅速冷凝，形成固体的金属微粒，被工作液带走。这时在工件表面上便留下一个微小的凹坑痕迹，放电短暂停歇，两电极间工作液恢复绝缘状态。紧接着，下一个脉冲电压又在两电极相对接近的另一点处击穿，产生火花放电，重复上述过程。这样，虽然每个脉冲放电蚀除的金属量极少，但因每秒有成千上万次脉冲放电作用，就能蚀除较多的金属，具有一定的生产率。在保持工具电极与工件之间恒定放电间隙的条件下，一边蚀除工件金属，一边使工具电极不断地向工件进给，最后便加工出与工具电极形状相对应的形状来。因此，只要改变工具电极的形状和工具电极与工件之间的相对运动方式，就能加工出各种复杂的型面。

电火花加工是在电加工行业中应用最为广泛的一种加工方法，约占该行业的90%。按工具电极和工件相对运动的方式不同，大致可分为电火花成形加工、线切割加工、电火花磨削加工、电火花同步共轭回转加工、电火花高速小孔加工、电火花表面强化与刻字加工等六大类。其中线切割加工约占了电火花加工的60%，电火花成形加工约占了30%。随着电加工工艺的蓬勃发展，线切割加工就成了先进工艺制作的标志。

电火花成形加工：它包括电火花型腔加工和穿孔加工两种。电火花型腔加工主要用于加工各类热锻模、压铸模、挤压模、塑料模和胶木膜的型腔。电火花穿孔加工主要用于型孔（圆孔、方孔、多边形孔、异形孔）、曲线孔（弯孔、螺旋孔）、小孔和微孔的加工。近年来，为了解决小孔加工中电极截面小、易变形、孔的深径比大、排屑困难等问题，在电火花穿孔加工中发展了高速小孔加工，取得良好的社会经济效益。

电火花线切割加工：该方法是利用移动的细金属丝做工具电极，按预定的轨迹进行脉冲放电切割。按金属丝电极移动的速度大小又分为高速走丝和低速走丝线切割。我国普遍采用高速走丝线切割，近年来正在发展低速走丝线切割。高速走丝时，金属丝电极是直径为 (0.02~0.3) mm 的高强度钼丝，往复运动速度为 (8~10) m/s。低速走丝时，多采用铜丝，线电极以小于 0.2 m/s 的速度做单方向低速运动。线切割时，电极丝不断移动，其损耗很小，因而加工精度较高。其平均加工精度可达 0.01 mm，大大高于电火花成形加工。表面粗糙度 $Ra$ 值可达 1.6 或更小。目前电火花线切割广泛用于加工各种冲裁模（冲孔和落料用）、样板以及各种形状复杂型孔、型面和窄缝等。电火花线切割加工设备如图 6-1 所示。

图 6-1　电火花线切割加工设备

## 2. 离子束加工

利用离子束对材料进行成形和改性的加工方法。它的原理是在真空条件下，将离子源产生的离子束经过加速聚焦，使之撞击到工件表面，靠微观的机械撞击能量来进行加工。离子束的加工装置主要包括离子源、真空系统、控制系统和电源等。

离子束加工具有以下特点：

（1）离子束加工是所有特种加工方法中最精密、最微细的加工方法，是纳米加工技术的基础；

（2）污染少，特别适用于对易氧化的金属、合金材料和高纯度半导体材料的加工；

（3）加工应力、热变形等极小，加工质量高，适合于对各种材料和低刚度零件的加工；

（4）离子束加工设备费用贵、成本高，加工效率低，应用范围受到一定限制。

## 3. 超声波加工

超声波加工是利用工具端面做超声频振动，通过磨料悬浮液加工硬脆材料的一种加工方法。它是磨料在超声波振动作用下的机械撞击和抛磨作用与超声波空化作用的综合结果，其中磨料的连续冲击是主要的。加工时在工具头与工件之间加入液体与磨料混合的悬浮液，并在工具头振动方向加上一个不大的压力，超声波发生器产生的超声频电振荡通过换能器转变为超声频的机械振动，变幅杆将振幅放大到（0.01～0.15）mm，再传给工具，并驱动工具端面做超声振动，迫使悬浮液中的悬浮磨料在工具头的超声振动下以很大速度不断撞击抛磨被加工表面，把加工区域的材料粉碎成很细的微粒，从材料上被打击下来。虽然每次打击下来的材料不多，但由于每秒钟打击16 000次以上，所以仍存在一定的加工速度。

与此同时，悬浮液受工具端部的超声振动作用而产生的液压冲击和空化现象促使液体钻入被加工材料的隙裂处，加速了破坏作用，而液压冲击也使悬浮工作液在加工间隙中强迫循环，使变钝的磨料及时得到更新。

超声波加工具有以下特点：

（1）加工范围广，可加工淬硬钢、不锈钢、钛及其合金等传统切削难加工的金属、非金属材料，特别是一些不导电的非金属材料如玻璃、陶瓷、石英、硅、玛瑙、宝石、金刚石及各种半导体等，对导电的硬质金属材料如淬火钢、硬质合金也能加工，但生产率低；适合深小孔、薄壁件、细长杆、低刚度和形状复杂、要求较高零件的加工；

（2）切削力小、切削功率消耗低：由于超声波加工主要靠瞬时的局部冲击作用，故工件表面的宏观切削力很小，切削应力、切削热更小；

（3）工件加工精度高、表面粗糙度低，可获得较高的加工精度（尺寸精度可达0.005 mm～0.02 mm）和较低的表面粗糙度，被加工表面无残余应力、烧伤等现象，也适合加工薄壁、窄缝和低刚度零件；

（4）易于加工各种复杂形状的型孔、型腔和成形表面等；

（5）工具可用较软的材料做成较复杂的形状；

（6）超声波加工设备结构一般比较简单，操作维修方便。

现在超声波加工主要应用于型孔和型腔的加工、切割加工、超声波清洗、超声波焊接、复合加工等领域。

**4. 激光加工**

激光加工是利用光的能量经过透镜聚焦后在焦点上达到很高的能量密度，靠光热效应来进行加工。激光加工不需要工具、加工速度快、表面变形小，可加工各种材料。用激光束对材料进行各种加工，如打孔、切割、划片、焊接、热处理等。某些具有亚稳态能级的物质，在外来光子的激发下会吸收光能，使处于高能级原子的数目大于低能级原子的数目——粒子数反转，若有一束光照射，光子的能量等于这两个能相对应的差，这时就会产生受激辐射，输出大量的光能。

激光加工不需要工具、加工速度快、表面变形小，可加工各种材料。用激光束对材料进行各种加工，如打孔、切割、划片、雕刻、焊接、热处理等。与传统加工技术相比，激光加工技术具有材料浪费少、在规模化生产中成本效应明显、对加工对象具有很强的适应性等优势特点。在欧洲，对高档汽车车壳与底座、飞机机翼以及航天器机身等特种材料的焊接，基本采用的是激光技术。

激光加工具有以下特点：

（1）激光功率密度大，工件吸收激光后温度迅速升高而熔化或气化，即使熔点高、硬度大和质脆的材料（如陶瓷、金刚石等）也可用激光加工；

（2）激光头与工件不接触，不存在加工工具磨损问题；

（3）工件不受应力，不易污染；

（4）可以对运动的工件或密封在玻璃壳内的材料加工；

（5）激光束的发散角可小于1毫弧，光斑直径可小到微米量级，作用时间可以短到纳秒和皮秒，同时，大功率激光器的连续输出功率又可达千瓦至十千瓦量级，因而激光既适于精密微细加工，又适于大型材料加工；

（6）激光束容易控制，易于与精密机械、精密测量技术和电子计算机相结合，实现加工的高度自动化和达到很高的加工精度；

（7）在恶劣环境或其他人难以接近的地方，可用机器人进行激光加工。

### 6.1.4 特种加工发展方向及研究

根据上述现状，今后特种加工技术的发展方向应是：

（1）不断改进、提高高能束源品质，并向大功率、高可靠性、清洁性方向发展；

（2）高能束流加工设备向多功能、精密化和智能化方向发展，力求达到标准化、系列化和模块化的目的，扩大应用范围，向复合加工方向发展。

（3）不断推进高能束流加工新技术、新工艺、新设备的工程化和产业化工作。

为实现以上发展目标，必须开展下列加工工艺的技术研究：提高高能束流的品质；开展特种加工过程的自动控制及计算机建模、仿真技术的研究；新材料加工特性研究；特种加工设备的研究等。

## 任务 6.2　数控电火花线切割加工原理与特点

### 6.2.1　数控电火花线切割加工原理

电火花线切割加工（Wire cut Electrical Discharge Machining，简称 WEDM）是在电火花加工基础上于 20 世纪 50 年代末最早在苏联发展起来的一种新的工艺形式，是用线状电极（钼丝或铜丝）靠火花放电对工件进行切割成形，故称为电火花线切割，简称线切割，中国于 1961 年也研制出类似的机床。早期的线切割机床采用电气靠模控制切割轨迹。当时由于切割速度低，制造靠模比较困难，仅用于在电子工业中加工其他加工方法难以解决的窄缝等。它目前主要用于加工各种形状复杂和精密细小的工件，例如冲裁模的凸模、凹模、凸凹模、固定板、卸料板等，成形刀具、样板、电火花成形加工用的金属电极，各种微细孔槽、窄缝、任意曲线等，具有加工余量小、加工精度高、生产周期短、制造成本低等突出优点，已在生产中获得广泛的应用，目前国内外的电火花线切割机床已占电加工机床总数的 60% 以上。

图 6-2 为电火花线切割加工及装置的示意图。利用细钼丝或铜丝做工具电极进行切割，贮丝筒使钼丝做正反向交替移动，加工能源由脉冲电源供给。在电极丝和工件之间浇注工作液介质，工作台在水平面两个坐标方向各自按预定的控制程序，根据火花间隙状态做伺服进给移动，从而合成各种曲线轨迹，实现尺寸加工的目的，把工件切割成形。

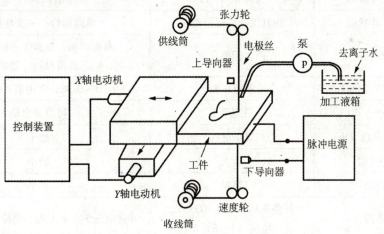

图 6-2　数控电火花线切割加工及装置示意图

加工中通常将电极丝与脉冲电源的负极相接，工件与脉冲电源的正极相接。当脉冲电源发出一个电脉冲时，由于电极丝与工件之间的距离很小，电压击穿这一距离（通常称为放电间隙）就产生一次电火花放电。在火花放电通道中心，温度瞬间可达上万摄氏度，使工件材料熔化甚至气化。同时，喷到放电间隙中的工作液在高温作用下也急剧气化膨胀，如同发生爆炸一样，冲击波将熔化和气化的金属从放电部位抛出。脉冲电源不断发出电脉冲，形成一次次火花放电，就将工件材料不断地去除。电极丝与工件之间的放电间隙一般取 0.01 mm 左右（若脉冲电源发出的脉冲电压高，放电间隙会大一些）。

为确保脉冲电源发出的一串电脉冲在电极丝和工件间产生一个个间断的火花放电，而不是连续的电弧放电，必须保证前后两个电脉冲之间有足够的间歇时间，使放电间隙中的介质充分消除电离状态，恢复放电通道的绝缘性，避免在同一部位发生连续放电而导致电弧发生（一般脉冲间隔是脉冲宽度的 1～4 倍）。而要保证电极丝在火花放电时不会被烧断，除了变换放电部位外，就是要向放电间隙中注入充足的工作液，使电极丝得到充分冷却。由于快速移动的电极丝（丝速在 5 m/s～12 m/s 范围内）能将工作液不断带入、带出放电间隙，既能将放电部位不断变换，又能将放电产生的热量及电蚀产物带走，从而使加工稳定性和加工速度得到大幅度的提高。

### 6.2.2 数控线切割机床的种类与型号标注

根据电极丝的运行速度，电火花线切割机床通常分为两大类。一类是快走丝电火花线切割机床（WEDM－HS），这类机床的电极丝做高速往复运动，一般走丝速度为 (8～12) m/s。这是我国生产和使用的主要机种，也是我国独有的电火花线切割加工模式；快速走丝加工工艺问世后，我国的电火花线切割加工无论是线切割机床的产量还是应用范围都发生了一个飞跃。另一类是慢走丝电火花线切割机床（WEDIVI－LS）。这类机床的电极丝做低速单向运动，一般走丝速度低于 0.25 m/s，这是国外生产和使用的主要机种。

表 6-1 快走丝与慢走丝数控线切割机床的比较

| 项目 | 快走丝数控线切割机床 | 慢走丝数控线切割机床 |
| --- | --- | --- |
| 走丝速度（m/s） | 常用值 8～12 | 常用值 0.001～0.25 |
| 电极丝工作状态 | 往复供丝，反复使用 | 单向运行，一次性使用 |
| 电极丝材料 | 钼、钼钨合金 | 黄铜、铜、以铜为主的合金或镀覆材料、钼丝 |
| 电极丝直径（mm） | 常用 0.18 | 0.02～0.38，常用值 0.1～0.25 |
| 穿丝换丝方式 | 只能手工 | 可以全自动 |
| 工作电极丝长度（m） | 200 左右 | 数千 |
| 电极丝震动 | 较大 | 较小 |
| 运丝系统结构 | 简单 | 复杂 |
| 脉冲电源 | 开路电压（80～100）V，电流（1～5）A | 开路电压 300 V 左右，电流（1～32）A |
| 单面放电间隙（mm） | 0.01～0.03 | 0.003～0.12 |
| 工作液 | 线切割乳化液或水基工作液 | 去离子水，电火花专用油 |
| 导丝机构形式 | 普通导轮，寿命短 | 蓝宝石或者钻石导向器，寿命长 |

续表

| 机床价格 | 较便宜 | 较昂贵 |
| --- | --- | --- |
| 最大切割速度（mm²/min） | 200 | 400 |
| 加工精度（mm） | 0.005~0.02 | 0.002~0.01 |
| 表面粗糙度 $Ra$（μm） | 1.6~3.2 | 0.1~1.6 |
| 重复定位精（mm） | 0.02 | 0.002 |
| 电极丝损耗 | 均布于参与工作的电极丝全长 | 不计 |
| 工作环保 | 较脏，有污染 | 干净，无害 |
| 操作情况 | 单一/机械 | 灵活/智能 |
| 驱动电动机 | 步进电机 | 直线电机 |

电火花线切割机床型号按照 GB/T 15375—1997《金属切削机床型号编制方法》来编写，机床型号由汉语拼音字母和阿拉伯数字组成，它表示机床的类别、特性和基本参数。例如，数控电火花线切割机床型号 DK7732 的含义如下：

D——为机床的分类代号，表示以"电"为主的特种加工机床；

K——为机床的特性代号，表示"数控"机床；

7——第一个"7"为机床的组别代号，表示电火花加工机床；

7——第二个"7"为机床的系别代号，表示线切割机床；

32——为机床的第一特征参数或主参数，除以主参数的折算系数 1/10，表示机床工作台的横向行程为 320 mm。

### 6.2.3　线切割加工的特点

与电火花成形加工、一般加工方法相比，电火花线切割加工有如下特点。

（1）由于工具电极是直径较小的细丝，用户不需要制造电极，节约了电极制造时间和电极材料，减低了加工成本；靠数控技术实现复杂的切割轨迹，缩短了生产准备时间，加工周期短。

（2）脉冲电源的加工电流较小，脉冲宽度较窄，属中、精加工范畴。由于电极丝是不断移动的，所以电极丝的磨损很小，目前电火花加工精度已经能达到微米级，表面粗糙度可达 $Ra$0.05 μm，完全可以满足一般精密零件的加工要求。

（3）采用乳化液或水基工作液，不会引燃起火，容易实现安全无人运转。

（4）线切割电极丝比较细，切缝很窄，可以加工微细异形孔、窄缝和复杂形状的工件，能加工出窄缝、锐角（小圆角半径）等细微结构。且只对工件材料进行"套料"加工，实际金属去除量很少，材料的利用率很高。

（5）因工具电极是运动的长金属丝，故可加工很小的窄缝或人工缺陷。当切割的周长不大时，单位长度的电极丝损耗很小，对加工精度的影响也很小。而慢走丝线切割由于电极丝只是一次性使用，所以电极丝的消耗对加工精度无影响。但是，电极丝自身的尺寸精度对快、慢走丝线切割机床的加工精度均有直接的影响。

(6) 加工对象不受硬度的限制，可用于一般切削方法难以加工或者无法加工的金属材料和半导体材料，特别适合淬火工具钢、硬质合金等高硬度材料的加工；但无法加工非金属导电材料。

(7) 工件材料被蚀除的量很少，这不仅有助于提高加工速度，而且加工下来的材料还可以再利用。

(8) 便于实现自动化。采用数控技术，只要编好程序，就能自动加工，操作方便、加工周期短，成本低，较安全。

### 6.2.4 数控电火花线切割的应用

（1）模具制造；
（2）电火花成形加工用的电极；
（3）新产品试制及难加工用的电极；
（4）加工零件；
（5）稀有、贵重、超硬金属材料的加工。

## 任务6.3 数控电火花线切割工艺参数

数控电火花线切割加工，一般是作为工件尤其是模具加工中的最后工序。要达到加工零件的精度及表面粗糙度要求，应合理控制线切割加工时的各种工艺参数，如电参数、切割速度等指标。

**1. 数控线切割加工的主要工艺指标**

（1）线切割速度

在保持一定的表面粗糙度的切割过程中，单位时间内电极丝中心线在工件表面上切过的面积总和为切割速度，单位为 $mm^2/min$，与加工时的电流大小有关。一般慢走丝的切割速度为（40～180）$mm^2/min$，块走丝的切割速度为 350 $mm^2/min$。

（2）表面粗糙度

电极丝在放电过程中不断移动，难免会产生振动，对加工表面产生不利的影响，而放电产生的瞬间高温使工件表层材料熔化、气化，在爆炸力作用下被抛出，但有些材料在工作液的冷却下又重新凝固，而且，在放电过程中也会有少量电极丝材料溅入工件表层，所以在工件表层会产生变质层。

电火花线切割的加工表面从宏观上看是带有切割条纹的高速走丝的条纹一般较低速走丝的条纹明显，使用乳化油的水溶液还容易形成黑白相间的条纹。从微观来看，加工表面由许多放电痕重叠而成。因为在加工中每次脉冲放电都在工件表面形成一个放电痕，连续放电使放电痕相互重叠就形成了无明显切痕的表面。

（3）加工精度

工件的加工精度指加工尺寸精度、形状及位置精度等（如平面度、直线度、圆度、垂直度）。国产快速走丝线切割的加工精度范围大约为±（0.005～0.01）mm，而慢走丝线切割的加工精度可达到±（0.002~0.005）mm。

(4) 电阻丝损耗量

对快走丝线切割用电极丝切割 10 000 $mm^2$ 后电极丝直径的减少量来评价。一般每切割 10 000 $mm^2$ 后，钼丝直径减少不应该大于 0.01 mm。

### 2. 电参数影响切割加工工艺指标的主要因素

(1) 脉冲宽度 $t_i$ 与脉冲间隔 $t_0$。

脉冲宽度的大小决定每个放电坑穴体积的大小。当要求工件表面粗糙度低、变质层薄时，必须选用窄脉冲加工，一般脉冲宽度 $t_i$ =（2~60）μs，做精加工时，脉冲宽度取值一般小于 20 μs。

因为脉冲频率高，放电坑穴重叠机会加大，有利于降低表面粗糙度。通常脉冲间隔均大于脉冲宽度，一般取 $t_0$ =（4~8）$t_i$。当间隙电压较高或走丝速度较高、电极丝直径较大时，由于排屑条件良好，可以适当减小脉冲间隔，提高放电频率，而当工件厚度偏大，排屑条件不佳时，则应适当加大脉冲间隔。

(2) 开路电压 $U_i$

该值会引起放电峰值电流电加工间隙的改变。$U_i$ 的提高，加工间隙增大，排屑容易，提高了切割速度和加工稳定性，但易造成电极丝振动，通常 $U_i$ 提高还会使电极丝的损耗加大，一般 $U_i$ =（60~150）V。

(3) 放电峰值电流 $I_e$

$I_e$ 是决定脉冲能量的主要因素之一。$I_e$ 增大时，切割速度提高，表面粗糙度变差，电极丝损耗比加大甚至断丝。一般 $I_e$ 小于 40 A，平均电流小于 5 A。

(4) 放电波形

线切割机床常用的两种波形是矩形波脉冲和分组脉冲。矩形波脉冲加工效率高，加工范围广，加工稳定性好，属于快走丝线切割最常用的加工波形。在相同的工艺条件下，分组脉冲常常能获得比较好的加工效果，常用于精加工和薄工件加工。电流波形的前沿上升比较缓慢时，电极丝损耗较小。但如果脉冲宽度很窄时，必须要有较陡的前沿才能进行有效加工。

(5) 极性

实践证明：放电加工时，其正、负极的蚀除量是不同的。在窄脉冲加工时，正极（阳极）的蚀除量高于负极（阴极）的蚀除量，这种现象称为"极性效应"。线切割加工大多是窄脉冲加工，为了提高切割速度，工件一般接脉冲电源的正极。

(6) 进给速度

对切割速度、加工精度和表面质量的影响很大。进给速度应均匀、平稳。预进给速度应紧密跟踪零件的腐蚀速度，以保持加工间隙的恒定。若进给速度调得太快，超过工件的腐蚀速度，会出现短路现象，切削速度反而降低，表面粗糙度下降；反之，进给速度太慢，大大落后于零件的腐蚀速度，有时会出现短路，上下断面会出现焦黄色，影响工艺指标。因此进给速度应该平稳、均匀，使线切割速度和表面质量处于稳定状态。

一般来说，根据工件的要求、电极和工件的材料、加工工艺指标和经济效果等因素来确定电参数，并在加工过程中及时地转换。要求生产率较高时，电规准选较大值；表面粗糙度值要求较高时，电规准选较小值；要求切割速度较高时，脉冲参数要选大一些，但加工电流的增大受到电极丝截面积的限制，过大的电流将引起断丝。加工大厚度工件时，为了改善排屑条件，宜选用较高的脉冲电压、较大的脉宽和峰值电流，以增大放电间隙，帮助排屑和使工作液进入加工区。

### 3. 非电参数影响切割加工工艺指标的主要因素

（1）工件材料对切割速度有较大的影响

材料的熔点、沸点、导热系数越高，放电时腐蚀量就越小。因为导热系数高，热传导快，能量损耗大，导致腐蚀量降低。钨、钼、硬质合金等材料的切割速度比加工钢、铜、铝时低。

工件材料薄，工作液容易进入并充满放电间隙，对排屑有利，加工稳定性好。但是工件太薄，电极丝容易产生抖动，对加工精度和表面粗糙度不利。工件厚，工作液不易进入和充满放电间隙，加工稳定性差，但是电极丝不易抖动，因此精度高，但表面粗糙度值较小。

（2）机床的机械精度

如丝架与工作台的垂直度、工作台拖板移动的直线度及其相互垂直度、夹具的制造精度与定位精度等，对加工精度有直接影响。导轮组件的几何精度与运动精度以及电极丝张力的大小与稳定性对加工区域电极丝的振动幅度和频率有影响，所以对加工精度误差的影响也很大。

为了提高加工精度，应尽量提高机床的机械精度和结构刚度，确保工作台运动平稳、准确、轻快，电极丝的张力尽量恒定且偏大一些。同时，对于固定工件的夹具也应予以重视，除了夹具自身的制作精度外，装夹时也一定要牢固、可靠。

另外控制系统的控制精度对加工精度也有直接影响。控制精度愈高、愈稳定，则加工精度愈高。

（3）走丝系统

走丝系统运行应平稳，以减少对电极丝的扰动，使电极丝在切割过程时，运动轨迹始终保持曲线状态。当电极丝的张力较大且恒定时，有助于降低电极丝的振动，改善加工表面的粗糙度。

（4）工作液

在线切割加工中，工作液对切割速度、表面粗糙度、加工精度等都有很大影响，加工时对必须正确选配。常用的工作液主要有乳化液和去离子水。如慢走丝线切割加工，目前普遍使用去离子水作为工作液，只有在特殊精加工时才采用绝缘性能较高的煤油。为了提高切割速度，在加工时还要加进有利于提高切割速度的导电液，以增加工作液的电阻率。加工淬火钢，使电阻率在 $2 \times 10^4 \Omega \cdot cm$ 左右；加工硬质合金电阻率在 $30 \times 10^4 \Omega \cdot cm$ 左右。快走丝线切割机床使用的工作液是专用乳化液，乳化液是由乳化油和工作介质配制（浓度为 5%~10%）而成的。工作介质可用自来水，也可用蒸馏水、高纯水和磁化水。目前供应的乳化液有好多种，各有其特点。有的适用于精加工，有的适用于大厚度切割，也有的是在原来工作液中添加某些化学成分提高其切割速度或增加防锈能力等。

工作液一般具有如下特点。

①具有一定的绝缘性能。火花放电必须在具有一定绝缘性能的液体介质中进行。工作液的绝缘性能可使击穿后的放电通道压缩，局限在较小的通道半径内火花放电，形成瞬时、局部高温熔化、气化金属。放电结束后又迅速恢复放电间隙成为绝缘状态。绝缘性能太低，将产生电解而形不成击穿火花放电，绝缘性能太高，则放电间隙小，排屑难，切割速度低。一般电阻率在 $(1 \times 10^4 \sim 10 \times 10^4)$ $\Omega \cdot cm$ 为宜。

②具有较好的洗涤性能。所谓洗涤性能，是指液体有较小的表面张力，对工件有较大的亲和附着力，能渗透进入窄缝中去，此外还有一定的去除油污的能力。洗涤性能好的工作液，切割时排屑效果好，切割速度高，切割后表面光亮清洁，割缝中没有油污。洗涤性能不好的则相反，有时切割下来的料芯被油污糊状物粘住，不易取下来，切割表面也不易清洗干净。

③具有较好的冷却性能。在放电过程中，尤其是大电流加工时，放电点局部瞬时温度极高。为防止电极丝烧断和工件表面局部退火，必须充分冷却。为此，工作液应有较好的吸热、传热和散热性能。

④对环境无污染，对人体无危害。在加工中不应产生有害气体，不应对操作人员的皮肤、呼吸道产生刺激，不应锈蚀工件、夹具和机床。

此外，工作液还应具有配制方便、使用寿命长、乳化充分、冲制后不能油水分离、储存时间较长及不应有沉淀或变质现象等特点。

另外为了提高切割速度，在加工时还要加进有利于提高切割速度的导电液，以增加工作液的电阻率。加工淬火钢，使电阻率在 $2 \times 10^4$ $\Omega \cdot cm$ 左右；加工硬质合金电阻率在 $30 \times 10^4$ $\Omega \cdot cm$ 左右。对要求切割速度快或大厚度工件，配比可淡点，这样加工比较稳定，且不易断丝。对于工作液用蒸馏水配制时，加工材料 Cr12 工件时，配比淡点，可减轻工件表面的条纹，使工件表面均匀。

## 任务 6.4　数控电火花线切割工艺

数控电火花线切割工艺是使用线切割机床，按工件图纸要求，将毛坯按一定工艺技术与方法加工成符合设计要求的工件。在设备一定的情况下，合理地选择工艺方法和工艺路线，是确保工件达到设计要求的重要环节之一。一般线切割是作为零件加工的最后一道工序，使零件达到图纸规定的尺寸、形位精度和表面质量。

线切割加工的工艺过程有其独自的特点。一般线切割模具零件的工艺过程如图 6-3 所示。这种工艺路线的特点是：整个坯料经过机械粗加工、淬火与回火后，材料内部的残余应力显著增加，材料表层、中间区域和心部会有不同的应力场分布，呈现出相对平衡的状态。当材料切断加工时，随着电极丝的移动，残余应力的能量转变为塑性功，使材料发生变后的图形与电极丝移动轨迹不一致的现象，甚至产生断裂。所以，线切割加工对工件毛坯锻造以及热处理工艺要求很高，应采取一切措施减少材料变形对加工精度的影响。

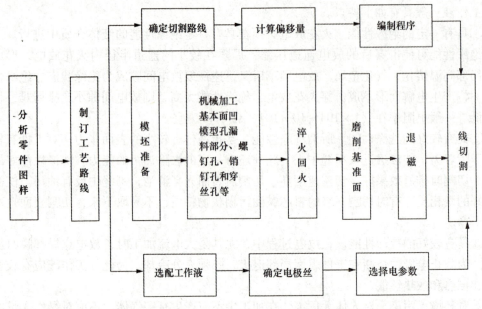

图 6-3 线切割工艺过程

### 6.4.1 图纸分析

不适合或不能使用电火花线切割加工的工件，有如下几种形式：①如表面粗糙度及尺寸精度要求过高，切割后无法进行手工研磨的工件；②窄缝小于电极丝直径加放电间隙的工件，或图形内拐角处不允许带有电极丝半径加放电间隙所形成的圆角的工件；③加工长度超过 $X$，$Y$ 拖板行程长度，或是工件厚度超过丝架开档的工件；④工件材料导电性极差甚至绝缘的，均不适合采用线切割加工工艺。

对于线切割加工的工件，应明确加工的关键部位及关键尺寸，供选择切割参数及确定切割路线时参考。

（1）工件的拐角、夹角、窄缝的尺寸要求应符合线切割加工的特点。例如，工件拐角（或凹角）尺寸必须大于或等于电极丝半径与放电间隙之和，也就是说，切割凹角时，得到的是一个过渡的圆弧。

（2）切割窄缝的宽度 $\geq d + 2e$，式中 $d$ 为电极丝直径，$e$ 为单边放电间隙，如图 6-4 所示。

（3）当进行凹、凸模具成套加工时，应注意电极丝的运动轨迹与图形轮廓是不同的。切凹模时，电极丝的运动轨迹处在图纸要求轮廓的内部，而切割凸模时，电极丝的运动轨迹处在图形轮廓的外部。加工外轮廓向外偏移，加工内轮廓向内偏移。偏移量等于电极丝的半径与单边放电间隙之和，如图 6-5 所示。

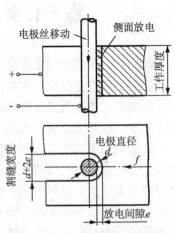

图 6-4 切割窄缝的宽度示意图

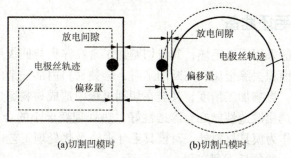

图 6-5 轨迹与轮廓的区别

放电间隙：因为脉冲电源的功率不一样，同时切割时所选择的电参数和切割速度是随具体情况变化的，所以不同的工况单边放电间隙是不同的。即使电源参数不变，切割速度不变，由于材料不同，切割的厚度不同，单边放电间隙也会不同。材料厚，单边放电间隙小，材料薄，单边放电间隙大。如果电源参数不变，材料与材料厚度不变，切割速度不同，单边放电间隙也会不同。切割速度快，单边放电间隙小，切割速度慢，单边放电间隙大。甚至冷却液不同，单边放电间隙也会不同。所以在线切割加工时，不能说间隙一定是 0.01 mm，可能大于 0.01 mm，也可能小于 0.01 mm，一般大于 0.01 mm 的可能性较大。因此我们在加工高精度模具时，一定要在与工件同等的条件下测试一下单边放电间隙。

### 6.4.2　设备准备与调整

（1）设备的检查与调整

加工设备正常与否，直接影响着线切割加工的工艺指标和切割质量，因此必须经常对机床进行检查、维护与保养，尤其是在加工精度要求较高的重要工件之前，必须对设备进行认真的检查与调整。检验所用量具的精度等级一定要高于被检验项目精度等级一级以上。

导轮的径向跳动及V形槽的形状、工作台纵横向拖板丝杠副的间隙、电极丝保持器（或限幅器）等关键环节，应当经常进行检查与调整，发现问题及时排除。特别是导轮的质量与运动状况对加工质量有直接影响。其故障大致有如下几种情况。

①导轮轴承磨损，导致导轮径向跳动及轴向窜动超差（通常要求不超过 0.005 mm），噪声加大。

②因导轮轴承润滑不足或有污物侵入，快速运动的电极丝与导轮V形定位面可能发生相对滑动，导致导轮V形面异常磨损；导轮的径向跳动及电极丝运动时的振动会造成两者接触不良而产生火花放电，使V形定位面烧损，从而使电极丝抖动加剧。有时，因导轮V形槽磨损成深沟状而易将电极丝夹断。

③导轮轴安装时与工作台 Y 轴轴线不平行，运行时会产生振摆，且导致导轮过早损坏。为此，除经常检查与调整外，还应注意及时清洗和去除导轮槽内的污物，延长导轮的使用寿命。

（2）保持器（或限幅器）的检查与维护

由于电极丝表面有众多放电凹坑，在高速移动时会使与其接触的保持器（或限幅器）磨出沟槽，从而容易卡丝，因此应经常调整保持器（或限幅器）的工作面位置。

### 6.4.3 工件毛坯准备

模具工作零件一般采用锻造毛坯，其线切割加工常在淬火与回火后进行。由于受材料淬透性的影响，当大面积去除金属和切断加工时，会使材料内部残余应力的相对平衡状态遭到破坏而产生变形，影响加工精度，甚至在切割过程中造成材料突然开裂。为减少这种影响，除在设计时应选用锻造性能好、淬透性好、热处理变形小的合金工具钢（如 Cr12、Cr12MoV、CrWMn）作为模具材料外，对模具毛坯锻造及热处理工艺也应正确进行。

工件毛坯的准备一般包括下列步骤。

**1. 预孔加工，即穿丝孔的加工**

为了减少由残余应力引起的材料变形，不论什么性质的工件（凸模或凹模），都应在毛坯的适当位置进行预孔加工，穿丝孔应靠近夹持部分。

**2. 热处理**

为了减少在线切割加工过程中的材料变形，最大限度地减少锻造、热处理时产生的组织缺陷和残余应力。在热处理前，可进行预加工处理，去掉多余的加工余量。一般根据外形和材料的不同，预留（3~5）mm 的余量。热处理后，应彻底清除穿丝孔内杂物及氧化皮等不导电物质，确保切割的顺利进行。

**3. 基准面**

切割时，工件大都需要有基准面。基准面必须精磨。

当切割图形对位置精度要求较高时，除有基准面外，最好在工件中心设置一个直径（2~6）mm，有效深度（3~5）mm 的基准孔，如图 6-6 所示。

基准孔的直径绝对尺寸精度没有严格的要求，但需要考虑其圆度以及定位尺寸精度。因此，必须利用坐标磨床进行精加工。若由于某种原因不能设置中心基准孔时，可以利用坐标磨床精加工原有其他孔。

在圆形坯料上，加工的形状如果有指定方向，且对其加工形状的位置有精度要求时，应在毛坯的外周围设置 1~2 个直线基准面及定位用的基准孔，如图 6-7 所示。

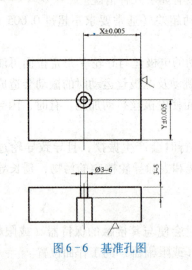

图 6-6 基准孔图

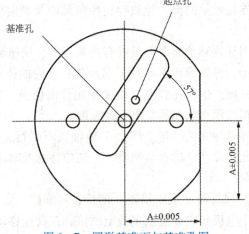

图 6-7 圆形基准面与基准孔图

### 6.4.4 加工路线与程序编制

（1）确定坯料热处理状态、材质、电极丝直径、模具配合间隙、放电间隙（由工件材质及电参数确定）、过渡圆半径等已知条件。

（2）计算和编写加工程序。编程时，要根据坯料情况、工件轮廓形状及找正方式，选择合理的装夹位置、起割点以及加工路径。

由于被加工工件切入、切出点重合部位很容易出现电极丝接痕，所以在编制程序时应采取正确的方法减少切割接痕，同时也要选取合适的切入、切出点位置以方便后期处理。工件的切入点应该尽量选择钳工容易修复的突出点位置，方便钳工后期去除接痕、抛光处理。对于冲头类零件，应该尽量把接痕放在平面上，以方便坐标磨削去除接痕。

起割点应选择在图形拐角处，或容易将尖锐部分修去的地方。同时在切割凸模时，为防止工件坯料变形，尽量在坯料内部打穿丝孔，如图6-8所示。而对于对称加工、多次穿丝的工件，穿丝孔位置应以图6-9（b）方案为好。

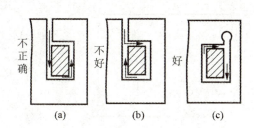

图6-8 切凸模时加工穿丝孔的比较　　　图6-9 切内形时穿丝孔位置

（3）根据型腔特点及工件材料热处理状态，选择好切割路线，如图6-10所示。也就是说，应仔细分析工件加工时可能产生的变形及其方向，确定合适的切割路线。一般应将图形最后切割部位尽量靠近装夹部位。

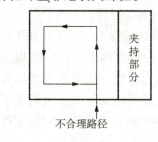 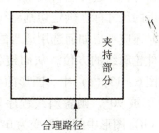

图6-10 加工路线

工件的切入点应该尽量选择距离电极穿丝点比较近的位置，尽量缩短切入线距离，切入线长度一般选（3～5）mm，以便节省加工时间。切入点的选取还与工件的装夹有关，为防止工件变形引起误差，切入点应尽量靠近工件的装夹位置，在切割路径选择过程中先切割加工余量小的位置，最后切割工件的装夹位置。

在加工中，工件内部应力的释放会引起工件的变形，所以在选择加工路线时，还必须注意以下问题。

①尽量避免从工件端面开始加工，应从预孔开始，加工路线距离端面（侧面）应大于

5 mm，如图 6-11 所示。

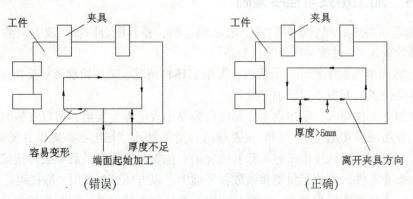

图 6-11　加工路线选择

②要在一块毛坯上切出两个以上零件时，不应一次切割出来，而应从不同预孔开始加工，如图 6-12 所示。

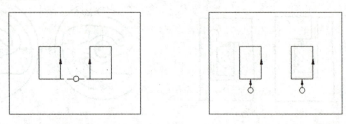

图 6-12　两个以上零件的加工路线

在整块毛坯上切割工件时，坯料的边角处变形较大（尤其是淬火钢和硬质合金），因此确定切割位置时，应避开坯料边角，或使型腔距各边角位置大致相同。若变形问题不突出，则可按图纸的尺寸标注确定切割路线为顺时针或逆时针。

另外编程时还应考虑如何选用适当的定位以简化编程工作。工件在工作台上的位置不同，会影响工件轮廓线的方位，从而使各点坐标的计算结果不同，其加工程序也随之改变。例如，在图 6-13（a）中，图形的各线段均为斜线，计算各点坐标较麻烦。若使工件的 α 角变为 0°或 90°，则各斜线程序均变为直线程序，从而大大简化了编程工作。同样，图 6-13（b）图形中的 α 角变为 0°、90°或 45°时，也会简化编程工作，而 α 为其他角度时，编程就变得复杂。

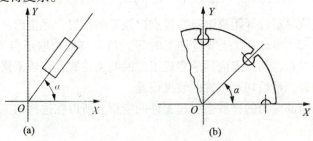

图 6-13　工件定位的合理选择

### 6.4.5　工件装夹与找正

工件装夹得正确与否，除影响工件的加工精度外，有时还影响加工的顺利进行。工件必须留有足够的夹持余量，比较大的工件还得有两个支撑面，并且不能悬臂。

（1）工件的装夹基准面应清洁、无毛刺。由于线切割加工多为工件的最后一道工序，因此工件外形大多具有规则的外形，可选一个适当的面作为工件的工艺基准面。对基准面应当仔细清除其表面的毛刺及污物等，以免影响定位精度。

（2）当工件型腔与外形位置精度要求较高时，应选定一基准边（或基准孔）供找正时使用。

（3）装夹工件时，必须保证工件的切割部位位于机床工作台纵向、横向进给的允许范围之内，避免超出极限，同时装夹位置有利于工件的找正，也要考虑切割时电极丝运动空间。夹具应尽可能选择通用（或标准）件，所选夹具应便于装夹，便于协调工件和机床的尺寸关系。在加工大型模具时，要特别注意工件的定位方式，尤其在加工快结束时，工件的变形、重力的作用会使电极丝被夹紧，影响加工。

（4）装夹工件时的作用力要均匀，不得使工件变形或者翘曲。批量加工时最好使用专用夹具，以提高效率。

找正工件后，应根据工件图纸的技术要求，如材质、热处理状态及精度要求等，选择合适的加工参数。

### 6.4.6　切割加工

为了确保最终的加工能达到图纸要求，在正式加工工件前，应使用所编制的加工程序进行样板试切。这样，既可检验程序的正确性，又可对脉冲电源的电参数及进给速度进行适当的调整，保证加工的稳定性。

完成这些准备工作后，就可以正式加工模具了。通常先加工固定板、卸料板，然后加工凸模，最后加工凹模。凹模加工完毕，不要急于松开压板取下工件，而应先取出凹模中的废料芯，清洗一下加工表面，将加工好的凸模试放入凹模中，检验配合间隙是否符合要求。若配合间隙过小，可再加工一次，修大一些；若凹模有差错，可按加工坐标程序对有差错的地方进行必要的修补（如切去差错处，补镶一块材料，再进行补充加工）。

在切割加工中的注意事项如下。

（1）数控切割时，凡是未经严格审核而又比较复杂的程序，以及穿孔后没有校对的纸带均不宜直接用来加工模具零件，而应先进行空机运转或用薄钢板试切。经确认无误后，方可正式加工。

（2）进给速度应根据工件厚度、材质等方面的要求在加工前调整好，也可以在切割工艺线上进行调整。从加工正式开始一直到加工结束，均不宜变动进给控制旋钮。

（3）切割过程中遇到以下问题应及时处理：

①如发现工作液循环系统出现堵塞，应及时疏通，特别是要防止工作液浸入机床内部造成短路，导致烧毁电器元件；

②电蚀产物在导轮上积聚过多，会导致与丝架之间形成一条通路，造成丝架带电，这

样既不安全，又影响切割效率；

（4）为确保高精度要求的模具零件顺利进行加工，一般在每段程序切割完后，检查纵、横拖板的手轮刻度值是否与指令规定的坐标相符。如发现差错，应及时处理，避免加工零件报废。

（5）不要轻易中途停机，以免加工后工件出现中断痕迹。

### 6.4.7 加工过程中的特殊处理

#### 1. 短时间临时停机

当某一程序尚未切割完毕需要暂时停机片刻时，应先关闭控制台的高频、变频及进给按钮，然后关闭脉冲电源的高压、工作液泵和走丝电机，其他的可不必关闭（只要不关闭控制台电源，控制机就能保存停机时剩下的程序）。重新开机时，应按下述次序操作：先开走丝电机、工作液泵、高频电源，再合变频开关、高频开关，即可继续加工。

#### 2. 断丝处理

（1）应立即关闭脉冲电源的变频，再关闭工作液泵及走丝电机，把变频粗调置于"手动"一边，打开变频开关，让机床工作台继续按原程序走完，最后回到起点位置重新穿丝加工。若工件较薄，可就地穿丝，继续切割。

（2）若加工快结束时断丝，可考虑从末尾进行切割，但要重新编制一部分程序。当加工到二次切割的相交处时，出现断丝要及时关闭脉冲电源和机床，以免损坏已加工的表面。

若断丝不能再用，需更换新丝时，应测量断丝的直径，若新丝直径与断丝相差较大，应重新编制程序，以保证加工精度。

#### 3. 控制机出错或突然停电

它们一般出现在待加工模具零件的废料部位且模具零件的精度要求又不太高的情况下，应待排除故障后，将钼丝退出，拖板移到起始位置，重新加工即可。

#### 4. 短路的排除

应立即关掉变频，待其自行消除短路；如此法不能奏效，再关掉高频电流，用酒精、汽油、丙酮等溶剂冲洗短路部分；如仍不能消除短路，应把丝抽出，退回起始点，重新加工。

目前在应用微机进行控制时，断丝、短路都会自行处理，在断电情况下也能保持记忆。

### 6.4.8 清洗与检验

（1）检验模具各部分尺寸精度及配合间隙。例如，对落料模来说，凹模尺寸应与图纸的基本尺寸一致，凸模尺寸应为图纸基本尺寸减去冲模间隙。而对于冲孔模来说，凸模尺寸与图纸基本尺寸相同，而凹模尺寸则为图纸基本尺寸加上冲模间隙。此外，固定板与凸模为静配合，卸料板大于或等于凹模尺寸。对于级进模来说，主要是检验步距精度。

检验工具可根据模具精度要求的高低，分别选用三坐标测量机、万能工具显微镜或投影仪、内外径千分尺、块规、塞尺、游标卡尺等。通常检验工具的精度要高于待检工件精度一级以上。模具配合间隙的均匀性大多采用透光法进行目测。

（2）可采用平板及刀口角尺等检验垂直度。

（3）加工表面粗糙度，在生产现场大多使用"表面粗糙度等级比较样板"进行目测，而在实验室中则采用轮廓仪检验。

### 6.4.9　后续处理

线切割加工完成后，由于被加工模具的表面粗糙度不理想，以及电火花加工表面产生与基体成分和性能完全不同的变质层，影响模具质量和寿命，线切割加工后还要进行后续处理（精修和抛光）。

目前，后续处理常采用手工精修和抛光（锉刀、砂纸、油石等），这些方法劳动强度大、效率低，影响模具制造周期。下面介绍几种较先进的后续处理的方法。

#### 1. 机械抛光

机械抛光分为电动（或气动）工具和抛光专用机床两种。电（气）动工具又分为回转式、往复式两种，回转式电动工具如原西德的软轴磨头，往复式电动工具实际上就是电动锉刀。为了提高效率，还使用专门为抛光模具而设计制造的抛光专用机床。

#### 2. 挤压珩磨抛光

挤压珩磨抛光又称磨料流动加工。它是利用半流动状态的磨料在一定压力下强迫通过被加工表面，经磨料颗粒的磨削作用而去除工件表面变质层材料。磨料流体介质一般由基体介质、添加剂、磨料三种成分混合而成，而基体介质属于一种黏弹性高分子化合物，起黏结作用。磨料使用氧化铝、碳化硼、碳化硅、金刚石粉等，视工件材料选用。抛光铝框架挤压模可由 $Ra1.6 \sim Ra3.2 \ \mu m$ 抛光到 $Ra0.4 \ \mu m$。原手工抛光需 4 h，改用挤压珩磨只需 15 min 左右。硬质合金模由 $Ra0.8 \ \mu m$ 抛光到 $Ra0.1 \ \mu m$，只需 10 min 左右。

#### 3. 超声波抛光

超声波抛光是利用换能器将超声波电能转换为机械振动，使抛光工具发生超声波谐振，在工件与工具之间有适量的研磨液对工件进行剥蚀，实现超声波抛光。抛光可达到 $Ra0.1 \ \mu m$。

#### 4. 化学抛光

化学抛光是利用化学腐蚀剂对金属表面进行腐蚀加工，以改善表面粗糙度。这种抛光技术不需要专用设备，节约电能，使用方便。对形状复杂的型腔模具（包括薄壁窄槽模具）也可进行抛光，并能保证几何精度。腐蚀剂以盐酸为主，加入各种添加剂。抛光可达 $Ra0.1 \ \mu m$。

### 6.4.10　常用夹具与工装

#### 1. 常用夹具名称、规格和用途

（1）压板夹具。此夹具主要用于固定平板式工件，当工件尺寸较大时，应成对使用，

如图6-14所示。当成对使用时，夹具基准面的高度要一致。否则，因毛坯倾斜，使切割出的工件型腔与工件端面倾斜而无法正常使用。如果在夹具基准面上加工一个V形槽，则可用来夹持轴类圆形工件，如图6-14所示。

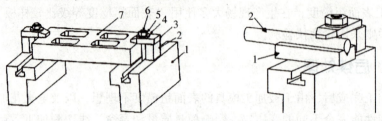

1—工作台；2—垫块；3—压板；4—垫片；5—螺冒；6—螺栓；7—模板

图6-14　压板类夹具

（2）分度夹具。此夹具主要用于加工电机定子、转子等多型孔的旋转形工件，可保证较高的分度精度，如图6-15所示。近年来，因为大多数线切割机床具有对称、旋转等功能，所以此类分度夹具已使用较少。

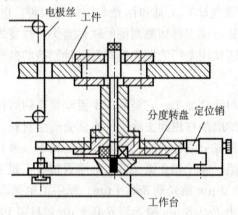

图6-15　分度夹具结构示意图

（3）磁性夹具。对于一些微小或极薄的片状工件，采用磁力工作台或磁性表座吸牢工件进行加工。磁性夹具的工作原理如图6-16所示。当将磁铁旋转90°时，磁靴分别与S、N极接触，可将工件吸牢，如图6-16（b）所示；再将永久磁铁旋转90°，则磁铁松开工件，如图6-16（a）所示。

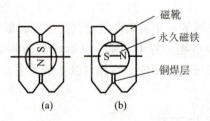

图6-16　磁性夹具工作原理

使用磁性夹具时，要注意保护夹具的基准面，取下工件时，尽量不要在基准面上平拖，以防拉毛基准面，影响夹具的使用寿命。具体应用如图6-17所示。

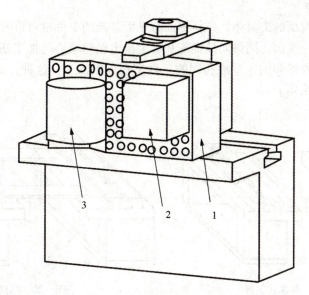

图 6-17 磁性夹具的应用

### 2. 工件装夹的一般要求

（1）工件的基准面应清洁，无毛刺、污物及氧化皮等。

（2）夹具自身要制作精确，且夹具与工作台面要固定牢靠，不得松动或歪斜。

（3）工件装夹后，既要有利于定位、找正，又要确保在加工范围内不得与丝架臂发生干涉，否则无法加工出合格的工件。

（4）夹紧力要均匀，不得使工件局部受力过大而发生变形。

（5）同一类工件批量切割时，最好制作便捷的专用夹具，以提高加工效率。

（6）对细小、精密、薄壁的工件，应先固定在不易变形的辅助夹具上，再安装固定到机床上，以保证加工的顺利进行。

### 3. 常见的装夹方式

（1）悬臂式支撑。如图 6-18 所示是悬臂方式装夹工件，这种方式装夹方便，通用性强。但由于工件一端处于悬臂状态，易出现切割表面与工件上、下平面间的垂直度误差。所以对工件尺寸及重量有较大限制，仅用于加工要求不高或悬臂较短的情况。装夹简单方便，通用性强。但由于工件平面难与工作平台找平，工件悬伸端易受力挠曲，易出现切割出的侧面与工件上、下平面间的垂直度误差。通常只在工件加工要求低或悬臂部分短的情况下使用。

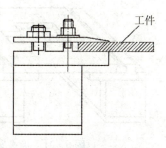

图 6-18 悬臂式支撑

（2）两端式支撑。如图 6-19 所示，工件两端固定在两相对工作台面上，装夹简单方便，支撑稳定，定位精度高。但要求工件长度大于两工作台面的距离，不适合装夹小型工件，且工件刚性要好，中间悬空部不会产生挠曲。

（3）桥式支撑。这种方式是在通用夹具上放置垫铁后再装夹工件，如图 6-20 所示，用两条垫铁架在两端支撑夹具体上，跨度宽窄可根据工件大小随意调节。特别是对于带有相互垂直的定位基准面的夹具体,这样侧面有平面基准的工件就可以省去找正工序,若找正与加工基准是同一平面,则可间接推算和确定出电极丝中心与加工基准的坐标位置。这种装夹方式有利于外形和加工基准相同的工件实现成批加工。这种方式装夹方便,对大、中、小型工件都能采用。

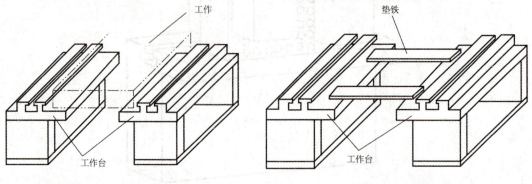

图 6-19　两端式支撑　　　　　　　图 6-20　桥式支撑

（4）板式支撑。如图 6-21 所示,这种装夹方式是根据常用的工件形状和尺寸,采用有通孔的支撑板装夹工件,并在板上配备有 $X$ 和 $Y$ 向定位基准。根据常规工件的形状和尺寸大小,制成带各种矩形或圆形孔的平板作为辅助工作台,将工件安装在支撑板上。这种方式装夹精度高,适用于批量生产各种小型和异型工件。但无论切割型孔还是外形都需要穿丝,通用性也较差,只适宜在常规生产中使用。

（5）复式支撑。如图 6-22 所示,这种方式是将桥式和板式支撑复合,只不过板式支撑的托板换成了专用夹具。这种夹具可以方便地实现工件的批量加工,又能快速地装夹工件,节约辅助工时,保证成批工件加工的一致性。在工作台面上装夹专用夹具并校正好位置,再将工件装夹于其中。对于批量加工可大大缩短装夹和校正时间,提高效率。

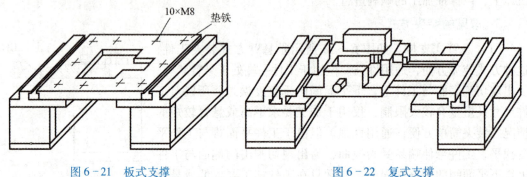

图 6-21　板式支撑　　　　　　　图 6-22　复式支撑

（6）专用特殊夹具。

①当工件夹持部分尺寸太少,几乎没有夹持余量时,可采用如图 6-23 所示的夹具。由于在右侧夹具块下方固定了一块托板,使工件犹如两端支撑（托板上平面与工作台面在一个平面上）,保证加工部位与工件上下表面相垂直。

②用细圆棒状坯料切割微小零件用专用夹具,如图 6-24 所示。圆棒坯料装在正方体夹具内,侧面用内六角螺钉固定,即可进行切割加工。

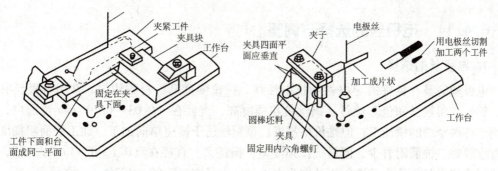

图 6-23　小余量工件的专用夹具　　　图 6-24　圆棒坯料切割专用夹具

③加工多个复杂工件的夹具，如图 6-25 所示。

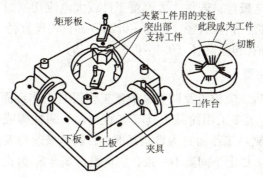

图 6-25　复杂工件的专用夹具

### 4. 工件的位置调整和找正

（1）用百分表找正

用磁力表架将百分表固定在丝架或其他位置上，百分表的测量头与工件基面接触，往复移动工作台，按百分表指示值调整工件的位置，直至百分表指针的偏摆范围达到所要求的数值，如图 6-26 所示。找正应在相互垂直的三个方向上进行。

（2）划线法找正

工件的切割图形与定位基准之间的相互位置精度要求不高时，可采用划线法找正。利用固定在丝架上的划针对准工件上划出的基准线，往复移动工作台，目测划针、基准间的偏离情况，将工件调整到正确位置，如图 6-27 所示。

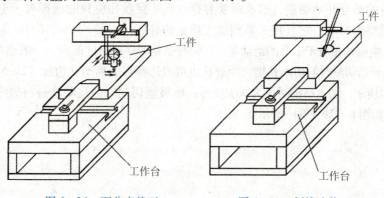

图 6-26　百分表找正　　　　图 6-27　划线法找正

### 6.4.11 电极丝的选择与调整

#### 1. 电极丝的选择

电极丝应具有良好的导电性和抗电蚀性,抗拉强度高、材质均匀。常用电极丝有钼丝、钨丝、黄铜丝和包芯丝等。钨丝抗拉强度高,直径在(0.03~0.1)mm范围内,一般用于各种窄缝的精加工,但是价格昂贵。黄铜丝适于慢速单向加工,加工表面粗糙度和平直度较好,蚀屑附着少,但是抗拉强度差,损耗大,直径在(0.1~0.3)mm之间,所以我国快速走丝机床大都选用钼丝作为电极丝,直径在(0.08~0.2)mm之间。

电极丝直径的选择应根据切缝宽窄、工件厚度和拐角尺寸来选择。若加工带尖角窄缝的小型模具宜选用较细的电极丝;若加工大厚度工件或大电流切割时应选择较粗的电极丝。电极丝的主要类型、规格:钼丝直径(0.08~0.2)mm;钨丝直径(0.03~0.1)mm;铜丝直径(0.1~0.3)mm;包丝直径(0.1~0.3)mm。

#### 2. 电极丝的垂直调整

电极丝缠绕并张紧后,应校正及调整电极丝工作段对工作台面的垂直度($X$,$Y$两个方向)。在生产实践中,大多采用简易工具(如直角尺、圆柱棒或规则的六面体),以工作台面(或放置其上的夹具工作面)为检验基准,目测电极丝与工具表面的间隙上下是否一致,如图6-28所示。如上下间隙不一致,应调整至$S_a = S_b$为止。

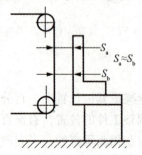

图6-28 电极丝垂直度调整

#### 3. 穿丝孔和电极丝切入位置的选择

当电火花线切割加工的零件是一些中空封闭形工件时,为了保证工件的完成性,只能在被去除材料的部分开始切割,这就需要有穿丝孔。穿丝孔位置的选择对于电火花线切割加工工艺有重要的影响,它直接关系到加工质量的好坏。

穿丝孔是电极丝相对于工件的运动起点,同时也是程序执行的起点,一般选在工件的基准点处。为缩短开始切割时的切入长度,穿丝孔也可以选择在距离型孔边缘(2~5)mm处,如图6-29(a)所示。加工凸模时,为减少变形,电极丝切割时的运动轨迹与边缘的距离应该大于5 mm,如图6-29(b)所示。

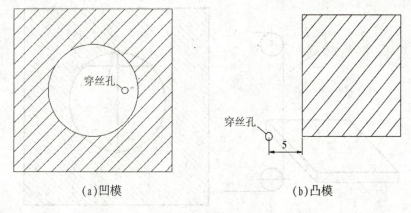

图 6-29 切入位置的选择

### 4. 电极丝位置的调整

线切割加工之前,应将电极丝调整到切割的起始坐标位置上,其调整方法有以下几种。

(1) 目测法。对于加工要求较低的工件,在确定电极丝与工件基准面的相对位置时,可以直接利用目测或借助 2~8 倍的放大镜进行观察。图 6-30 是利用穿丝孔处划出的十字基准线,分别沿划线方向观察电极丝与基准线的相对位置,根据两者的偏离情况移动工作台,当电极丝中心与纵横方向基准重合时,工作台纵横方向上的读数就确定了电极丝中心的位置。

(2) 火花法。如图 6-31 所示,移动工作台使工件的基准面逐渐靠近电极丝,在出现火花的瞬时,记下工作台的相应坐标值,再根据放电间隙推算电极丝中心的坐标。此法简单易行,但往往因电极丝靠近基准面时产生的放电间隙,与正常切割条件下的放电间隙不完全相同而产生误差。

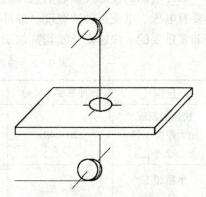

图 6-30 目测法调整电极丝位置工件

(3) 自动找中心。所谓自动找中心,就是让电极丝在工件孔的中心自动定位。此方法是根据电极丝与工件的短路信号来确定电极丝的中心位置的。数控功能较强的线切割机床常用这种方法。如图 6-32 所示,首先让电极丝在 $X$ 轴正方向移动至与孔壁接触,得到当前点 $X$ 坐标为 $X_1$,接着电极丝向 $X$ 轴负方向移动至与孔壁接触,得到前点 $X$ 坐标为 $X_2$,然后电极丝到达两壁距离的中点 $X_0 = (X_1 + X_2)/2$ 处;接着在 $Y$ 轴上重复上述过程,电极丝到达 $Y$ 方向中点 $Y_0 = (Y_1 + Y_2)/2$ 处。经过这样的几次重复操作,就可找到孔的中心位置。当精度达到所要求的允许值之后,就确定了孔的中心。

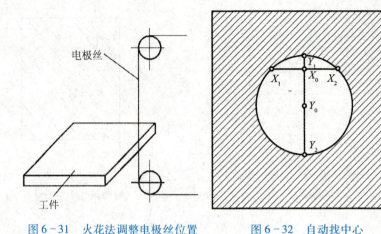

图 6-31　火花法调整电极丝位置　　　图 6-32　自动找中心

### 6.4.12　脉冲参数的选择

脉冲电源的波形及参数的选择对加工工艺的影响是相当大的，如矩形波脉冲电源的参数主要有电压、电流、脉冲宽度、脉冲间隔等。所以根据不同的加工对象选择合理的电参数是非常重要的。快速走丝线切割加工脉冲参数的选择如表 6-2 所示。

表 6-2　快速走丝线切割加工脉冲参数的选择

| 应用 | 脉冲宽度 $t_i$（s） | 电流峰值 $I_e$（A） | 脉冲间隔 $t_0$（s） | 空载电压（V） |
|---|---|---|---|---|
| 快速切割或加大厚度工件 $Ra > 2.5\ \mu m$ | 20～40 | 大于12 | 为实现稳定加工，一般选择 $t_0/t_i = 3 \sim 4$ 以上 | 一般为 70～90 |
| 半精加工 $Ra = 1.25 \sim 2.0\ \mu m$ | 6～20 | 6～12 | | |
| 精加工 $Ra < 1.25\ \mu m$ | 2～6 | 4.8 以下 | | |

## 任务 6.5　数控电火花线切割编程方法

数控电火花线切割的工作过程和数控机床的加工原理一样，操作人员按图纸的尺寸和要求完成加工任务，必须编制工件加工程序，控制线切割机床进行切割。编程是实现线切割加工的前提。数控电火花线切割机床的编程，主要采用以下三种格式编写：3B 指令（个别扩充为 4B 或 5B）格式，多用于快走丝线切割机床；ISO 指令格式（国际标准化组织）或 EIA（美国电子工业协会）格式，多用于慢走丝线切割机床。为了提高生产效率，通常一些简单的工件或单一工序加工，采用手工编程即可快速完成加工任务。

## 6.5.1 3B指令编程

3B指令用于不具有间隙补偿功能和锥度补偿功能的数控线切割机床的程序编制。程序描述的是钼丝中心的运动轨迹,它与钼丝切割轨迹(即所得工件的轮廓线)之间差一个偏移量厂,这一点在轨迹计算时必须特别注意。无间隙补偿的3B指令程序格式如表6-3所示。

表6-3 无间隙补偿的3B指令程序格式

| 符号 | B | X | B | Y | B | J | G | Z |
|---|---|---|---|---|---|---|---|---|
| 意义 | 分隔符号 | X坐标值 | 分隔符号 | Y坐标值 | 分隔符号 | 计数长度 | 计数方向 | 加工指令 |

**1. 符号定义**

(1) 分隔符号(B)

X,Y,J均为数字,用分隔符号(B)将其隔开,以免混淆。当程序往控制器输入时,读入第一个B后它使控制器做好接收X值的准备;读入第二个B后使其做好接收Y值的准备;读入第三个B后使其做好接收J值的准备。

(2) 坐标值(X,Y)

一般规定只输入坐标的绝对值,其单位为$\mu m$。加工圆弧时,程序中的X,Y坐标必须是圆弧起点相对于圆弧圆心的坐标值。加工斜线时,程序中的X,Y坐标必须是该斜线终点相对直线起点的坐标值。斜线程序段中允许将X和Y的值按相同的比例放大或缩小,只要其比值保持不变。对于平行于X轴或Y轴的直线,即当X或Y为零时,X或Y值均可不写,但分隔符号必须保留。

(3) 计数方向(G)的选取

选取X方向进给总长度进行计数,称为计X,用Gx表示;选取Y方向进给总长度进行计数,称为计Y,用Gy表示,如图6-33所示。

加工直线时,必须用进给距离比较长的一个方向作为计数方向,进行进给长度控制。|Ye|>|Xe|时,取Gy;|Xe|>|Ye|时,取Gx;|Xe|=|Ye|时,取Gx或Gy均可。

对于斜线加工,从图6-34中可以看到,OA在X轴上投影为7,在Y轴上投影为5。这就意味着X拖板和Y拖板一共移动12步,其中X拖板移动7步,Y拖板移动5步。若选择Y轴作为移动方向,Y拖板就会在Y方向移动5步。此时系统通过计算,认为加工已经到达终点。事实上,此时仅加工到A'点,而不是A点,造成丢步现象,影响加工精度。若选择X轴作为移动方向,X拖板就会在X方向移动7步。此时系统通过计算,认为加工已经到达终点。事实上,此时也已

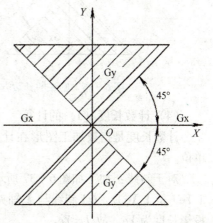

图6-33 斜线的计数方向

经加工到 $A$ 点，不会造成丢步现象，保证了加工精度。

圆弧计数方向的选取，应视圆弧的终点的情况而定，从理论上讲，应该是当加工圆弧达到终点时，走最后一步的是哪个坐标，就应选此坐标作为计数方向。实际加工中，将45°线作为分界线，当圆弧终点坐标为 ($Xe$, $Ye$) 时，若 $|Xe| > |Ye|$ 时，取 Gy；$|Ye| > |Xe|$ 时，取 Gx；$|Xe| = |Ye|$ 时，取 Gx 或 Gy 均可，如图6-35所示。

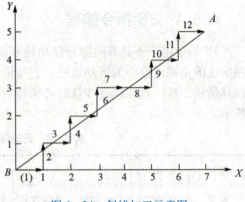

图6-34 斜线加工示意图

从图6-36中可以看到，圆弧 $AB$ 在 $X$ 轴上投影为5，在 $Y$ 轴上投影也为5。这就意味着 $X$ 拖板和 $Y$ 拖板一共移动10步，其中 $X$ 拖板移动5步，$Y$ 拖板移动5步。若选择 $Y$ 轴作为移动方向，$Y$ 拖板就会在 $Y$ 方向移动5步。此时系统通过计算，认为加工已经到达终点。事实上，此时仅加工到 $B'$ 点，而不是 $B$ 点，造成丢步现象，影响加工精度。若选择 $X$ 轴作为移动方向，$X$ 拖板就会在 $X$ 方向移动5步。此时系统通过计算，认为加工已经到达终点。事实上，此时也已经加工到 $B$ 点，不会造成丢步现象，保证了加工精度。

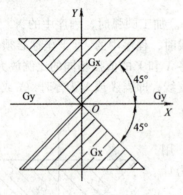

图6-35 圆弧的计数方向

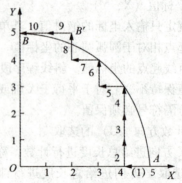

图6-36 圆弧加工示意图

(4) 计数长度（$J$）的计算

计数长度是指被加工图形在计数方向上的投影长度（即绝对值）的总和，以 μm 为单位。

对于斜线：加工如图6-37所示的斜线 $OA$，其终点为 $A$ ($Xe$, $Ye$)，且 $Ye > Xe$，因为 $|Ye| > |Xe|$，$OA$ 斜线与 $X$ 轴夹角大于45°时，计数方向取 Gy，斜线 $OA$ 在 $Y$ 轴上的投影长度为 $Ye$，故 $J = Ye$。

对于跨两象限的圆弧：加工如图6-38所示的圆弧，加工起点 $A$ 在第四象限，终点 $B$ ($Xe$, $Ye$) 在第一象限，因为加工终点靠近 $Y$ 轴，$|Ye| > |Xe|$，计数方向取 Gx；计数长度为各象限中的圆弧段在 $X$ 轴上投影长度的总和，即 $J = J_{X1} + J_{X2}$。

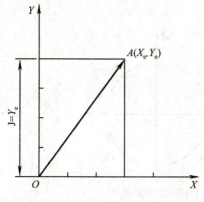
图6-37 斜线的计数长度 J

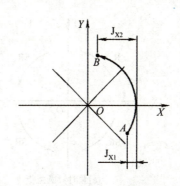
图6-38 跨两象限的圆弧计数长度 J

对于跨多个象限圆弧：加工如图6-39所示圆弧，加工终点 $B(Xe, Ye)$，因加工终点 $B$ 靠近 $X$ 轴，$|Xe| > |Ye|$，故计数方向取 $Gy$，$J$ 为各象限的圆弧段在 $Y$ 轴上投影长度的总和，即 $J = J_{y1} + J_{y2} + J_{y3}$。

（5）加工指令（Z）的选取

位于四个象限中的直线段称为斜线。加工斜线的加工指令分别用 $L1$，$L2$，$L3$，$L4$ 表示，如图6-40（a）所示。与坐标轴相重合的直线，根据进给方向，其加工指令可按如图6-40（b）所示选取。

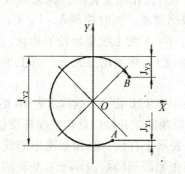
图6-39 跨多个象限的圆弧计数长度 J

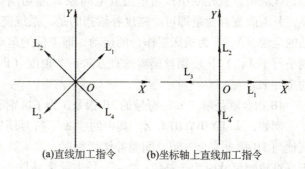
图6-40 直线加工指令的选取

加工圆弧时，若被加工圆弧的加工起点分别在坐标系的四个象限中，并按顺时针方向加工，如图6-41（a）所示，加工指令分别用 $SR_1$，$SR_2$，$SR_3$，$SR_4$ 表示；若按逆时针方向加工时，分别用 $NR_1$，$NR_2$，$NR_3$，$NR_4$ 表示，如图6-41（b）所示。如加工起点刚好在坐标轴上，其指令可选相邻两象限中的任何一个，如图6-41所示。

编程时，应将工件加工图形分解成各圆弧与各直线段，然后逐段编写程序。由于大多数机床通常都只具有直线和圆弧插补运算的功能，因此对于非圆曲线段，应采用数学的方法，将非圆曲线用一段一段的直线或小段圆弧去逼近。

**2. 结束符及跳步模**

当一模具由多个封闭路径组成时，此模具称为跳步模。在系统中规定一个跳步模加工完毕的结束符为 D，从前一跳步模到下一跳步模的引入段完毕后也为 D，整个程序结束符为 DD。

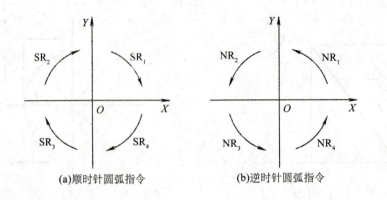

(a) 顺时针圆弧指令　　　　(b) 逆时针圆弧指令

图 6-41　圆弧加工指令的选取

### 6.5.2　4B 指令格式及定义

4B 指令用于具有间隙补偿功能和锥度补偿功能的数控线切割机床的程序编制。所谓间隙补偿，指的是钼丝在切割工件时，钢丝中心运动轨迹能根据要求自动偏离编程轨迹一段距离（即补偿量）。当补偿量设定为偏移量 $f$ 时，编程轨迹即为工件的轮廓线。显然，按工件的轮廓编程要比按钼丝中心运动轨迹编程方便得多，轨迹计算也比较简单。而且，当钼丝磨损，直径变小；当单边放电间隙 $Z$ 随切割条件的变化而变化后，也无须改变程序，只需改变补偿量即可。锥度补偿指的是，系统能根据要求，同时控制 $X$，$Y$，$U$，$V$ 四轴的运动（$X$，$Y$ 为机床工作台的运动，即工件的运动，$U$，$V$ 为上线架导轮的运动，它分别平行于 $X$，$Y$），使钼丝偏离垂直方向一个角度（即锥度），切割出上大下小或上小下大的工件来。

4B 指令就是带"±"符号的 3B 指令，为了区别于一般的 3B 指令，故称之为 4B 指令。例如，± BX BY BJ G Z。其中的"±"符号用以反映间隙补偿信息和锥度补偿信息，其他与 3B 指令完全一致。间隙补偿切割时，"+"号表示正补偿，当相似图形的线段大于基准轮廓尺寸时为正补偿；"-"号表示负补偿，当相似图形的线段小于基准轮廓尺寸时为负补偿。具体而言，对于直线，在 B 之前加"±"符号的目的仅是为了使指令的格式能够一致，无须严格的规定，对于圆弧，规定以凸模为准，正偏时（圆半径增大）加"+"号，负偏时（圆半减小）加"-"号。在进行间隙补偿切割时，线和线之间必须是光滑的连接，若不是光滑的连接，则必须加过渡圆弧使之光滑。

### 6.5.3　锥度加工指令格式及定义

锥度编程采用绝对坐标（单位为 μm），上下平面图形为统一的坐标系，编程时每一直纹面为一段。直纹面是由上平面的直线段或圆弧段与对应的下平面的直线段或圆弧段组成的，母线均为直线的特殊曲面。编程时要求出这些直线或圆弧段的起点和终点，而且上下平面的起点和终点一一对应。

1. 指令格式

(1) X1　Y1　　　　　　　　　//上平面起点坐标
(2) X2 Y2　　　　　　　　　//上平面终点坐标
(3) L（或 C）　　　　　　　//L 为直线，C 为圆弧
(4) X3 Y3　　　　　　　　　//下平面起点坐标
(5) X4 Y4　　　　　　　　　//下平面终点坐标
(6) L（或 C）
(7) A（或 Q）　　　　　　　//A 为段与段之间的分隔符，Q 为程序结束符

【例 6-1】如图 6-42 所示，起割点为 A 点，沿 X 轴的正方向起割。

该凸模的 3B 程序如下：
B40000 B0 B40000 GX L1 ;　　　//直线 $A' \to B'$
B10000 B90000 B90000 GY L1 ;　//直线 $B' \to C'$
B30000 B40000 B60000 GX NR1 ;　//圆弧 $C' \to D'$
B10000 B90000 B90000 GY L4 ;　//直线 $D' \to A'$
D D ;

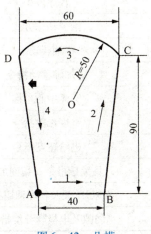

图 6-42　凸模

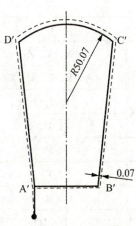

图 6-43　线径补偿

若考虑线径补偿，设所用钼丝直径为 $\phi 0.12$ mm，单边放电间隙为 0.01 mm，则应将整个零件图形轮廓沿周边均匀增大一个 $0.01 + 0.12/2 = 0.07$ 的值，得到图 6-43 中虚线所示的轮廓后，按虚线轮廓（即丝中心轨迹）编程，则所编写的 4B 加工程序如下：

B63 B9930 B009930 GY L2 ;　　　//引入直线段
B0 B0 B040125 GX L1 ;　　　　　//直线 $A' \to B'$
B10011 B90102 B090102 GY L1 ;　//直线 $B' \to C'$
B30074 B40032 B060148 GX NR4 ;　//圆弧 $C' \to D'$
B10011 B90102 B090102 GY L4 ;　//直线 $D' \to A'$
B63 B9930 B009930 GY L4 ;　　　//引出直线段
DD ;　　　　　　　　　　　　　//停机结束

### 6.5.4 ISO（G 代码）指令编程

ISO 编程方式是一种通用的编程方法，这种编程方式与数控铣编程类似，使用标准的 G 指令、M 指令等代码。大部分慢走丝线切割机床多采用 ISO 代码编程，我国部分线切割生产厂家已开始在快走丝线切割机床上采用 ISO 代码。

#### 1. 程序格式

程序段：能够作为一个单位来处理的一组连续的字，称为程序段。一个程序由多个程序段组成，一个程序段就是一个完整的数控信息。程序段由程序段号及各种字组成。程序段编号范围为 N0001 ~ N9999。

字：某个程序中字符的集合称为字，程序段是由各种字组成的。一个字由一个地址（用字母表示）和一组数字组合而成。如 G03 总称为字，G 为地址，03 为数字组合。地址字母表具体如表 6-4 所示。

表 6-4 地址字母表

| 功能 | 地址 | 意义 |
| --- | --- | --- |
| 顺序号 | N | 程序段号 |
| 准备功能 | G | 指令动作方式 |
| 尺寸坐标字 | X, Y, Z | 坐标轴移动指令 |
|  | A, B, C, U, V | 附加轴移动指令 |
|  | I, J, K | 圆弧中心坐标 |
| 锥度参数字 | W, H, S | 锥度参数指令 |
| 进给速度 | F | 进给速度指令 |
| 刀具功能 | T | 刀具编号指令（切削加工） |
| 辅助功能 | M | 机床开/关及程序调用指令 |
| 补偿字 | D (H) | 间隙及电极丝补偿指令 |

准备功能字 G 代码是设立机床工作方式或控制系统方式的一种命令，其后续数字一般为两位数（00 ~ 99）。尺寸坐标字主要用于指定坐标移动的数据，其地址符为 X, Y, Z, U, V, W, P, Q, A 等。辅助功能字 M 用于控制数控机床中辅助装置的开关动作或状态，其后续数字一般为两位数（00 ~ 99），如 M00 表示暂停程序运行。机械控制功能字 T 用于有关机械控制事项的制订，如 T80 表示送丝，T81 表示停止送丝。补偿字 D, H 用于补偿号的指定，如 D003 或者 H003 表示取 3 号补偿值。

## 2. G代码功能表（如表6-5所示）

**表6-5　G代码功能表**

| 代码 | 功能 | 代码 | 功能 |
|---|---|---|---|
| G00 | 快速定位 | G55 | 加工坐标系2 |
| G01 | 直线插补 | G56 | 加工坐标系3 |
| G02 | 顺圆插补 | G57 | 加工坐标系4 |
| G03 | 逆圆插补 | G58 | 加工坐标系5 |
| G05 | $X$轴镜像 | G59 | 加工坐标系6 |
| G06 | $Y$轴镜像 | G80 | 接触感知 |
| G07 | $X$, $Y$轴交换 | G82 | 半程移动 |
| G08 | $X$轴镜像，$Y$轴交换 | G84 | 微弱放电找正 |
| G09 | $X$轴镜像，$X$, $Y$轴交换 | G90 | 绝对坐标 |
| G10 | $X$轴镜像，$X$, $Y$轴交换 | G91 | 增量坐标 |
| G11 | $Y$轴镜像，$X$轴镜像，$X$, $Y$轴交换 | G92 | 定起点 |
| G12 | 消除镜像 | M00 | 程序暂停 |
| G40 | 取消间隙补偿 | M02 | 程序结束 |
| G41 | 左偏间隙补偿 $D$ 偏移量 | M05 | 接触感知解除 |

（1）工件坐标系设置指令（G92）

它是指将加工时工件坐标系原点设定在距电极丝中心现在位置一定距离处，也就是以当前电极丝中心在将要建立的坐标系的坐标值来定义工件坐标系。只设定程序原点，电极丝仍在原来位置，并不产生运动。编程格式：

G92 X_ Y_ ;

与数控铣削加工不同的是：对于线切割加工，在用G54～G59设定的工件坐标系中，依然需要用G92设置加工程序在所选坐标系中的起始点坐标。例如，工件坐标系已用G54设置，加工程序的起始点坐标设置为（10，10），用直线插补（G01）移动到点（30，30）的位置，其程序如下：

G54　　　　　　　　　　//建立工件坐标系
G90　　　　　　　　　　//绝对坐标编程（绝对坐标和相对坐标编程与数控铣削加
　　　　　　　　　　　　　工完全相同）
G92 X10000 Y10000　　　//设定钼丝当前位置在所选坐标系中的坐标值为（10，10）
G01 X30000 Y30000　　　//直线插补移动到（30，30）

（2）快速定位指令（G00）

在线切割机床不放电的情况下，使指定的坐标轴以快速运动方式从当前所在位置移动到指令给出的目标位置，只能用于快速定位，不能用于切加工。

例如：

G90 G00 X1000 Y2000　　//使电极丝快速移动到（1，2）坐标的位置

注意：G00指令有效时，一般还没有穿丝。如果在G00指令中包含X，Y，U，V，机床将按X，Y，U，V的顺序移动各坐标轴。

(3) 直线插补指令（G01）

其格式如下：

G01 X_ Y_　　　　　　//平面二维轮廓的直线插补

G01 X_ Y_ U_ V_　　　//锥度轮廓的直线插补

与数控铣削加工不同的是，线切割加工中的直线插补和圆弧插补不要求进给速度指令。

(4) 圆弧插补指令（G02/G03）

指令格式与数控铣削加工中的圆弧插补指令格式完全相同，但应注意，数控线切割加工没有坐标平面选择功能，只有 G02（或 G03）X_ Y_ I_ J_ 一种格式，其中 X，Y 表示圆弧终点坐标，I，J 表示圆心坐标，指圆心相对圆弧起点的增量值，I 是 X 方向坐标值，J 是 Y 方向坐标值。另外一个整圆不能只用一条圆弧插补指令来描述，编程时需要将圆分成两段以上的圆弧才行。

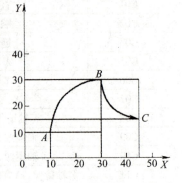

图 6-44　圆弧加工

【例 6-2】如图 6-44 所示，加工程序如下：

N01 G92 X10 Y10 ;

N02 G02 X30 Y30 I20 J0 ;

N03 G03 X45 Y15 I15 J0 ;

(5) 镜像和交换指令（G05~G12）

对于加工一些对称性好的工件，利用原来的程序加上上述指令，很容易产生一个与之对应的新程序，如图 6-45 所示。

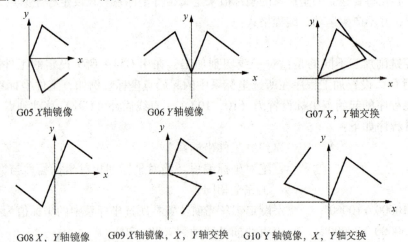

图 6-45　镜像和交换

函数关系如下：

G05（X镜像）　　函数关系式：X = -X

G06（Y镜像）　　函数关系式：Y = -Y

G07（X，Y交换）　函数关系式：X = Y　Y = X

G08（X，Y镜像）　函数关系式：X = -X　Y = -Y，即 G08 = G05 + G06

G09（X镜像，X，Y交换）　即 G09 = G05 + G07

G10（Y镜像，X，Y交换）　即 G10 = G06 + G07

G11（X镜像，Y镜像，X，Y交换）　即 G11 = G05 + G06 + G07

（6）线径补偿指令（G40/G41/G42）

该指令的意义与数控铣削加工中的刀具半径补偿指令的意义完全相同，如图6-46所示。

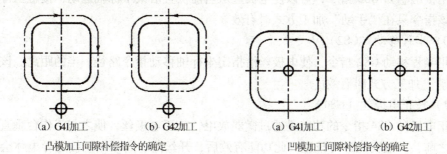

图 6-46　G40/G41 补偿指令

线径补偿的格式如下：

```
G92 X0 Y0
G41 D100        //线径左补偿，D100 为补偿值，表示 100 μm，此程序段须放在
                  进刀线之前
G01 X5000 Y0    //进刀线，建立线径补偿
G40             //须放在退刀线之前
G01 X0 Y0       //退刀线，退出线径补偿
```

（7）锥度加工指令（G50/G51/G52）

线切割加工带锥度的零件一般采用锥度加工令，G51 为锥度左偏加工指令，G52 为锥度右偏加工指令，G50 为取消锥度加工。这是一组模态加工指令，默认状态为 G50。

判断锥度的左、右偏的方法：以工件的底面为基准，假设人沿着加工方向走，左右手代表钼丝倾斜的方向。当钼丝向左手方向倾斜时，采用 G51；当钼丝向右手方向倾斜时，采用 G52。

锥度加工与上导轮中心到工作台面的距离 S、工件厚度 H、工作台面到下导轮中心的距离 W 有关。进行锥度加工编程之前，要求给出 W，H，S 值，如图6-47所示。

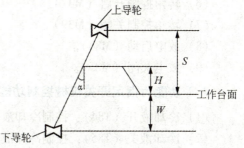

图 6-47　锥度线切割加工中的参数定义

其格式如下：

```
G92 X0 Y0
W60000          //工作台面到下导轮中心的距离 W 占 60 mm
H40000          //工件厚度 H = 40 mm
S100000         //上导轮中心到工作台面的距离 S
G52 A13         //在进刀线之前，设定锥度 α 为 13°
…
G50 G50         //须放在退刀线之前 M02
```

（9）接触感知（G80）

利用接触感知 G80 指令，可以使电极丝从当前位置沿某个标轴运动，接触工件，然后停止。该指令只在"手动"加工方式时有效。

（10）半程移动（G82）

利用半程移动 G82 指令，使电极丝沿指定坐标轴移动指令路径一半的距离。该指令只在"手动"加工方式时有效。

（11）校正电极丝（G84）

校正电极丝 G84 指令的功能是通过微弱放电，校正电极丝，使之与工作台垂直。在进行加工之前，一般要先进行校正。此功能有效后，开丝筒、高频钼丝接近导电体会产生微弱放电。该指令只在"手动"加工方式时有效。

在线切割加工中，大多数 G 指令都是模态指令，即当下面的程序不出现同一组的指令时，当前指令一直有效。在使用镜像和交换指令时，一定要注意在使用后用 G12 取消镜像和交换。

### 3. M 功能代码

（1）程序暂停（M00）：执行 M00 以后，程序停止，机床信息将被保存。

（2）程序结束（M02）：主程序结束，加工完毕返回菜单。

（3）接触感知解除（M05）：解除接触感知 G80。

（4）子程序调用（M96）：调用子程序。

（5）子程序结束（M97）：主程序调用子程序结束。

（6）转角控制开启（M37）。

（7）转角控制关闭（M39）。

（8）放电启动（M84）。

（9）放电关闭（M85）。

### 4. T 功能为指定开关机械控制功能

（1）冷却液开（T84）：控制冷却液阀门开关打开。

（2）冷却液关（T85）：控制冷却液阀门开关关闭。

（3）走丝开（T86）：控制机床走丝启动。

（4）走丝关（T87）：控制机床走丝结束。

【例 6-3】线切割加工带锥度的正方棱锥体工件，如图 6-48 所示。

```
G92 X0 Y0 ;
W60000 ;                    //下导轮中心与工作台面之间的距离为 60 mm
H40000 ;                    //工件厚度为 40 mm
S100000 ;                   //上导轮中心到工作台面之间的距离为 100 mm
G52 α4 ;                    //锥度为 4°，形状为上小下大（顺时针方向切割）
G01 X5000 Y0 ;              //进刀线，建立锥度加工
G01 X5000 Y5000 ;           //工件下表面的实际加工路径，直线插补
G01 X15000 Y5000 ;
G01 X15000 Y-5000 ;
G01 X5000 Y-5000 ;
G01 X5000 Y0 ;
G50 ;                       //取消锥度加工
G01 X0 Y0 ;                 //退刀线，执行取消锥度加工 M02；
```

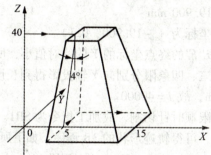

图6-48 线切割加工带锥度的正方棱锥体

## 6.5.5 加工实例

【例6-4】用 3B 代码编制加工如图 6-49（a）所示的线切割加工程序。已知线切割加工用的电极丝直径为 0.18 mm，单边放电间隙为 0.01 mm，图中 A 点为穿丝孔，加工方向沿 A—B—C—D—E—F—G—H—A 进行。

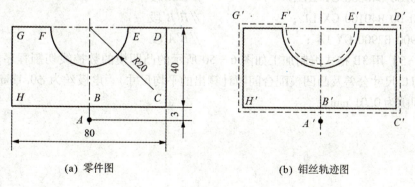

(a) 零件图          (b) 钼丝轨迹图

图 6-49

**解** （1）分析。现用线切割加工凸模状的零件图，实际加工中由于钼丝半径和放电

间隙的影响，钼丝中心运行的轨迹形状如图6-49（b）中虚线所示，即加工轨迹与零件图相差一个补偿量，补偿量的大小为在加工中需要注意的是 $E'F'$ 圆弧的编程，圆弧 $EF$（如图6-49（a）所示）与圆弧 $E'F'$（如图6-49（b）所示）有较多不同点，它们的特点比较如表6-6所示。

表6-6　圆弧 $EF$ 和 $E'F'$ 特点比较

|  | 起点 | 起点所在象限 | 圆弧首先进入象限 | 圆弧经历象限 |
|---|---|---|---|---|
| 圆弧 $EF$ | $E$ | $X$ 轴上 | 第四象限 | 第三、四象限 |
| 圆弧 $E'F'$ | $E'$ | 第一象限 | 第一象限 | 第一、二、三、四象限 |

（2）计算并编制圆弧 $E'F'$ 的3B代码。在图6-49（b）中，最难编制的是圆弧 $E'F'$，其具体计算过程如下：

以圆弧 $EF$ 的圆心为坐标原点，建立直角坐标系，则 $E'$ 点的坐标为：$Y_{E'} = 0.1$ mm，$X_{E'} = \sqrt{(20-0.1)^2 - 0.1^2} = 19.900$ mm

根据对称原理可得 $F'$ 的坐标为（-19.900，0.1）。

根据上述计算可知圆弧 $E'F'$ 的终点坐标的 $Y$ 的绝对值小，所以计数方向为 $Y$。

圆弧 $E'F'$ 在第一、二、三、四象限分别向 $Y$ 轴投影得到长度的绝对值分别为0.1 mm、19.9 mm、19.9 mm、0.1 mm，故 $J = 40000$。

圆弧 $E'F'$ 首先在第一象限顺时针切割，故加工指令为 SR1。

（3）经过上述分析计算，可得轨迹形状的3B程序，如下所示：

B0 B2900 B2900 GY L2 ;　　　　　// $A'B'$ 段
B40100 B0 B40100 GX L1 ;　　　　// $B'C'$ 段
B0 B40200 B40200 GY L2 ;　　　　// $C'D'$ 段
B20200 B0 B20200 GX L3 ;　　　　// $D'E'$ 段
B19900 B100 B40000 GY SR1 ;　　// $E'F'$ 段
B20200 B0 B20200 GX L3 ;　　　　// $F'G'$ 段
B0 B40200 B40200 GY L4 ;　　　　// $G'H'$ 段
B40100 B0 B40100 GX L1 ;　　　　// $H'B'$ 段
B0 B2900 B2900 GY L4 ;　　　　　// $B'A'$ 段

【例6-5】用3B格式编制加工如图6-50所示的凸凹模的数控线切割程序（图示尺寸是根据刃口尺寸公差及凸凹模配合间隙计算出的平均尺寸）。电极丝为 $\phi 0.1$ mm 的钼丝，单面放电间隙为0.01 mm。

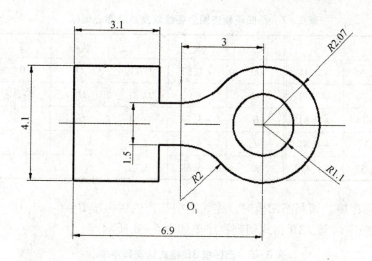

图 6-50 凸凹模

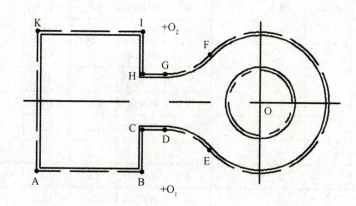

图 6-51 凸凹模编程示意图

（1）工艺分析。由于该凸凹模图示尺寸为平均尺寸，故做相应偏移就可按此尺寸编程。图形上、下对称，孔的圆心在图形对称轴上，六个侧面已磨平，可作为定位基准，可以进行切割加工。

（2）切割路线的选择。合理地选择切割路线可简化编程计算，提高加工质量。根据分析，本题选择在型孔中心处钻穿丝孔，先切割型孔，然后再切割外轮廓较合理。

（3）确定补偿距离。钼丝中心轨迹，如图 6-51 中双点画线所示。补偿距离为

$$\Delta R = (0.1/2 + 0.01) \text{ mm} = 0.06 \text{ mm}$$

（4）计算交点坐标。将电极丝中点轨迹划分成单一的直线或圆弧段。

求 $E$ 点的坐标值：因两圆弧的切点必定在两圆弧的连心 $OO_1$ 上。直线 $OO_1$ 的方程为 $Y = (2.75/3) X$。故可求得 $E$ 点的坐标值为 $X = -1.570$ mm，$Y = -1.4393$ mm。其余各交点坐标可直接从图形中求得，如表 6-7 所示。

切割型孔时电极丝中心至圆心 $O$ 的距离（半径）为

$$R = (1.1 - 0.06) \text{ mm} = 1.14 \text{ mm}$$

表6-7　凸凹模轨迹图形各线段交点及圆心坐标

| 交点 | X | Y | 交点 | X | Y | 圆心 | X | Y |
|---|---|---|---|---|---|---|---|---|
| A | -6.96 | -2.11 | F | -1.57 | 1.439 | O | 0 | 0 |
| B | -3.74 | -2.11 | G | -3 | 0.81 | $O_1$ | -3 | -2.75 |
| C | -3.74 | -0.81 | H | -3.74 | 0.81 | $O_2$ | -3 | 2.75 |
| D | -3 | -0.81 | I | -3.74 | 2.11 | | | |
| E | -1.57 | -1.439 | K | -6.69 | 2.11 | | | |

(5) 编写程序单。切割凸凹模时，先切割型孔，然后再按 B→C→D→E→F→G→H→I→K→A→B 的顺序切割，3B 格式切割程序单如表6-8 所示。

表6-8　凸凹模3B格式切割程序单

| 序号 | B | X | B | Y | B | J | G | | 备注 |
|---|---|---|---|---|---|---|---|---|---|
| 1 | B | 1040 | B | | B | 001040 | Gx | L3 | 穿丝切割 |
| 2 | B | | B | | B | 004160 | Gy | SR2 | |
| 3 | B | | B | | B | 001040 | Gx | L1 | |
| 4 | | | | | | | | D | 拆卸钼丝 |
| 5 | B | | B | | B | 013000 | Gy | L4 | 空走 |
| 6 | B | | B | | B | 003740 | Gx | L3 | 空走 |
| 7 | | | | | | | | D | 重新装上钼丝 |
| 8 | B | | B | | B | 012190 | Gy | L2 | 切入并加工 BC 段 |
| 9 | B | | B | | B | 000740 | Gx | L1 | |
| 10 | B | 1570 | B | 1940 | B | 000629 | Gy | SR1 | |
| 11 | B | 1430 | B | 1439 | B | 005641 | Gy | NR3 | |
| 12 | B | | B | 1311 | B | 001430 | Gx | SR4 | |
| 13 | B | | B | | B | 000740 | Gx | L3 | |
| 14 | B | | B | | B | 001300 | Gy | L2 | |
| 15 | B | | B | | B | 003220 | Gx | L3 | |
| 16 | B | | B | | B | 004220 | Gy | L4 | |
| 17 | B | | B | | B | 003220 | Gx | L1 | |
| 18 | B | | B | | B | 008000 | Gy | L4 | 退出 |
| 19 | | | | | | | | D | 加工结束 |

## 习题六

6.1 简述数控线切割机床的工作原理及加工特点。

6.2 电火花线切割有何加工特点？哪些工件或者材料适合线切割？

6.3 什么是线切割加工的间隙补偿？其值如何确定？

6.4 线切割加工工件装夹的方式主要有哪些？如何找正工件？

6.5 一般线切割模具零件是按照怎样的工艺过程进行加工的？

6.6 如图6-52所示，曲线ABCDEFA，A点坐标为（0，16），B点坐标为（22，16），C点坐标为（22，12），D点坐标为（22，-12），E点坐标为（22，-16），F点坐标为（0，-16），其中CD圆弧的半径为R20，试用3B格式编制曲线ABCDEFA的线切割的程序。

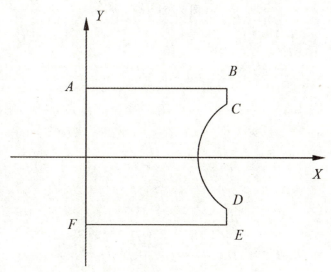

图6-52

6.7 如图6-53所示为型孔零件，工件厚度为15 mm，加工表面粗糙度为Ra 3.2 μm，其双边配合间隙为0.02 mm，电极丝为φ0.18 mm的钼丝，双面放电间为0.02 mm,，用3B格式编写该零件凸模与凹模的线切割加工程序。

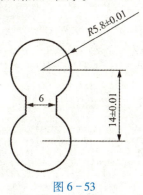

图6-53

6.8 如图 6-54 所示为一落料零件，用 ISO 格式编写该零件的凹模与凸模的线切割加工程序。已知工件厚度为 18 mm，该模具要求单边配合间隙为 0.01 mm，电极丝直径为 $\phi$0.18 mm，单边放电间隙为 0.01 mm。

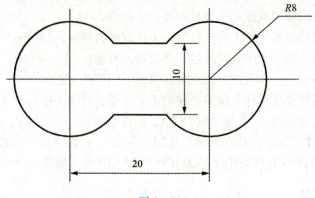

图 6-54

# 单元七 数控机床的仿真加工及应用实例

##  任务 7.1 数控车床的仿真加工及应用实例

### 7.1.1 FANUC 数控系统的仿真加工及应用实例

【例 7-1】如图 7-1 所示的零件，材料为 45#钢，有直径 25 的内孔棒料，小批量生产，试分析其数控车削加工工艺过程，完成加工程序的编写并进行加工。

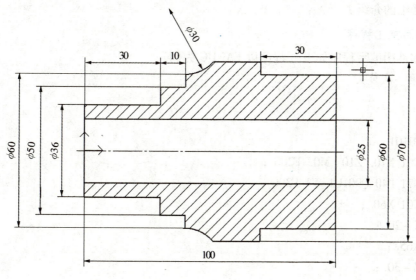

图 7-1

#### 1. 工艺分析

（1）零件图的工艺分析，包括零件图的标注正确性、轮廓描述的完整性及必要的工艺措施等。在这里，我们的仿真软件，理想化地把加工零件的尺寸调整为完全没有误差，所以零件图我们通常都不标注公差。在正常情况下，是没有这种可能的，所以在零件图的工艺分析过程，请注意这一点。

该零件比较简单，由外圆柱面、顺圆弧构成，其中直径尺寸与轴向尺寸没有尺寸精度和表面粗糙度的要求。零件材料为 45#钢，切削加工性能较好，没有热处理和硬度要求。

通过上述分析，采取以下几点工艺措施：

①零件图上面没有公差尺寸，完全看成是理想化的状态，故编程的时候就直接按照零

件图上面的尺寸编程即可；

②两端都需要加工，左右端都需要车出来，所以需要掉头装夹；

③左端有薄壁，所以应该先加工右端，第一次装夹，应该先夹住左端，加工出右端；

（2）确定装夹方案。外轮廓加工的时候，由于左端有薄壁，所有需要先加工右面，这就需要用三抓自动定心卡盘夹紧左端。

（3）确定加工顺序及走刀路线。加工顺序的正确安排，按照由内到外、由粗到精、由近到远的原则确定，在一次加工中尽可能加工出较多的表面。又因该零件为单件小批量生产，走刀路线设计不必考虑最短进给路线或者最短空行程路线，外轮廓表面车削走刀路线可沿着零件轮廓顺序进行。

（4）刀具的选择。两次装夹中，其中只有外轮廓、顺圆，可以选择45°硬质合金端面车道，由于有顺圆，可以选择72°30″右手偏刀。

（5）切削用量的选择。切削用量的选择一般根据毛坯的材料、转速、进给速度、刀具的刚度等因素选择。

（6）数控加工工艺卡的拟订。将前面分析的各项内容综合成数控加工工艺卡片，在这里就不做详细的介绍。

### 2. 编写加工程序

根据零件图编写程序如下（程序以 FANUC 为例）：

（1）第一次装夹

%

O0002

N10 T0101

N20 G01 X70. Z10. M03 F200 ;

N30 G71 P40 Q90 U1 W1 F300 ;

N40 G01 X60. ;

N50 Z-20. ;

N60 X65. ;

N70 Z-30. ;

N80 X70. ;

N90 G00 Z10. ;

N100 M03 ;

N110 M05 ;

%

（2）第二次装夹

%

O0001

N10 G54

N20 G01 X70. Z10. F200 M03 ;

N30 G71 P40 Q110 U1 W1 F200 ;

N40 G01 X36.；
N50 Z-30.；
N60 X50.；
N70 Z-40.；
N80 X53.066；
N90 G03 U60 W-14 R30；
N100 G01 X70.；
N110 G00 Z10.；
N120 M30；
N130 M05；
%

### 3. 加工步骤

打开程序选择机床→机床回零点→安装工件和工艺装夹→安装刀具→建立工件坐标系→上传 NC 语言→自动加工。

以下以北京斐克公司的 VNUC 数控加工仿真软件为例，介绍具体的加工操作步骤。

（1）打开程序选择机床（FANUC 系统）

单机版用户请双击电脑桌面上的 VNUC 3.0 图标（新版与旧版基本功能相同，请参阅软件操作说明书），或者从 Windows 的程序菜单中依次展开"legalsoft"→VNUC 3.0→单机版→VNUC 3.0 单机版。

网络版的用户，需先打开服务器 ，然后在客户端的桌面上双击图标 进入。或者从 Windows 的程序菜单中依次展开"legalsoft"→VNUC 3.0→网络版→VNUC 3.0 网络版。

网络版用户执行上述操作后会出现如图 7-2 所示的窗口，输入用户名和密码后，按登录键。进入后，从软件的主菜单里面的"选项"中选择"选择机床和系统"，如图 7-3 所示，进入选择机床对话框；如图 7-4 所示，选择 FANUC 0T 车床。

图 7-2

(a)　　　　　　　　　　　(b)

图 7-3

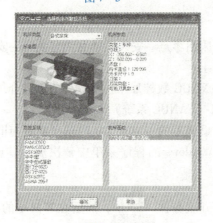

图 7-4

(2) 机床回零点

首先把加电开关 ▢ 打开，弹开急停按钮 ⊙，点击 JOG，在 jog 状态下面点击 回零 按钮，然后，就可以调节 $Z$ 轴、$X$ 轴的控制按钮 +Z 和 +X 进行回零了。

(3) 安装工件和工艺装夹

首先在菜单栏里面选择"工艺流程"里面选择"毛坯"，出现如图 7-5 所示的对话框。选择"新毛坯"，出现如图 7-6 所示的对话框，按照对话框提示，填写工件要求的数值，最后点击"确定"按钮。点击"安装此毛坯"按钮，如图 7-7 所示，再点击"确定"按钮，出现图 7-8 所示对话框，用户可以调整毛坯的位置，最后关闭即可。

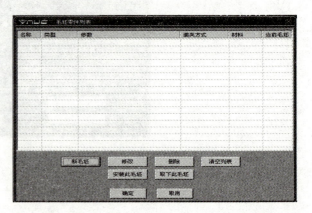

图 7-5

图 7-6

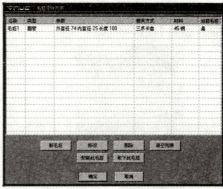
图 7-7

图 7-8

(4) 安装刀具

选择"工艺流程""车刀刀库",选择刀具,45°车刀,同样方法,根据需要选择刀柄,如图 7-9 所示。

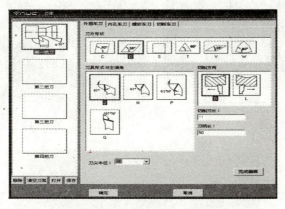
图 7-9

(5) 建立工件坐标系

首先,打开主轴 正转,在控制面板里面选择 JOG,进入 jog 状态,调节 +Z 和 +X,先平端面,平完端面之后,我们用试切法对刀,先用一号刀在工件端面试切,如图 7-10 所示。

在主菜单里面点击"工具"选项,打开"测量"工具,测量出试切毛坯直径为72.133,如图7-11所示。

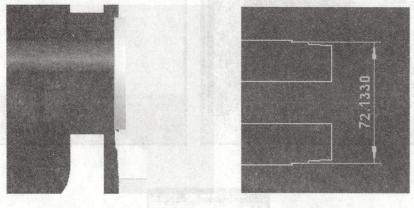

图7-10　　　　　　　　　　图7-11

此时,假设把工件坐标系定在工件右端面中心。点击 [OFFSET SETTING],此时出现的画面如图7-12所示。然后点击"补正"下面的按钮,出现的画面如图7-13所示。将光标移动到"G 01"行段,在输入区域内输入"X72.133",点击"测量"即可;切削端面后,在输入区域内输入"Z0",输入后如图7-14所示。

图7-12　　　　　　　　　　图7-13

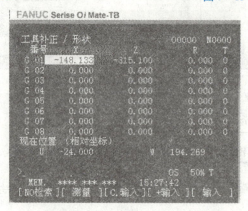

图7-14

(6) 上传 NC 语言

首先,将控制面板调整到自动状态 自动 ,然后,选择"文件/加载 NC 代码文件",会出现如图 7-15 这样的对话框。到存放代码文件夹中找寻代码文件(即用户口编写的程序,此代码文件路径是个人规定的),找到文件后,双击文件,代码自动出现在液晶显示窗口中,如图 7-16 所示。

图 7-15

图 7-16

(7) 自动加工

此时检查倍率和主轴转速按钮,最后开启循环启动按钮  。之后等待工件的生成。

(8) 二次装夹

第二次装夹的操作步骤同第一次类似,此处不再赘述。

### 7.1.2　SIEMENS 数控系统应用实例

【例 7-2】根据图 7-17 所示的零件,编写加工程序(SIEMENS 802S)。(注:"//"和其后内容为注释)

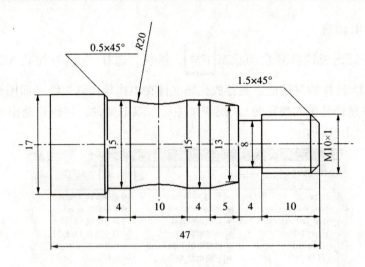

图 7-17

主程序 EXAM1.MPF：（注：主程序后缀名为".MPF"）

N000 G54 T1 ;                    //使用可设定的零点偏置，外圆车刀
N010 G158 Z90 ;                  //用可编程的零点偏置将工件坐标系偏置到工件端面
N020 M03 S1000 ;                 //主轴正转，转速 1000 r/min
N030 G94 F80 ;                   //设定 G1 进给率为 80 mm/min
N040 G0 X20 ;                    //快速移动到 X20
N050 Z0
N060 G1 X-1 ;                    //直线插补到 X-1
N070 G0 X20 Z10
N080 _CNAME="SUB1" ;             //调用子程序"SUB1"
N090 R105=9 ;                    //加工类型 数值 1…12
N100 R106=0.2 ;                  //精加工余量，无符号
N110 R108=1.5 ;                  //切入深度，无符号
N120 R109=0 ;                    //粗加工切入角          设置毛坯切削循环参数
N130 R110=2 ;                    //粗加工时的退刀量
N140 R111=80 ;                   //粗切进给率
N150 R112=60 ;                   //精切进给率
N160 LCYC95 ;                    //LCYC95 毛坯切削循环
N170 G0 X20
N180 Z100
N190 T2 S400 G94 F15 ;           //换切断刀
N200 G0 X16
N210 Z-14
N220 G1 X8
N230 G0 X15

N240 Z -13
N250 G1 X8
N260 G0 X15
N270 Z100
N280 T3 ;                    //换螺纹刀
N290 G0 X20
N300 Z -23
N310 G1 X15 G94 F60
N320 G2 X15 Z -33 CR =20 ;   //顺时针圆弧插补,半径为 R20(编程时为后置刀架)。
N330 G0 X20 Z50
N350 R100 = 10 ;             //螺纹起始点直径
N360 R101 = 0 ;              //纵向轴螺纹起始点
N370 R102 = 10 ;             //螺纹终点直径
N380 R103 = -10 ;            //纵向轴螺纹终点
N390 R104 = 1 ;              //螺纹导程值,无符号
N400 R105 = 1 ;              //加工类型数值 1、2
N410 R106 = 0.05 ;           //精加工余量,无符号
N420 R109 = 2 ;              //空刀导入量,无符号
N430 R110 = 2 ;              //空刀退出量,无符号
N440 R111 = 0.65 ;           //螺纹深度,无符号(通常螺纹深度为:0.65×螺距)
N450 R112 = 0 ;              //起始点偏移,无符号
N460 R113 = 8 ;              //粗切削次数,无符号
N470 R114 = 1 ;              //螺纹头数,无符号
N480 LCYC97 ;                //LCYC97 螺纹切削循环
N490 G0 X20
N500 Z100
N510 T2
N520 G0 X20
N530 Z -50 ;                 //切断加工好的工件
N540 G1 X -1
N550 G0 X30
N560 Z200
N570 M2 ;                    //程序结束

毛坯切削循环的子程序 SUB1.SPF:(注:子程序后缀名为".SPF")

N000 G1 X7 Z0
N010 X10 Z -1.5
N020 Z -14
N030 X13

N040 X15 Z-19
N050 Z-37
N060 X16
N070 X17 Z-37.5
N080 Z-47
N090 X18
N100 M17                    //子程序

### 7.1.3 华中数控系统应用实例

【例 7-3】编制如图 7-18 所示零件的加工程序（华中数控系统），材料为 45 钢，棒料直径为 54mm，长 200 mm。

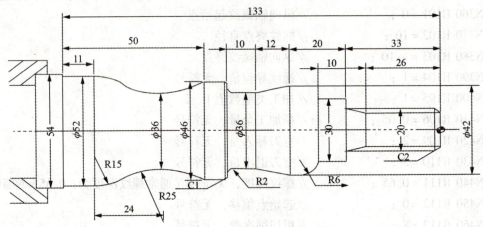

图 7-18

刀具选择：1 号为端面车刀，2 号为外圆粗加工刀，3 号为外圆精加工刀，4 号为螺纹刀。

(1) 工艺路线

①工件伸出卡盘外 150 mm，找正后加紧；
②选择 1 号端面刀，用 G81 端面循环加工过长毛坯；
③选择 2 号外圆刀，用 G80 外圆循环加工过大的毛坯直径；
④用 G71 有凹槽外圆粗切复合循环加工工件轮廓，留精车余量；
⑤换 3 号外圆精加工工件轮廓至尺寸；
⑥换 4 号螺纹刀，用 G82 螺纹循环加工三线螺纹。

(2) 相关计算

①计算三线螺纹 M20×3（P1）的小径；
②确定背吃刀量发布：0.7mm、0.4mm、0.14mm、光整加工。

(3) 加工程序

%0001                         //程序名
N10 G54 T0101                 //建立 G54 工件坐标系，换 1 号端面车刀

| | |
|---|---|
| N20 M03 S400 | //主轴正转，转速 400 r/min |
| N30 G00 X100 Z80 | //到程序起点或换刀点位置 |
| N40 G00 X60 Z5 | //到简单端面循环起点位置 |
| N50 G81 X0 Z1.5 F100 | //简单端面循环，加工过长毛坯 |
| N60 G81 X0 Z0 | //简单端面循环加工，加工过长毛坯 |
| N70 G00 X100 Z80 | //到程序起点或换刀位置 |
| N80 T0202 | //换 2 号外圆粗加工刀，确定其坐标系 |
| N90 G00 X60 Z3 | //到简单外圆循环起点位置 |
| N100 G80 X52.6 Z－133 F100 | //简单外圆循环，加工过大毛坯直径 |
| N110 G01 X54 | //到复合循环起点位置 |
| N120 G71 U1 R1 P16 Q32 E0.3 | //用凹槽外径粗切复合循环加工 |
| N130 G00 X100 Z80 | //粗加工后，到换刀点位置 |
| N140 T0303 | //换 3 号外圆精加工刀，确定其坐标系 |
| N150 G00 G42 X70 Z3 | //到精加工始点，加入刀尖圆弧半径补偿 |
| N160 G01 X10 F100 | //精加工轮廓开始，到倒角延长线处 |
| N170 X19.8 Z－2 | //精加工 C2 倒角 |
| N180 Z－33 | //精加工螺纹大径 |
| N190 G01 X30 | //精加工 Z－33 处端面 |
| N200 Z－43 | //精加工 $\phi$30 外圆 |
| N210 G03 X42 Z－49 R6 | //精加工 R6 外圆 |
| N220 G01 Z－53 | //精加工 $\phi$42 外圆 |
| N230 X36 Z－65 | //精加工下切锥面 |
| N240 Z－73 | //精加工 $\phi$36 槽径 |
| N250 G02 X40 Z－75 R2 | //精加工 R2 过渡圆弧 |
| N260 G01 X44 | //精加工 Z－75 处端面 |
| N270 X46 Z－76 | //精加工 C1 倒角 |
| N280 Z－83 | //精加工 $\phi$46 外圆 |
| N290 G02 X46 Z－113 R25 | //精加工 R25 圆弧凹槽 |
| N300 G03 X52 Z－122 R15 | //精加工 R15 圆弧 |
| N310 G01 Z－133 | //精加工 $\phi$52 外圆 |
| N320 G01 X54 | //退出已加工表面 |
| N330 G00 G40 X100 Z80 | //取消半径补偿，返回换刀位置 |
| N340 M05 | //主轴停转 |
| N350 T0404 | //换 4 号螺纹刀，确定其坐标系 |
| N360 M03 S400 | //主轴正转，转速 400 r/min |
| N370 G00 X30 Z5 | //到简单螺纹循环起点位置 |
| N380 G82 X19.3 Z－26 R－3 E1 C2 P120 F3 | //加工两线螺纹，背吃刀量 0.7 |
| N390 G82 X18.9 Z－26 R－3 E1 C2 P120 F3 | //加工两线螺纹，背吃刀量 0.4 |

231

N400 G82 X18.76 Z-26 R-3 E1 C2 P120 F3    //加工两线螺纹，背吃刀量0.14
N410 G82 X18.76 Z-26 R-3 E1 C2 P120 F3    //光整加工螺纹
N420 G76 C2 R-3 E1 A60 X18.76 Z-26
K0.62 U0.1 V0.1 Q0.7 P120 F3              //用G76螺纹复合循环加工第三条螺纹
N430 G00 X100 Z80                         //返回程序起点位置
N440 M30                                  //主轴停转、主程序结束并复位

【例7-4】编制如图7-19所示零件的加工程序，材料为45钢，毛坯为：φ50 mm×97 mm。

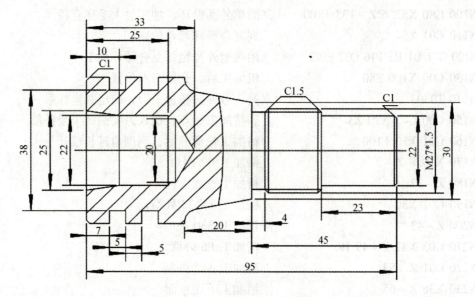

图 7-19

刀具选择：1号为93°菱形外圆车刀，2号为60°外螺纹刀，3号刀为外切槽刀，4号为内孔镗刀。

（1）工艺路线

①粗、精加工左端外形；

②车5×38两槽；

③用G71粗加工左端内形，精加工左端内形；

④调头校正，手工车端面，保证总长95，钻中心孔，顶上顶尖；

⑤用G7粗加工右端外形，精加工右端外形；

⑥车4×φ24槽；

⑦用G76螺纹复合循环加工M27×1.5外螺纹。

（2）加工程序

左端加工程序：

O0001                    //主程序名
N5 G90 G94 ；            //绝对坐标，分进给
N10 M3 S800 T0101 ；     //主轴正转，转速800 r/min，换1号刀

```
N15 G0 X46.5 Z3 ;                    //快进
N20 G1 Z-35 F150 ;                   //粗车外径
N25 G0 X100 Z50 ;                    //退刀
N30 M5 ;                             //主轴停转
N35 M0 ;                             //程序暂停
N40 S1500 M3 F80 T0101 ;             //精车转速 1500 r/min，进给速度 80 mm/min
N45 G0 X51 Z2 ;                      //快速进刀
N50 G1 X44 Z0 ;
N55 X46 Z-1 ;                        //倒角
N60 Z-35 ;                           //精车外径
N65 G0 X100 Z50 ;                    //退刀
N70 M5 ;                             //主轴停转
N75 M0 ;                             //主轴暂停
N80 T0303 S600 M3 F25 ;              //转速 600 r/min，进给速度 25 mm/min，换车槽刀
N85 G0 X50 Z-22 ;                    //进到车槽起点
N90 G1 X38.2 ;                       //车槽
N95 G0 X50 ;                         //退刀
N100 Z-21 ;                          //进刀
N105 G1 X38 ;                        //车槽
N110 Z-22 ;                          //精车槽底
N115 G0 X50 ;                        //退刀
N120 Z-12 ;                          //进刀
N125 G1 X38.2 ;                      //车槽
N130 G0 X50 ;                        //退刀
N135 Z-11 ;                          //进刀
N140 G1 X38 ;                        //车槽
N145 Z-12 ;                          //精车槽底
N150 G0 X100 ;                       //退刀
N155 Z50 ;                           //退刀
N160 M5 ;                            //主轴停转
N165 M0 ;                            //程序暂停
N170 M3 S800 T0404 ;                 //转速 800 r/min，换 4 号刀内孔镗刀
N175 G0 X19.5 Z5 ;                   //快进到内径粗车循环起刀点
N180 G71 U1 R0.5 P215 Q230 ;
     X-0.5 Z0.1 F150 ;               //内径粗车循环
N185 G0 Z100 ;
N190 X50 ;                           //退刀
N195 M5 ;                            //主轴停转
```

```
N200 M0 ;                          //程序暂停
N205 S1200 M3 T0404 F80 ;          //精车转速1200 r/min 进给速度80 mm/min
N210 G0 G41 X28 Z5 ;               //快进，引入半径补偿
N215 G1 X25 Z0 ;                   //进到内径循环起点
N220 X22.016 Z-10 ;
N225 Z-25 ;
N230 X20 ;                         //N220~N230 内循环轮廓程序
N235 G0 Z100 ;
N240 G40 X100 ;                    //退刀，撤销半径补偿
N245 M5 ;                          //主轴停转
N250 M30 ;                         //程序停止
右端加工程序 ；
O0002 ；
N5 G90 G94 ;                       //绝对编程，分进给
N10 M3 S800 T0101 ;                //转速800 换1号刀
N15 G0 X51 Z2 ;                    //快进到外径粗车循环起刀点
N20 G71 U1.5 R1 P50 Q100 ;
X0.5 Z0.1 F150 ;                   //外径粗加工循环
N25 G0 X150 Z10 ;                  //退刀
N30 M5 ;                           //主轴停转
N35 M0 ;                           //程序暂停
N40 S1500 M3 F80 T0101 ;           //精车转速1500 r/min 进给速度80 mm/min
N45 G0 G42 X51 Z2 ;                //快进，引进半径补偿
N50 G1 X20 Z0 ;                    //进到外径循环起点
N55 X21.992 Z-1 ;
N60 Z-23 ;
N65 X23 ;
N70 X26.8 Z-24.5 ;                 //倒角
N75 Z-45 ;
N80 X30 ;
N85 X33.28 Z-61.398 ;
N90 G2 X41.24 Z-65 R4 ;
N95 G1 X50 ;                       //N50~N95 外径循环轮廓程序
N100 G0 G40 X150 ;                 //退刀，撤销半径补偿
N105 Z10 ;                         //退刀
N110 M5 ;                          //主轴停转
N115 M0 ;                          //程序暂停
N120 T0303 S600 M3 F25 ;           //转速600 r/min，进给速度25 mm/min
```

N125 G0 Z-45；
N130 X32；                        //进到车槽起点
N135 G1 X24；                     //车槽
N140 X27；                        //退刀
N145 Z-43.5；                     //进到倒角起点
N150 G1 X24 Z-45；                //倒角
N155 G0 X150；                    //退刀
N160 Z10；                        //退刀
N165 M5；                         //主轴停转
N170 M0；                         //程序暂停
N175 T0202 S1000 M3；             //转速1000，换2 螺纹刀
N180 G0 X29 Z-18；                //进到外螺纹复合循环起刀点
N185 G76 C1 R-1 E2 A60 X25.14 Z-42 I0
K0.93 U0.05 V0.08 Q0.4 P0 F1.5；  //外螺纹复合循环
N190 G0 X100 Z50；                //退刀
N195 M5；                         //主轴停转
N200 M30；                        //程序停止

## 任务 7.2 数控铣床的仿真加工及应用实例

### 7.2.1 FANUC 数控系统的仿真加工及应用实例

【例 7-5】 如图 7-20 所示的零件，材料为 45#钢，160 mm×160 mm×30 mm 方料，小批量生产，试分析其数控铣削加工工艺过程，完成加工程序的编写并进行加工。

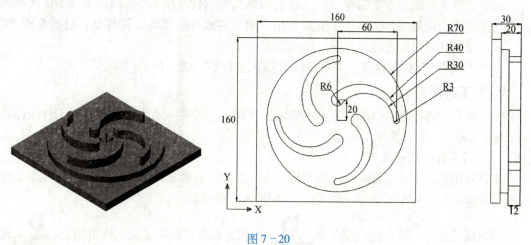

图 7-20

### 1. 工艺分析

(1) 零件图的工艺分析

零件图的工艺分析，包括零件图的标注正确性、轮廓描述的完整性及必要的工艺措施等。在这里，我们的仿真软件，理想化地把加工零件的尺寸调整为完全没有误差，所以零件图我们通常都不标注公差。在正常情况下，是没有这种可能的，所以在零件图的工艺分析过程中，还没有全面到位，请注意这一点。

该零件比较简单，叶轮内外轮廓由直线和圆弧构成，几何元素间描述清晰完整，叶轮没有表面粗糙度及公差的要求。

(2) 确定装夹方案

根据零件结构的特点，可以用底面、外轮廓定位，采用虎钳机构夹紧。

(3) 确定加工顺序及走刀路线

加工顺序的正确安排，按照基面先行、先粗后精原则确定，由于不需要考虑加工精度的要求，只需要考虑平面内进给得是时候，外轮廓从切线方向进入，内轮廓从过渡圆弧切入。为了使叶轮表面有好的表面质量，采用顺铣方式铣削。深度进给可以在 $XZ$ 平面（或 $YZ$ 平面）来回铣削逐渐进刀到既定深度。

(4) 刀具的选择

根据零件的结构特点，铣削叶轮的间距限制，可以选择 $\phi 10$ 刀，粗加工可以选择 $\phi 10$ 高速钢立铣刀，精加工选择 $\phi 10$ 硬质合金立铣刀。

(5) 切削用量的选择

切削用量的选择一般根据毛坯的材料、转速、进给速度、刀具的刚度等因素选择。

(6) 数控加工工艺卡的拟订

将前面分析的各项内容综合成数控加工工艺卡片，在这里，就不做详细的介绍，用户在做具体的实际加工时必须要有这个过程。

### 2. 编写加工程序

由于工件不可能做手工编程，所以我们借助其他软件生成 NC 代码。生成 NC 代码的过程在这里我们就忽略，这部分主要涉及用户对这些软件的熟练掌握程度，自动生成 NC 程序后，保存到用户规定的目录下，就可以了。

自动生成 NC 代码的软件主要可以用 CAXA、MASTCAM、ProE、UG 等。

### 3. 加工流程

打开程序选择机床→机床回零点→安装工件和工艺装夹→安装刀具→建立工件坐标系→上传 NC 语言→自动加工。

(1) 打开程序选择机床

单机版用户请双击电脑桌面上的 VNUC 3.0 图标，或者从 Windows 的程序菜单中依次展开 "legalsoft"→VNUC 3.0→单机版→VNUC 3.0 单机版。

网络版的用户，需先打开服务器 ，然后在客户端的桌面上双击图标  进入。或者从 Windows 的程序菜单中依次展开 "legalsoft"→VNUC 3.0→网络版→VNUC 3.0

网络版。

　　网络版用户执行上述操作后会出现如图7-21所示窗口，输入用户名和密码后，按登录键。进入后，出现软件放在菜单界面，如图7-22所示。

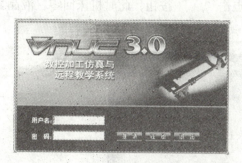

图7-21

图7-22

　　从软件的主菜单里面的"选项"中选择"选择机床和系统"，如图7-23（a）所示，进入选择机床对话框，如图7-23（b）所示，选择"FANUC 0iMB"铣床，出现如图7-23（c）所示的画面。

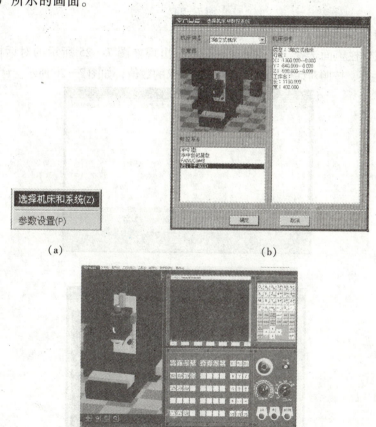

图7-23

(2) 机床回零点

给机床加电 ![icon]，并弹开 ![icon]，点击机床按钮 ![icon] 到回零状态（REF. 状态），点击坐标轴控制旋钮使之分别处在 X，Y，Z 状态，点击"+"按钮，此时机床回零，液晶显示屏显示的画面如图 7-24 所示。

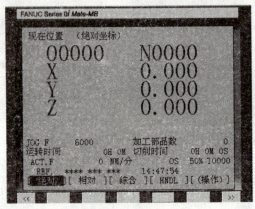

图 7-24

(3) 安装工件和工艺装夹

首先在菜单栏里面选择"工艺流程/毛坯"出现如图 7-25 所示的对话框。选择"新毛坯"，定义毛坯，按照对话框提示，填写工件要求的数值，如图 7-26 所示。

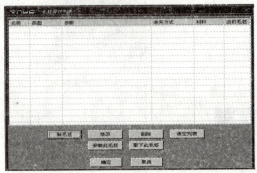

图 7-25

图 7-26

如图 7-27 所示,选择"数控加工/工艺装夹"虎钳装夹,选择毛坯 1,点击"上移""下移""左移""右移"按钮调整工件位置,最后点击"确定"按钮。

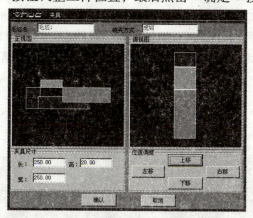

图 7-27

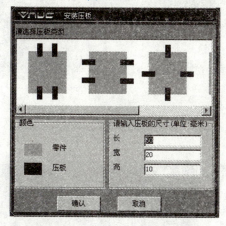

图 7-28

如图 7-28 所示,选择"设定压板",确定后,选择毛坯列表里面设定的新毛坯,安装。

(4) 安装刀具

在主菜单中点击"工艺流程"→"铣床刀具库"→设置立铣刀,直径为 10,如图 7-29 所示。

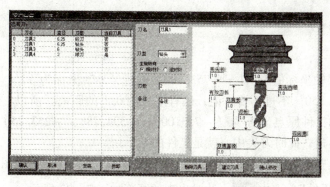

图 7-29

(5) 建立工件坐标系

首先，在菜单栏里面选择"工艺流程"→"基准对刀"，出现如图 7-30（a）所示的对话框，把刀具半径更改为 5，最后点击"确定"按钮。如图 7-30（b）所示，调节对刀仪移动的位置，同时选择塞尺为 0.1，把鼠标放到视图中，点击鼠标右键，选择"显示手轮"，如图 7-31 所示。调节旋钮到"×1"挡，此时手轮的调节倍率为 1/1000 mm，同时选择按钮 调节到 JOG 状态，再调节 X Y Z 、+ -。直到对刀仪接近工件表面为止。其效果如图 7-32 所示。

(a)

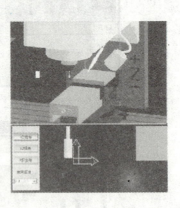
(b)

图 7-30

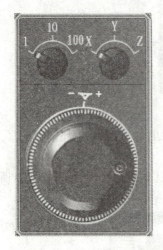

图 7-31

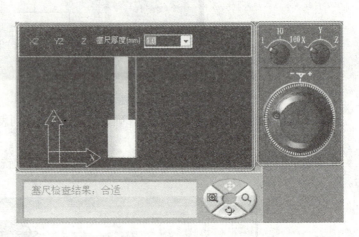

图 7-32

此时记下来 $X$ 轴坐标值为 X1 = -753.100，同理，$Y$ 轴坐标为 Y1 = -394.880；$Z$ 轴坐标为 Z1 = -253.350。不过不要忘记，还有塞尺的 0.1 的距离，所以，还要去掉塞尺的距离。所以真正的工件原点坐标为（-753.000，-394.788，-253.25）。此时工件原点被定在工件的左上角，此时刀尖中心就是工件的左下角。

下一步就是设置参数，打开"显示"→"辅助视图"，关闭对刀视图，在窗口中点击鼠标右键，"隐藏手轮"。点击 ，此时出现的画面如图 7-33 所示。

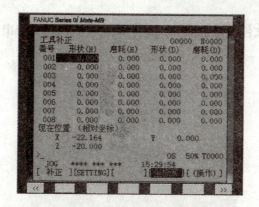

图 7-33

然后点击"坐标系"下面的按钮，出现的画面如图 7-34 所示。

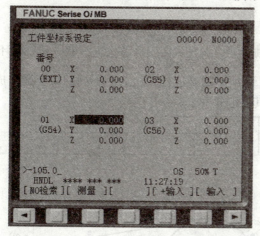

图 7-34

点击方向键 CURSORZ 中 ，使光标移动到 G54 的 X 位置，在控制面板上输入 –106.0 后，点击软键测量；使光标移动到 G54 的 Y 位置，在控制面板上输入 –106.0 后，点击软键测量；使光标移动到 G54 的 Z 位置，在控制面板上输入 1.0 后，点击软键测量。

（6）上传 NC 语言

从"文件/加载 NC 代码文件"，找到用户自己保存文件的地方，如图 7-35 所示。

图 7-35

找到文件后，双击文件，点击 Programe  按钮。代码自动出现在液晶显示窗口中，如图 7-36 所示。

图 7-36

(7) 自动加工

此时检查倍率和主轴转速，调整到 ![] 自动状态，最后开启循环启动按钮 ![] 。

【例 7-6】如图 7-37 所示的某连杆，由大小不同的 2 个圆组成，材料为铸铁，毛坯为浇铸件。要求精加工其外形轮廓。

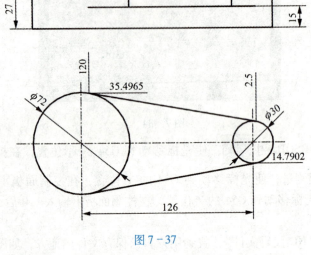

图 7-37

(1) 加工坐标原点

X：连杆小端的圆心。

Y：连杆小端的圆心。

Z：连杆的底平面。

机床坐标系设在 G54。

(2) 工艺步骤

用 $\phi$20 mm 的立铣刀加工，先铣出台阶之上的 2 个圆形，然后对整个外形进行铣削加工。为了获得较好的加工表面质量，使用圆弧方式进刀。

(3) 加工程序

```
O0025 ;                                    //程序名
N10 G54 G90 G00 X0 Y0 Z100. ;              //建立工件坐标系
N20 S800 M03 ;                             //主轴正转，转速 800 r/min
N30 G00 Z27. M08 ;                         //快速接近工件，冷却液开
N40 G00 X25. Y10. ;
N50 G01 Z15. F60 ;
N60 G01 G42 X15. Y0 D01 F300 ;             //建立刀具半径右补偿，调用 01 号刀补
N70 G03 I15. ;                             //进行小端圆弧加工
N80 G40 G01 X25. Y-10. ;                   //取消刀具半径补偿
N90 G00 Z30. ;
N100 X-172. Y-10. ;
N110 Z15. F60 ;
N120 G01 G42 X-162. Y0 D01 F300 ;          //建立刀具半径右补偿，调用 01 号刀补
N130 G03 I-36. ;                           //进行大端圆弧加工
N140 G01 G40 X-182. Y10. ;                 //取消刀具半径补偿
N150 G00 Z30. ;
N160 X25. Y10. ;
N170 Z0. F60 ;                             //刀具进深到 Z0. 处，进行下一次切削加工
N180 G01 G42 X15. Y0 D01 F300 ;
N190 G03 X2.5 Y14.79 I15. ;
N200 G01 X-120. Y35.5 ;
N210 G03 Y-35.5 I-36. J35.5 ;
N220 G01 X2.5 Y-14.79 ;
N230 G03 X-15. Y0 I2.5 J-14.79 ;
N240 G01 G40 X25. Y-10. ;
N250 G00 Z100. ;                           //抬高刀具
N255 M09 ;                                 //冷却液关
N260 M05 ;                                 //主轴停转
N270 M30 ;                                 //程序停止
```

### 7.2.2 SIEMENS 数控系统应用实例

【例 7-7】根据图 7-38 所示的零件编写加工程序（SIEMENS 802S）。刀具半径为 4 mm。

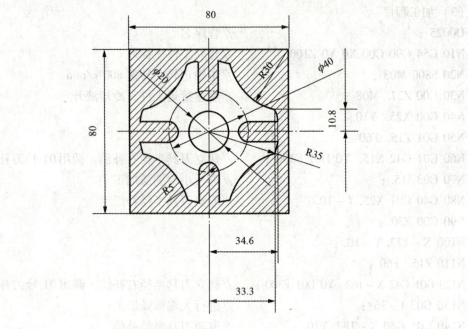

图 7-38

```
N000 G54 T1                    //使用可设定地零点偏置 G54
N010 M03 S1500 F200            //主轴正转 1500 r/min
N020 G0 X50 Y0
N030 Z-2
N040 G158 X0 Y0
N050 G1 G42 X34.6 Y5
N060 G258 RPL=0                //使用可编程的坐标轴旋转,RPL 为旋转角度
N070 L10                       //调用程序名为 L10 的子程序
N080 G258 RPL=90
N090 L10
N100 G258 RPL=180
N110 L10
N120 G258 RPL=270
N130 L10
N140 G1 G40 X50 Y0
N150 Z5
N160 G0 X0 Y0 Z5
N170 R101=5                    //返回平面(绝对平面)
N180 R102=2                    //安全距离
N190 R103=0                    //参考平面(绝对平面)
N200 R104=-2                   //凹槽深度(绝对数值)
N210 R116=0                    //凹槽圆心横坐标
```

```
N220 R117 = 0            //凹槽圆心纵坐标
N230 R118 = 20           //凹槽长度
N240 R119 = 20           //凹槽宽度
N250 R120 = 10           //拐角半径
N260 R121 = 2            //最大进刀深度
N270 R122 = 60           //深度进刀进给率
N280 R123 = 100          //表面加工的进给率
N290 R124 = 0.2          //表面加工的精加工余量
N300 R125 = 0.1          //深度加工的精加工余量
N310 R126 = 2            //铣削方向，数值范围2（G2）、3（G3）
N320 R127 = 2            //铣削类型，数值范围1（粗加工）、2（精加工）
N330 LCYC75              //LCYC75 铣槽循环
N340 G0 Z50
N350 M2
```

##  任务 7.3  FANUC 数控系统加工中心仿真加工及应用实例

【例 7-8】如图 7-39 所示的零件，要加工的零件采用的是 80 mm × 80 mm × 25 mm 的 45#调质钢材料，小批量生产，试分析其数控铣削加工工艺过程，完成加工程序的编写并进行加工。

### 1. 零件加工元素分析与其加工精度分析

从零件图中可以看到该零件的加工涉及以下几个加工元素，对于这些元素的加工精度也提出了较高的要求，现分析如下。

(1) 平面的加工

零件的上表面 A 和半弧形弯槽的上表面 B 的加工都是采用去除材料的加工方法，获得的表面粗糙度为 $Ra1.6$ 的平面（$Ra1.6$ 的表面粗糙度是标准公差 IT8 级的精度要求，属于较高的加工精度要求）。

(2) 曲面的加工

零件的左边开槽处 D 和零件球形环岛 E 的加工精度要求都是表面粗糙度为 $Ra1.6$ 的规则曲面 $Ra1.6$ 的表面粗糙度是标准公差 IT8 级的精度要求，属于较高的加工精度要求。

(3) 圆角的加工

零件的表面转角处的圆角 F（除与毛坯上表面、侧面接触的转角）的加工均是采用去除材料的加工方法，获得的表面粗糙度为 $Ra1.6$ 的圆角（$Ra1.6$ 的表面粗糙度是标准公差 IT8 级的精度要求，属于较高的加工精度要求）。

(4) 孔系的加工

零件中 $4 \times \phi10$ 的孔系加工方法首先使用钻头钻出所需孔，然后再使用镗刀对孔进行精度加工。

(5) 毛坯的尺寸与材料特性分析

从毛坯图纸看,45#调质钢材料具有良好的机械性能:$\sigma_s$(屈服强度)为 360 MPa;$\sigma_b$(抗拉强度)为 610 MPa;$\delta_5$(伸长率)为 16%;$\psi$(端面收缩率)为 40%;$a_k$(冲击韧性)为 50 J/cm$^2$,属于具有一般硬度的普通调质材料,在选择加工参数时应该注意考虑毛坯的硬度问题。

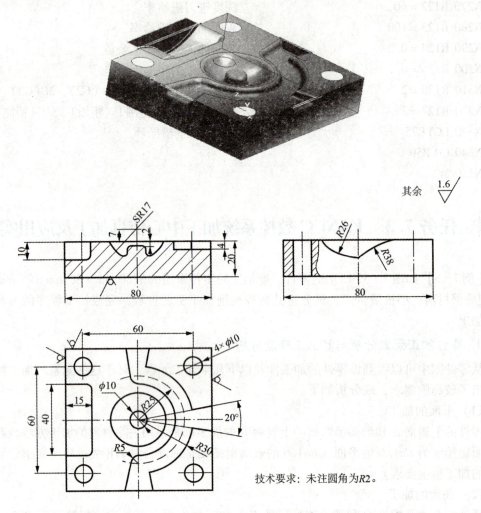

图 7-39

2. 零件的加工工艺分析与加工步骤的确定

(1) 平面的加工

零件的上表面 A 的加工:由于上表面 A 采用的是去除材料的加工方法获得 Ra1.6 的表面粗糙度,故要采用粗铣、精铣两种加工方案才能达到标准公差 IT8 级的精度要求。考虑到要进行高效率的加工,尽量减少加工的时间,故要选择较大直径的面铣刀(直径大于 80 mm 的面铣刀)进行粗铣和精铣两次加工。由于粗铣与精铣在刀具刀片的选择上有区别,所以要考虑用两把刀具分别进行粗加工和精加工。粗加工尽量采用较大的吃刀量、较大的进给速度和较高的切削速度；精加工时要保证表面粗糙度，故要选择较高的切削速度、较小的吃刀量和较小的进给速度。

零件半弧形弯槽的上表面 B 的加工：考虑到半弧形弯槽的最小宽度是 10 mm，故选用的铣刀的直径不能大于 10 mm，同时要保证 $Ra1.6$ 的表面粗糙度要求，故要进行粗铣和精铣两次加工（在加工设计时为了提高加工效率，选择将垂直面 C 合在一起进行加工）；粗加工尽量采用较大的吃刀量、较大的进给速度和较高的切削速度；精加工时要保证表面粗糙度，故要选择较高的切削速度、较小的吃刀量和较小的进给速度。

垂直面 C 的加工：采用粗铣、精铣两种加工方案才能达到标准公差 IT8 级的精度要求，考虑到加工表面 B 与垂直面 C 的加工是同时进行的，所以刀具的选择与加工半弧形弯槽的上表面 B 的刀具一样。

(2) 曲面的加工

零件的左边开槽处 D 的加工：选择刀具的直径≤12 的球头铣刀，加工的轨迹以扫描线加工为主，除剩下的连接处 R2 的圆角以外，其余部分均加工到规定尺寸。

零件的球形环岛 E 的加工：由于数控加工要求的是高速高效加工，所以球形环岛 E 面的加工选择与加工左边开槽处 D 的加工所用刀具一致，加工尽量采用较大的吃刀量、较大的进给速度和较高的刀具切削速度；加工轨迹以环切为主。除剩下的球形底面 R2 的圆角以外，其余部分均加工到规定尺寸。

(3) 圆角的加工

零件的表面转角处圆角 F 的加工（除与毛坯侧面接触的转角）：考虑到圆角的加工要符合简单快捷的要求，故确定采用一次精加工到所要求尺寸的形式，加工的轨迹与形状相一致。

(4) 孔系的加工

零件中孔 $4 \times \phi 10$ 的加工：由于毛坯上没有孔，所以首先在毛坯上用中心钻定位孔的位置，然后进行钻孔加工，精度在 IT11～IT13 之间 $Ra$ 为 12.5，不符合图纸要求的表面粗糙度 $Ra1.6$ 的要求，故还要在此基础上进行铰孔加工才能达到 $Ra$ 为 1.6 的表面粗糙度要求。考虑到 20 mm 深度的孔加工容易产生跳动，故要选择孔加工循环的方式进行加工，在最后的铰孔中采用一次下刀，铰削速度采用慢速，进刀速度也采用慢速，可防止刀具的跳动引起孔的扩张。还能保证孔的内表面达到所要求的加工精度。同时在加工孔时要选择顺时针或者是逆时针的加工路径，保证孔之间的距离。

(5) 装夹与夹具的选择

从零件的加工工艺看，采用普通的平口虎钳进行一次装夹，实现单向的加工就能够加工出所需要的零件。

(6) 零件加工的刀具选择

由于图纸加工尺寸的要求与实际的刀具的尺寸要求不一致，故不能刀具满足的选择，只能将加工工艺所设定的刀具选择表列举在表7-1中，仅供参考。

表7-1 刀具卡片

| 产品名称或者代号 | | 零件名称 | | 零件图号 | |
|---|---|---|---|---|---|
| 序号 | 加工表面 | 刀具编号 | 刀具名称 | 刀具长度（mm） | 刀具半径（mm） |
| 2 | 粗加工表A 精加工表A | T1 | 面铣刀 | 80 | 90 |
| 3 | 粗加工表B 粗加工侧C | T2 | 端铣刀 | 90 | 3 |
| 4 | 精加工表B 精加工侧C | | | | |
| 7 | 粗加工曲D 粗加工曲E | T3 | 球铣刀 | 80 | 3 |
| 8 | 精加工曲D 精加工曲E | | | | |
| 9 | 精加工圆F | T4 | 球刀 | 20 | 2 |
| 10 | 定位4×φ10的孔的置 | T5 | 中心钻 | | |
| 11 | 钻4×φ10的孔 | T6 | 钻头 | 60 | 4.9 |
| 12 | 铰4×φ1的孔 | T7 | 铰刀 | 60 | 10 |

(7) 零件加工工艺的最终调整结果（如表7-2所示）

表7-2 工艺卡片

| （单位） | | 产品名称与代号 | 材料 | 零件图号 | | |
|---|---|---|---|---|---|---|
| | | | 45#钢 | | | |
| 工序号 | 程序编号 | | 夹具名称 | 使用设备 | 车间 | |
| 工步号 | 工步内容 | | 加工面 | 刀具号 | 主轴转速（r/min） | 进给量（mm/r） | 背吃刀量（mm） | 备注 |
| 1 | 粗加工零件的上表面A | | A | T1 | 1000 | 1.5 | 4 | |
| 2 | 精加工零件的上表面A | | | | 1000 | 0.5 | 0.5 | |

续表

| 工步号 | 工步内容 | 加工面 | 刀具号 | 主轴转速（r/min） | 进给量（mm/r） | 背吃刀量（mm） | 备注 |
|---|---|---|---|---|---|---|---|
| 3 | 粗加工零件的半圆弧形弯槽表面 B | B | T2 | 1000 | 1.5 | 2 | |
| 4 | 粗加工零件的半圆弧形弯槽侧面 C | C | | 1000 | 0.5 | 0.5 | |
| 5 | 精加工零件的半圆弧形弯槽表面 B | B | | 1000 | 1.5 | 2 | |
| 6 | 精加工零件的半圆弧形弯槽面 C | C | | 1000 | 0.5 | 0.5 | |
| 7 | 粗加工零件的左边开槽处曲 D | D | T3 | 1000 | 1.5 | 2 | |
| 8 | 粗加工球形环岛曲面 E | E | | 1000 | 1.5 | 2 | |
| 9 | 精加工零件的左边开槽处曲 D | D | T4 | 1000 | 1.5 | 2 | |
| 10 | 精加工球形环岛曲面 E | E | | 1000 | 0.5 | 0.5 | |
| 11 | 精加工表面转角处圆角 F | F | T5 | 1000 | 0.5 | 0.3 | |
| 12 | 钻 4×φ10 的孔 | | T6 | 1000 | 1 | 4.5 | |
| 13 | 铰 4×φ10 的孔 | | T7 | 1000 | 0.5 | 0.1 | |

### 3. 确定操作步骤

打开程序选择机床→机床回零点→安装工件和工艺装夹→安装刀具→建立工件坐标系→传输 NC 程序→自动加工。

以下以 FANUC 0T 系统为例，介绍加工中心的操作。

（1）打开程序选择机床

单机版用户双击电脑桌面上的 VNUC 3.0 图标，或者从 Windows 的程序菜单中依次展开"legalsoft"→VNUC 3.0→单机版→VNUC 3.0 单机版。

网络版的用户，需先打开服务器 ，然后在客户端的桌面上双击图标 进入。或者从 Windows 的程序菜单中依次展开"legalsoft"→VNUC 3.0→网络版→VNUC 3.0 网络版。

网络版用户执行上述操作后会出现如图 7-40 所示的窗口，输入用户名和密码后，按登录键。进入 VNUC 系统后，出现如图 7-41 所示的主界面。

图 7-40

图 7-41

进入主界面后,从软件的主菜单栏里点击"选项"命令,然后再点击"选择机床和系统"命令,如图 7-42(a)所示;进入选择机床对话框,如图 7-42(b)所示;选择"3 轴立式加工中心",然后再选择"FANUC 0T"的数控系统,结果如图 7-43 所示。

(a)　　　　　　　　　(b)

图 7-42

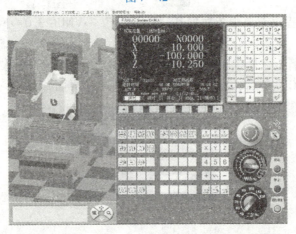

图 7-43

(2) 机床回零点

点击"启动"按钮给机床加电,然后打开"急停开关",再点击机床"回参考点"按钮,使机床处在回参考点零"REF."状态,点击坐标轴控制旋钮使之分别处在 X, Y, Z 状态,再点击"+"按钮,此时机床执行回参考点命令,液晶显示屏显示画面如图 7-44 所示。

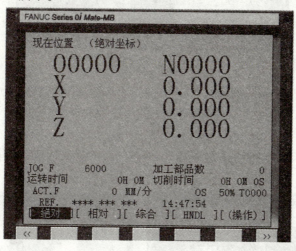

图 7-44

(3) 安装工件和工艺装夹

首先在主菜单栏里点击"工艺流程"命令,再点击"毛坯"命令,出现如图 7-45 所示的对话框。

图 7-45

点击"新毛坯"命令,定义毛坯,按照对话框提示,填写工件要求的数值,如图 7-46 所示。

251

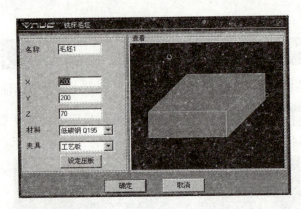

图 7-46

点击"数控加工"命令,再点击"工艺装夹"命令,选择虎钳装夹方式,选择毛坯1,点击"上移""下移""左移""右移"调整工件位置,最后点击"确认"按钮,如图7-47所示。

如图7-48所示,选择"设定压板",确定后,选择毛坯列表里面设定的新毛坯,安装。

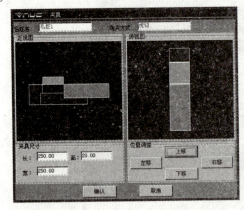

图 7-47

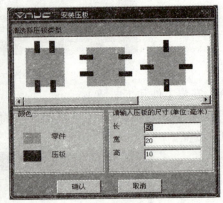

图 7-48

(4) 安装刀具

在主菜单中点击"工艺流程"命令,再点击"加工中心刀库"命令,设置所选用的刀具,如图7-49所示。

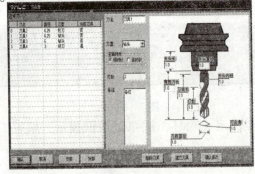

图 7-49

(5) 建立工件坐标系

在主菜单栏里点击"工艺流程"命令，然后再点击"基准对刀"命令，出现如图 7-50（a）所示的对话框，最后点击"确定"按钮。

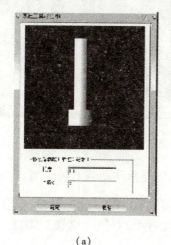 

(a)          (b)

图 7-50

调节对刀仪移动到零件的左侧，如图 7-50（b）所示的位置，同时选择塞尺为 0.1 mm，把鼠标放到视图中，点击鼠标右键，点击"显示手轮"命令，如图 7-51 所示。调节旋钮到"×1"挡，此时手轮的调节倍率为 1/1000 mm，同时选择"单段"按钮 ，调节到"JOG"状态，再调节 、 按钮，直到对刀仪接近工件表面为止。其效果如图 7-52 所示。

 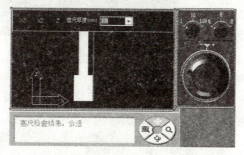

图 7-51        图 7-52

选择"测量工件"，填写刀具信息，存放地址，将轴心距设定原点距离输入"距离"栏中（即将刀具半径＋塞尺厚度＋工件的一半输入，方形工件 Y 值是一样的，矩形只需改变 Y 边到工件中心尺寸，Z 值只需输入塞尺厚度），点击"计算"命令。

接着打开设置参数，点击"显示"命令，然后再点击"辅助视图"命令关闭对刀视图，在窗口中点击鼠标右键，"隐藏手轮"。点击"OFFSET SETTING"按钮 ，如图 7-53 所示。然后点击"坐标系"按钮，如图 7-54 所示。

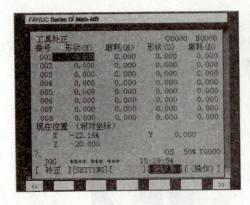
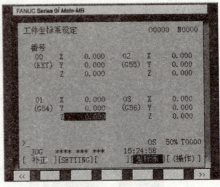

图7-53　　　　　　　　　　　　　图7-54

点击方向键"CURSORZ"中的 ↓ 按钮，使光标移动到G54位置，在控制面板中输入轴心距设定原点距离输入"距离"栏中（即将刀具半径+塞尺厚度+工件的一半输入，方形工件Y值是一样的，矩形只需改变Y边到工件中心尺寸，Z值只需输入塞尺厚度）点击"测量"命令，如图7-55所示。

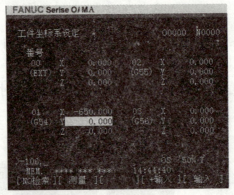

图7-55

（6）传输NC程序

在主菜单中点击"文件"命令，然后再点击"加载NC代码文件"命令，找到用户自己保存文件的地方，如图7-56所示。

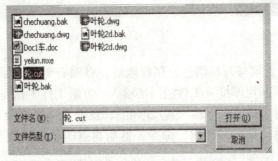

图7-56

选择所需程序后，再点击"PRGRM"按钮 。代码自动出现在液晶显示窗口中，如图 7-57 所示。

（7）自动加工

此时检查倍率和主轴转速，点击"自动"按钮 ，使机床处于自动状态，最后点击"循环启动"按钮 ，机床执行自动加工。

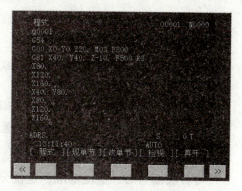

图 7-57

【例 7-9】在某加工中心上加工如图 7-58 所示的壳体零件，其材料为 HT31-52 铸铁。

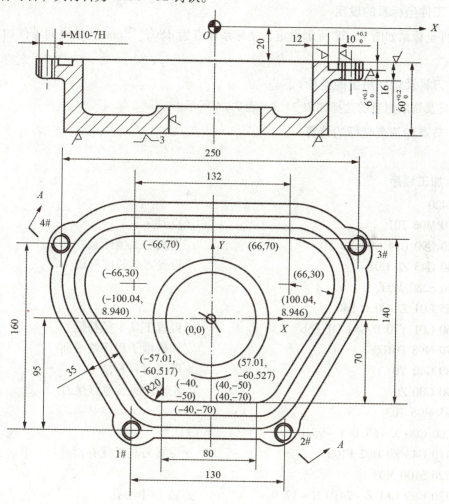

图 7-58

255

1. 工艺分析

本零件加工内容是：铣削上表面，保证尺寸；铣槽 $10_{\ 0}^{+0.1}$；槽深要求为 $6_{\ 0}^{+0.1}$；加工 4-M10-7H。本工序之前已将中间 $\phi80_{\ 0}^{+0.054}$ mm 孔及底面加工好，其余内、外形均不做加工。

加工路线：根据先平面后孔的原则，本工序各加工面的加工顺序是铣平面→钻 4-M10 中心孔钻→4M10 底孔→4-M10 螺纹底孔倒角→攻螺纹 4-M10→铣 10 mm 槽。

2. 工件的定位和夹紧

零件底面为第一定位基准，定位元件采用支承板；$\phi80_{\ 0}^{+0.054}$ mm 孔为第二定位基准，定位元件是短圆柱定位销；零件后面为第三定位基准，定位元件采用移动定位板。夹紧方案是：通过螺钉压板从上往下将工件压紧（压板压 $\phi80_{\ 0}^{+0.054}$ mm 孔的上端面）。

3. 工件坐标系的设定

工件坐标系如图 7-58 所示设定，坐标系原点为 $\phi80_{\ 0}^{+0.054}$ mm 孔轴线同零件加工平面的交点。

4. 刀具及切削用量的选择

刀具及切削用量的选择如表 7-3、表 7-4 所示。

5. 节点和基点坐标的计算

略

6. 加工程序

O7420
N10 M06 T01                          //换刀
N20 G90 G54 G00 X0 Y0                //进入加工坐标系；
N40 G43 Z0 H01                       //设置刀具长度补偿
N50 S280 M03
N55 G01 Z-20.0 F40
N60 G01 Y70.0 G41 D1 F56             //设置工具半径补偿
N70 M98 P0100                        //调铣槽子程序铣平面
N80 G40 Y0                           //取消刀具补偿
N90 G00 Z0                           //Z 轴返回参考点换刀
N95 M06 T03
N100 G00 X-65.0 Y-95.0
N110 G43 Z0 H02 F100                 //设置刀具长度补偿
N120 S100 M03
N130 G99 G81 Z-24.0 R-17.0           //钻 1#中心孔
N140 M98 P0200                       //调用子程序，钻 2#、3#、4#中心孔
N150 G80 G28 G40 Z0
N155 M06 T03                         //换刀

```
N160 G43 Z0 H03 F50                              //设置刀具长度补偿
N170 S300 M03
N180 G99 G81 X0 Y87.0 Z-25.5 R-17.0              //定槽上端中心位置
N190 X-65.0 Y-95.0 Z-40.0                        //钻1#底孔
N200 M98 P0200                                   //调用子程序,钻2#、3#、4#底孔
N210 G80 G28 G40 Z0
N215 M06 T04
N220 G43 Z0 H04
N225 M03 S60
N230 G99 G82 X-65.0 Y-95.0 Z-26.0 R-17.0 P500
                                                 //1#孔倒角
N240 M98 P0200                                   //调用子程序,2#、3#、4#孔倒角
N250 G80 G28 G40 Z0
N255 T05 M06
N260 G43 Z0 H05 F90
N270 M03 S60                                     //主轴起动
N280 G99 G84 X-65.0 Y-95.0 Z-40.0 R-10.0
                                                 //1#攻螺纹
N290 M98 P0722                                   //调用子程序,2#、3#、4#攻螺纹
N300 G80 G28 G40 Z0 M06                          //返回换刀
N310 X-0.5 Y150.0 T00                            //到铣槽起始点
N320 G41 D6 Y70.0                                //设置刀具半径补偿
N330 G43 Z0 H06                                  //设置刀具长度补偿
N340 S300 M03                                    //主轴起动
N350 X0                                          //到X0点
N360 G01 Z-26.05 F30                             //下刀
N370 M98 P0721                                   //调铣槽子程序铣槽
N380 G28 G40 Z0
N390 G28 X0 Y0
N400 M30                                         //结束
O7421                                            //铣槽子程序:
N10 X66.0 Y70.0
N20 G02 X100.04 Y8.946 J-40.0                    //切削右上方R40圆弧
N30 G01 X57.010 Y-60.527
N40 G02 X40.0 Y-70.0 I-17.010 J10.527            //切削右下方R20圆弧
N50 G01 X-40.0
N60 G02 X-57.010 Y-60.527 J20.0                  //切削左下方R20圆弧
N70 G01 X-100.04 Y8.946
```

```
N80 G02 X-66.0 Y70.0 I34.04 J21.054      //切削左上方R40圆弧
N90 G01 X0.5
N100 M99
O7422                                     //2#、3#、4#孔定位子程序：
N1 X65.0                                  //2#孔位
N2 X125.0 Y65.0                           //3#孔位
N3 X-125.0                                //4#孔位
N4 M99
```

表7-3 数控加工工艺卡

| ×××公司 | 产品型号 | 零件名称 | 零件图号 | 夹具名称 | 程序名称 | 材料 | 使用设备 | 编制 |
|---|---|---|---|---|---|---|---|---|
| | | 壳体 | | | O7420 | | TH7640 | |

| 工步号 | 加工内容 | 刀具号 | 刀具名称 | 刀具规格（mm） | 刀具补偿号 | 主轴转速（r/min） | 进给速度（mm/min） | 切削深度（mm） | 加工余量（mm） |
|---|---|---|---|---|---|---|---|---|---|
| 1 | 铣平面 | T1 | 端铣刀 | φ80 | H1D1 | S280 | F56 | | |
| 2 | 钻4-M10中心孔 | T2 | 中心钻 | φ3 | H2 | S1000 | F100 | | |
| 3 | 钻4-M10底孔,定槽10中心位置 | T3 | 钻头 | φ8.5 | H3 | S800 | F50 | | |
| 4 | 螺纹口倒角 | T4 | 钻头 | φ18（90°） | H4 | S800 | F50 | | |
| 5 | 攻丝4-M10 | T5 | 丝锥 | M10(X1.5) | H5 | S60 | F90 | | |
| 6 | 铣槽10 | T6 | 立铣刀 | φ10+0.03 | H6,D6 | S300 | F30 | | |

表7-4 刀具调整卡片

| ×××公司 | 产品型号 | 零件名称 | 零件图号 | 夹具名称 | 程序名称 | 材料 | 使用设备 | 编制 |
|---|---|---|---|---|---|---|---|---|
| | | 型腔 | | | O7420 | TH200 | TH7640 | |

| 刀具号（T） | 刀具名称 | 刀具规格（mm） | 刀具偏置值 | 用途 | 刀具材料 |
|---|---|---|---|---|---|
| 1 | 端铣刀 | φ80 | H1,D1 | 铣平面 | 不重磨硬质合金 |
| 2 | 中心钻 | φ3 | H2 | 钻4-M10中心孔 | 高速钢（HSS） |
| 3 | 钻夹头 | φ8.3 | H3 | 钻4-M10底孔,定槽10中心位置 | 高速钢（HSS） |
| 4 | 钻夹头（90°） | φ18 | H4 | 螺纹口倒角 | 高速钢（HSS） |
| 5 | 丝锥 | M10×1.5 | H5 | 攻丝4-M10 | 高速钢（HSS） |
| 6 | 立铣刀 | $\phi 10^{+0.03}$ | H6、D6 | 铣槽10 | 高速钢（HSS） |

【例7-10】端盖是机械加工常见的零件，它的工序有铣面、镗孔、钻孔、扩孔、攻螺纹等多种工序，比较典型。如图7-59所示。

### 1. 根据图纸要求确定工艺方案及工艺路线

（1）图纸分析和决定安装基准。零件加工要求如图7-59所示（毛坯上已铸有$\phi55$孔）。假定在卧式加工中只加工$B$面（毛坯余量为4 mm）和$B$面的各孔。根据图纸要求，选择$A$面为定位安装面，用弯板装夹。

（2）加工方法和加工路线的确定。加工时按先面后孔、先粗后精的原则。$B$面加工分粗铣和精铣；$\phi60H7$孔采用三次镗孔加工，即粗镗、半精镗和精镗。$\phi12H8$孔按钻、扩、铰方式进行；$\phi16$孔在$\phi12$孔基础上增加锪孔工序；螺纹孔采用钻孔后攻丝的方法加工；螺纹孔和阶梯孔在钻前都安排打中心孔工序，螺纹孔用钻头倒角。

### 2. 确定工件坐标系

选$\phi60H7$孔中心为$XY$轴坐标原点，选距离被加工表面30 mm处为$Z$轴坐标原点，选距离工件表面5 mm处为$R$点平面。

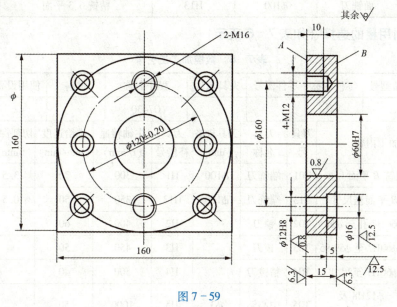

图 7-59

### 3. 刀辅具的选择（如表7-5所示）

表 7-5 刀具调整卡

| ×××公司 | 产品型号 | 零件名称 | 零件图号 | 程序名称 | 材料 | 使用设备 | 编制 |
|---|---|---|---|---|---|---|---|
| | | 端盖 | | O7430 | | TH7640 | |
| 刀具号（T） | 刀具名称 | 刀具规格（mm） | 刀具偏置 | 用途 | | | 刀具材料 |
| T01 | 面铣刀 | $\phi100$ | H1 | 粗铣6.2平面 | | | |
| T02 | 镗刀 | $\phi100$ | H2 | 粗镗$\phi60H7$孔 | | | |
| T03 | 镗刀 | | H3 | 半精镗$\phi60H7$ | | | |

续表

| 刀具号（T） | 刀具名称 | 刀具规格（mm） | 刀具偏置 | 用途 | 刀具材料 |
|---|---|---|---|---|---|
| T04 | 微调镗刀 |  | H4 | 精镗 φ60H7 至尺寸 |  |
| T05 | 中心钻 | φ3 | H5 | 钻 2－φ12H8 及 2－M16 的中心孔 |  |
| T06 | 锥柄钻头 | φ10 | H6 | 钻 2－φ12H8 |  |
| T07 | 锥柄扩孔钻 | φ11.85 | H7 | 扩 2－φ12H8 |  |
| T08 | 端刃立铣刀 | φ16 | H8 | 锪 2－φ16 至尺寸 |  |
| T09 | 铰刀 | φ12H8 | H9 | 铰 2－φ12H8 至尺寸 |  |
| T10 | 锥柄钻头 | φ14 | H10 | 钻 2－M16 底孔至 φ14 |  |
| T11 | 锥柄钻头 | φ18 | H11 | 倒 2－M16 底孔端角 |  |
| T12 | 机用丝锥 | φ16 | H12 | 攻 2－M16 螺纹成 |  |
| T13 | 面铣刀 | φ100 | H13 | 精铣 6.3 平面 |  |

### 4. 切削用量的选择（如表 7－6 所示）

表 7－6　数控加工工艺卡

| ×××公司 | 产品型号 | 零件名称 壳体 | 零件图号 | 夹具名称 | 程序名称 O7430 | 材料 | 使用设备 | 编制 |
|---|---|---|---|---|---|---|---|---|

| 工步号 | 加工内容 | 刀具号 | 刀具名称 | 刀具规格（mm） | 刀具补偿号 | 主轴转速（r/min） | 进给速度（mm/min） | 切削深度（mm） | 加工余量（mm） |
|---|---|---|---|---|---|---|---|---|---|
| 1 | 粗铣 B 平面 | T01 | 端铣刀 | φ100 | H1 | 300 | 70 | 3.5 | 0.5 |
| 2 | 精铣 B 平面至尺寸 | T13 | 端铣刀 | φ100 | H13 | 350 | 50 | 0.5 |  |
| 3 | 粗镗 φ60H7 孔至 φ58 | T02 | 镗刀 |  | H2 | 400 | 60 |  | 2 |
| 4 | 半精镗 φ60H7 至 φ59.95 | T03 | 镗刀 |  | H3 | 450 | 50 |  | 0.05 |
| 5 | 精镗 φ60H7 至尺寸 | T04 | 精镗刀 |  | H4 | 500 | 40 |  |  |
| 6 | 钻 2－φ12H8 及 2－M16 的中心孔 | T05 | 中心钻 | φ3 | H5 | 1000 | 50 |  |  |
| 7 | 钻 2－φ12H8 至 φ10 | T06 | 钻头 | φ10 | H6 | 600 | 60 |  | 2 |
| 8 | 扩 2－φ12H8 至 φ11.85 | T07 | 扩孔钻 | φ18.5 | H7 | 300 | 40 |  | 0.15 |
| 9 | 锪 2－φ16 至尺寸 | T08 | 阶梯铣刀 | φ16 | H8 | 150 | 30 |  |  |
| 10 | 铰 2－φ12H8 至尺寸 | T09 | 铰刀 | φ12H8 | H9 | 110 | 40 |  |  |
| 11 | 钻 2－M16 底孔至牵 14 | T10 | 钻头 | φ14 | H10 | 450 | 60 |  |  |
| 12 | 倒 2－M16 底孔端角 | T11 | 钻头 | φ18 | H11 | 300 | 40 |  |  |
| 13 | 攻 2－M16 螺纹成 | T12 | 机用丝锥 | M16 | H12 | 100 | 200 |  |  |

### 5. 端盖的加工程序（FANUCOM 系统）

```
O7430
N1  G92 X0 Y0 Z0 ;                          //建立工件坐际系
N2  M06 T01 ;                               //刀具交换，换成端铣刀
N3  G00 G90 X0 Y0 ;
N4  X – 135.0 Y45.0 ;
N5  S300 M03 ;
N6  G43 Z – 33.5 H01 ;                      //刀具长度补偿
N7  G01 X75.0 F70 ;                         //直线插补铣削加工
N8  Y – 45.0 ;
N9  X – 135.0 ;
N10 G00 G49 Z0 M05 ;                        //取消补偿
N11 M06 T13 ;                               //刀具交换，换成精铣刀
N12 G00 X0 Y0 ;
N13 X – 135.0 Y45.0 ;
N14 G43 Z – 34.0 H13 S350 M03 ;
N15 G01 X75.0 F50 ;
N16 Y – 45.0 ;
N17 X – 135.0 ;
N18 G00 G49 Z0 M05 ;
N19 M06 T02 ;                               //刀具交换，换成粗镗刀
N20 G00 X0 Y0 ;
N21 G43 Z0 H02 S400 M03 ;
N22 G98 G81 Z – 50.0 R – 25.0 F60 ;         //固定循环粗镗 φ60H7 孔
N23 G00 G49 Z0 M05
N24 G30 Y0 M06 T04
N25 Y0 ;
N26 G43 Z0 H03 S450 M03 ;
N27 G98 G81 Z – 50.0 R – 25.0 F50 ;         //固定循环半精镗 φ60H7
N28 G00 G49 Z0 M05 ;
N29 M06 T04 ;                               //刀具交换，换精镗刀
N30 Y0 ;
N3  G43 Z0 H04 S450 M03 ;
N32 G98 G76 Z – 50.0 R – 25.0 Q0.2 P200 F40 ;  //精镗 φ60H7 循环
N33 G00 G49 Z0 M05 ;
N34 G30 Y0 M06 T05 ;
N35 X0 Y60.0 ;
N36 G43 Z0 H05 S1000 M03 ;
```

N37 G99 G81 Z-35.0 R-25.0 F50 ;            //固定循环钻中心孔
N38 X60.0 Y0 ;
N39 X0 Y-60 ;
N40 X-60.0 Y0 ;
N41 G00 G49 Z0 M05 ;
N42 G30 Y0 M05 T06 ;                        //刀具交换，换 φ10 钻头
N43 X-160.0 Y0 ;
N44 G43 Z0 H06 S600 M03 ;
N45 G99 G81 Z-60.0 R-25.0 F60 ;             //钻孔固定循环 φ12H8 为 φ10
N46 X60.0 ;
N47 G00 G49 Z0 M05 ;
N48 G30 Y0 M06 T07 ;                        //刀具交换，换 φ11.85 扩孔钻
N49 X-60.0 Y0 ;
N50 G43 Z0 H07 S300 M03 ;
N51 G99 G81 Z-60.0 R-25.0 F40 ;             //扩孔固定循环
N52 X60.0 ;
N53 G00 G49 Z0 M05 ;
N54 G30 Y0 M06 T08 ;                        //刀具交换，换阶梯孔铣刀
N55 X-60.0 Y0 ;
N56 G43 Z0 H08 S150 M03 ;
N57 G99 G82 Z-35.0 R-25.0 P2000 F30 ;       //锪孔循环，孔底循环
N58 X60.0 ;                                 //锪孔循环，孔底循环
N59 G00 G49 Z0 M05 ;
N60 G30 Y0 M06 T09 ;                        //刀具交换，换精铰刀
N61 X-60.0 Y0 ;
N62 G43 Z0 H09 S100 M03 ;
N63 G99 G86 Z70.0 R-25.0 F100 ;             //铰孔循环，铰 φ12H8 孔
N64 X60.0 ;                                 //铰孔循环，铰 φ12H8 孔
N65 G00 G49 Z0 M05 ;
N66 G30 Y0 M06 T11 ;                        //刀具交换，换成 φ14 钻头
N67 X0 Y60.0 ;
N68 G00 G43 H10 S450 M03 ;
N69 G99 G81 Z-60.0 R-25.0 F60 ;             //钻 M16 底孔循环
N70 Y-60.0;
N71 G00 G49 Z0 M05;
N72 G30 Y0 M06 T11;                         //刀具交换，换倒角钻头
N73 X0 Y60.0 ;
N74 G00 G43 H11 S300 M03 ;

N75 G99 G84 Z-60.0 R-25.0 F200 ;           //倒角循环，孔底暂停
N76 Y-60.0 ;                                //倒角循环，孔底暂停
N77 G00 G49 Z0 M05 ;
N78 G30 Y0 M06 T12 ;                        //刀具交换，换成丝锥
N79 X0 Y60.0 ;
N80 G00 G49 Z0 M05 ;
N81 G99 G84 Z-60.0 R-25.0 F200 ;           //攻丝循环，攻 M16 螺纹
N82 Y-60.0 ;                                //攻丝循环，攻 M16 螺纹
N83 G00 G49 Z0 M05 ;                        //取消刀补，Z 坐标回工件零点
N84 X0 Y0 ;                                 //X，Y 坐标回工件零点
N85 M30 ;                                   //程序结束，并返回开头

## 习题七

7.1 如图 7-60 所示的零件，材料为 45#钢，小批量生产，试分析其数控车削加工工艺过程，完成加工程序的编写并进行仿真加工。

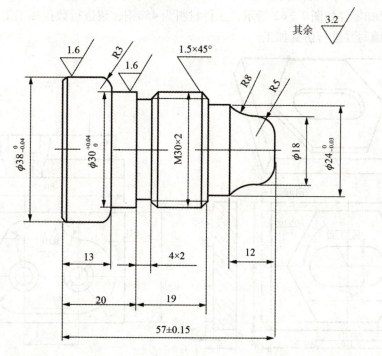

图 7-60

7.2 如图 7-61 所示的零件，材料为 45#钢，试分析其数控铣削加工工艺过程，完成加工程序的编写并进行仿真加工。

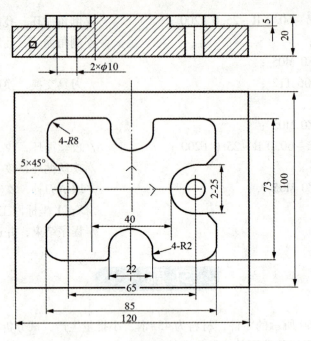

图 7－61

7.3 已知零件如图 7－62 所示，工件材料为 45#钢，请进行数控加工工艺分析，完成加工程序的编写并进行仿真加工。

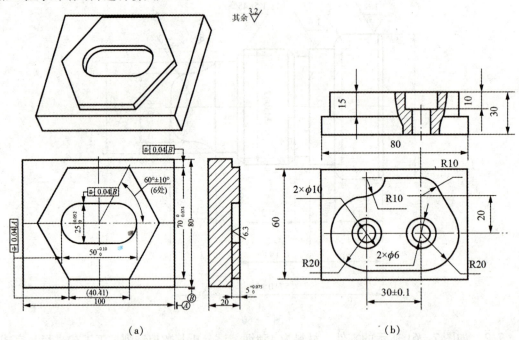

(a)      (b)

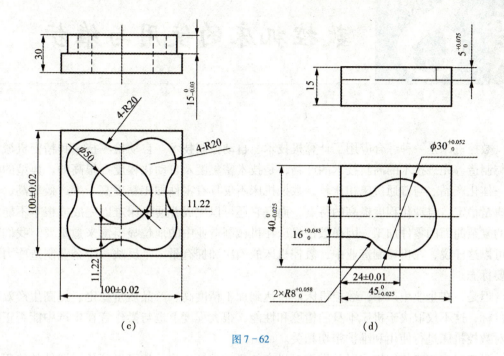

图 7-62

# 单元八 8 数控机床的使用与维护

数控机床是一种综合应用了计算机技术、自动控制技术、自动检测技术和精密机械设计与制造等先进技术的高新技术的产物，是技术密集度及自动化程度都很高的、典型的机电一体化产品。与普通机床相比较，数控机床不仅具有零件加工精度高、生产效率高、产品质量稳定、自动化程度极高的特点，而且它还可以完成普通机床难以完成或根本不能加工的复杂曲面的零件加工，因而数控机床在机械制造业中的地位显得愈来愈重要。我们甚至可以这样说，在机械制造业中，数控机床的档次和拥有量，是反映一个企业制造能力的重要标志。

但是，在企业生产中，数控机床能否达到加工精度高、产品质量稳定、提高生产效率的目标，这不仅取决于机床本身的精度和性能，很大程度上也与操作者在生产中能否正确地对数控机床进行使用和维护密切相关。

只有坚持正确使用机床以及做好对机床的日常维护工作，才可以延长元器件的使用寿命，延长机械部件的磨损周期，防止意外恶性事故的发生；只有保证机床长时间稳定工作，才能充分发挥数控机床的加工优势，达到数控机床的技术性能，确保数控机床能够正常工作。

由于数控机床具体涉及多学科最新技术成果，而且各类数控机床之间有较大差别，因此它们的使用、维护及保养也不尽相同。在此只能从基本要求上做一介绍，具体的内容必须参考相关产品说明书及有关使用、维护等配套技术文档资料。

 **任务 8.1　数控机床的选用**

目前，我国数控机床的可供品种规格已超过 1400 种，且以每年增加 100 种左右的速度增长，产量也有很大的提高。如何从品种繁多、价格差异巨大的设备中选择适合自己的设备，如何使这些设备在机械加工中充分发挥作用，如何正确、合理地选购与主机相应配套的附件及软件技术，是大家十分关心的问题。下面对此做一些介绍。

### 8.1.1　数控机床规格的选择

数控机床已发展成品种繁多、可供广泛选择的商品，在机型选择中应在满足加工工艺要求的前提下越简单越好。例如，车削中心和数控车床都可以加工轴类零件，但一台满足同样加工规格的车削中心价格要比数控车床贵几倍，如果没有进一步工艺要求，选数控车床应是合理的。在加工型腔模具零件中，同规格的数控铣床和加工中心都能满足基本加工要求，但两种机床价格相差 20%～50%，所以在模具加工中要采用常更换刀具的工艺可安排选用加工中心，而固定一把刀具长时间铣削的可选用数控铣床。

数控机床的最主要规格是几个数控轴的行程范围和主轴电机功率。机床的三个基本直线坐标（$X$、$Y$、$Z$）行程反映该机床允许的加工空间，在车床中两个坐标（$X$、$Z$）反映允许回转体的大小。一般情况下加工工件的轮廓尺寸应在机床的加工空间范围之内，例如，典型工件是 450 mm ×450 mm ×450 mm 的箱体，那么应选取工作台面尺寸为 500mm ×500 mm 的加工中心。选用工作台面比典型工件稍大一些是出于安装夹具考虑的。机床工作台面尺寸和三个直线坐标行程都有一定的比例关系，如上述工作台（500 mm ×500 mm）的机床，$X$ 轴行程一般为（700～800）mm、$Y$ 轴为（500～700）mm、$Z$ 轴为（500～600）mm。因此，工作台面的大小基本上确定了加工空间的大小。特殊情况下也允许工件尺寸大于坐标行程，这时必须要求零件上的加工区域处在行程范围之内，而且要考虑机床工作台的允许承载能力，以及工件是否与机床交换刀刀具的空间干涉、是否与机床防护罩等附件发生干涉等一系列问题。

数控机床的主电机功率在同类规格机床上也可以有不同的配置，一般情况下可反映该机床的切削刚性和主轴高速性能。例如，轻型机床主轴电机功率就可能比标准型机床小 1～2 级。目前一般加工中心主轴转速在（4000～8000）r/min，高速型立式机床可达（20 000～70 000）r/min，卧式机床达（10 000～20 000）r/min，其主轴电机功率也成倍加大。主轴电机功率反映了机床的切削效率，又从另一个侧面反映了切削刚性和机床整体刚度。在现代中小型数控机床中，主轴箱的机械变速已较少采用，往往都采用功率较大的交流可调速电机直联主轴，甚至采用电主轴结构。这样的结构在低速中扭矩受到限制，即调速电机在低转速时输出功率下降，为了确保低速输出扭矩，就得采用大功率电机，所以同规格机床数控机床主轴电机比普通机床大好几倍。当用户的一些典型工件上有大量的低速加工时，也必须对选择机床的低速输出扭矩进行校核。轻型机床在价格上肯定便宜，要求用户根据自己的典型工件毛坯余量大小、切削能力（单位时间金属切除量）、要求达到的加工精度、实际能配置什么样刀具等因素综合选择机床。近年来数控机床上高速化趋势发展很快，主轴从每分钟几千转到几万转，直线坐标快速移动速度从（10～20）m/min 上升到 80 m/min 以上，当然机床价格也相应上升，用户必须根据自己的技术能力和配套能力做出合理选择。

对少量特殊工件仅靠三个直线坐标加工不能满足要求，要另外增加回转坐标（$A$，$B$，$C$）或附加工坐标（$U$，$V$，$W$）等，目前机床市场上这些要求都能满足，但机床价格会增加很多。尤其是一些要求多轴联动加工，如四轴、五轴联动加工，必须对其相应配套的编程软件、测量手段等有全面考虑和安排。

### 8.1.2 机床精度的选择

数控机床按精度可分为普通型和精密型，一般数控机床精度检验项目都有 20～30 项，但其最具特征的项目是：单轴定位精度、单轴重复定位精度和两轴以上联动加工出试件的圆度，如表 8－1 所示。

表 8-1　数控机床精度特征项目

| 精度项目 | 普通型 | 精密型 |
| --- | --- | --- |
| 单轴定位精度 | 0.02/全长 | 0.005/全长 |
| 单轴重复定位精度 | 0.008 | < 0.003 |
| 铣圆精度 | 0.03～0.04/200 圆 | 0.015/200 圆 |

其他精度项目与表 8-1 内容都有一定的对应关系。定位精度和重复定位精度综合反映了该轴各运动部件的综合精度。尤其是重复定位精度，它反映了该轴在行程内任意定位点的定位稳定性，这是衡量该轴能否稳定可靠工作的基本指标。目前数控系统中软件都有丰富的误差补偿功能，能对进给传动链上各环节系统误差进行稳定的补偿。例如，传动链各环节的间隙、弹性变形和接触刚度等变化因素，它们往往随着工作台的负载大小、移动距离长短、移动定位速度的快慢等反映出不同的瞬时运动量。在一些开环和半闭环进给伺服系统中，测量以后的机械驱动元件，受各种偶然因素影响，也有相当大的随机误差影响，如滚珠丝杠热伸长引起的工作台实际定位位置漂移等。总之，如果能选择，那么就选重复定位精度最好的设备！

铣削圆柱面精度或铣削空间螺旋槽（螺纹）是综合评价该机床有关数控轴（两轴或三轴）伺服跟随运动特性和数控系统插补功能的指标，评价方法是测量加工出圆柱面的圆度。在数控机床试切件中还有铣斜方形四边加工法，也可判断两个可控轴在做直线插补运动时的精度。在做这项试切时，把用于精加工的立铣刀装到机床主轴上，铣削放置在工作台上的圆形试件，对中小型机床圆形试件一般取为 $\phi$（200～300）mm，然后把切完的试件放到圆度仪上，测出其加工表面的圆度。铣出圆柱面上有明显铣刀振纹反映该机床插补速度不稳定；铣出的圆度有明显椭圆误差，反映插补运动的两个可控轴系统增益不匹配；在圆形表面上每一可控轴运动换方向的点位上有停刀点痕迹（在连续切削运动中，在某一位置停止进给运动刀具就会在加工表面上形成一小段多切去金属的痕迹）时，反映该轴正反向间隙没有调整好。单轴定位精度是指在该轴行程内任意一个点定位时的误差范围，它直接反映了机床的加工精度能力，所以是数控机床最关键技术指标。目前全世界各国对这指标的规定、定义、测量方法和数据处理等有所不同，在各类数控机床样本资料介绍中，常用的标准有美国标准（NAS）和美国机床制造商协会推荐标准、德国标准（VDI）、日本标准（JIS）、国际标准化组织（ISO）和我国国家标准（GB）。在这些标准中规定最低的是日本标准，因为它的测量方法是使用单组稳定数据为基础，然后又取出用正负值把误差值压缩一半，所以用它的测量方法测出的定位精度往往比用其他标准测出的相差一倍以上。

上面只是部分分析了数控机床几项主要精度对工件加工精度的影响。要想获得合格的加工零件，选取适用的机床设备只解决了问题的一半，另一半必须采取工艺措施来解决。

### 8.1.3　数控系统的选用

为了能使数控系统与所需机床相匹配，在选择数控系统时应遵循一定的基本原则。

用户选择系统的基本原则是：性能价格比要高、购后的使用维护要方便、系统的市场寿命要长（不能选淘汰系统，否则使用几年后将找不到维修备件）等。

数控系统中除基本功能以外还有很多可供选择的功能。对配在机床上的系统，由于机床使用基本要求所需的数控系统选择功能已由制造商选配，用户可以根据自己的生产管理、测量要求、刀具管理、程序编制要求等，额外再选择一些功能列入订货单中，如 DNC 接口联网要求等。

选用数控系统时首先应考虑到数控系统在功能和性能上应与所确定的机床相匹配。同时也要考虑到以下几方面的因素。

（1）按数控机床的设计指标来选择和确定机床数控系统

目前可供选择的机床数控系统，性能高低、功能差别都很显著。如日本 FANUC 公司的 15 系统与 0 系统的最高切削进给速度相差 10 倍（当脉冲当量为 $1\mu m$ 时）。同时，其价格的差别也很大。因此，总的来说，必须从实际需要出发，考虑经济性与可行性。

（2）按数控机床的性能选择数控系统

虽然数控系统的功能很多，但可以大致分为两类不同的配置：一是基本功能，在购置时必须配置的功能；另一类是选择功能，要按用户自身的特殊需要去选择配置。而往往选择功能在售价中所占的比例较高。因此，对选择功能应经过仔细分析，不要盲目选择，造成浪费。

（3）选择机床数控系统时，一定要周密考虑，在一次订货中力争全而不漏

避免机床在安装、调试中出现困难，影响使用而且有可能延误周期造成不应有的损失。

（4）考虑一致性

要考虑和照顾到本厂或本车间已有数控机床所配置的数控系统生产厂家与型号的一致性，以便于管理、维护、使用与培训。

## 8.1.4 工时和节拍的估算

标准工时是一个经过培训的员工，在工艺条件成熟稳定的情况下，以标准的动作完成一个工作任务的时间。

节拍指一件产品从投入到产出的时间，它是根据市场需求量制订，可以理解为计划生产一个产品所需要的时间，如一天的计划产量为 3000 pcs，那么产品的节拍应为 3000/8 h，如果实际的加工周期比节拍大，为了完成任务，要么做产线平衡，要么通过加班来完成。

至于标准工时与节拍的区别，标准工时是一个工时定额，即员工只有按标准的动作去作业才能达到，以起到标杆的作用。节拍是一个计划指标，可作为产线产能分析和平衡分析的依据。二者是独立的概念。

选择机床时必须做可行性分析，一年之内该机床能加工出多少典型零件。对每个典型零件，按照工艺分析可以初步确定一个工艺路线，从中挑出准备在数控机床上加工的工序内容，根据准备给机床配置的刀具情况来确定切削用量，并计算每道工序的切削时间 $t_{切}$ 及相应的辅助时间 $t_{辅}$，中小型加工中心每次的换刀时间为（10~20）s，这时单工序时间为

$$t_{工序} = t_{辅} + t_{切} + (10 \sim 20) \text{ s}。$$

按 300 个工作日、两班制、一天有效工作时间（14~15）h 计算，就可以算出机床的年生产能力。在算出所占工时和节拍后，考虑设计要求或工序平衡要求，可以重新调整在加工中心的加工工序数量，达到整个加工过程的平衡。当典型零件品种较多，又希望经常开发新零件的加工时，在机床的满负荷工时计算中，必须考虑更换工件品种时所需的机床调整时间。作为选机估算，可以用变换品种的多少乘以修正系数。这个修正系数可根据用户单位的使用技术水平高低估算得出。

### 8.1.5 自动换刀装置选择及刀柄配置

#### 1. 自动换刀装置的选择

ATC 自动换刀装置是数控加工中心、车削中心和带交换冲头数控冲床的基本特征。尤其对数控加工中心而言，它的工作质量关系到整机结构与使用质量。

ATC 装置的投资往往占整机的 30%~50%。因此，用户十分重视 ATC 的工作质量和刀库储存量。ATC 的工作质量主要表现为换刀时间和故障率。

ATC 刀库中储存刀具的数量，由十几把到几十把等，一些柔性加工单元（FMC）配置中央刀库后刀具储存量可以达到近千把。如果选用的加工中心不准备用于柔性加工单元或柔性制造系统（FMS）中，一般刀库容量不宜选得太大，因为容量大，刀库成本高，结构复杂，故障率也相应增加，刀具的管理也相应复杂化。

用户一般应根据典型工件的工艺分析算出需用的刀具数，来确定刀库的容量。一般加工中心的刀库只考虑能满足一种工件一次装卡所需的全部刀具（即一个独立的加工程序所需要的全部刀具）。

#### 2. 刀柄配置

主机和 ATC 选定后，接着就要选择所需的刀柄和刀具。加工中心使用专用的工具系统，各国都有相应的标准系列。我国由成都工具研究所制定了 TSG 工具系统刀柄标准。

选择刀柄应注意以下几个问题。

（1）标准刀柄与机床主轴连接的接合面是 7∶24 锥面。刀柄有多种规格，常用的有 ISO 标准的 40 号、45 号、50 号，个别的还有 35 号和 30 号。另外，还必须考虑换刀机械手夹持尺寸的要求和主轴上拉紧刀柄的拉钉尺寸的要求。目前，国内机床上使用规格较多，而且使用的标准有美国的、德国的、日本的。因此，在选定机床后选择刀柄之前必须了解该机床主轴用的规格，机械手夹持尺寸及刀柄的拉钉尺寸。

（2）在 TSG 工具系统中有相当部分产品是不带刀具的，这些刀柄相当于过渡的连接杆，它们必须再配置相应的刀具（如立铣刀、钻头、镗刀头和丝锥等）和附件（如钻夹头、弹簧卡头和丝锥夹头等）。

（3）全套 TSG 系统刀柄有数百种，用户只能根据典型工件的工艺所需的工序及其工艺卡片来填制所需的工具卡片。

加工中心用户根据各种典型工件的刀具卡片可以确定需配刀柄、刀具及附件等的数量。

目前，国内加工中心新用户对刀具情况不太熟悉，工具厂又希望组织批量生产，为此机床制造厂有时就根据自己的使用经验，给用户提供一套常用的刀柄。这套刀柄对每个具体用户不一定都适用，因此，用户在订购机床时必须同时考虑订购刀柄（或者在主机厂的一套通用刀柄基础上再增订一些刀柄）。最佳的订购刀柄办法还是根据典型工件确定、选择刀柄的品种和数量，这是最经济的。

另外，在没有确定具体加工对象之前，很难配置齐刀柄。例如一台工作台面 900 mm × 900 mm 的卧式加工中心，在多年使用中已陆续添置了近两百套刀柄，外加少量专用刀柄，这样才能基本满足通常零件的加工要求。

总之，刀柄的选择要慎重对待，它直接影响机床的开动率和设备投资大小。目前一个最普通的刀柄价格在 300～500 元，一套刀柄需要数万元，再加上刃具费用就更可观了。

(4) 选用模块式刀柄和复合刀柄要有综合考虑。选用模块式刀柄，必须按一个小的工具系统来考虑才有意义。与非模块式刀柄比较，使用单个普通刀柄肯定是不合理的。例如，工艺要求镗一个直径 60 的孔，购买一根普通的镗刀杆需 400 元左右，而采用模块式刀柄则必须买一根刀柄、一根接杆和一个镗刀头，按现有价格就需 1000 元左右。但是，如果机床刀库的容量是 30 把刀，就需要配置 100 套普通刀柄，而采用模块式刀柄，只需要配置 30 根刀柄、50～60 根接杆、70～80 个刀头，就能满足需要，而且还具有更大的灵活性。但对一些长期反复使用、不需要拼装的简单刀柄，如钻夹头刀柄等，还是配置普通刀柄较合理。

对一些批量较大，又需要反复生产的典型工件，应尽可能考虑选用复合刀具。尽管复合刀柄价格要贵得多，但在加工中心上采用复合刀具加工，可把多道工序并成一道工序，由一把刀具完成，从而大大减少机加工时间。加工一批工件只要能减少几十个工时，就可以考虑采用复合刀具。一般数控机床的主轴电机功率较大，机床刚度较好，能够承受多刀多刃强力切削，采用复合刀具可以充分发挥数控机床的切削功能，提高生产率和缩短生产节拍。

(5) 选用刀具预调仪。为了提高数控机床的开动率，加工前刀具的准备工作尽量不要占用机床工时。测定刀具径向尺寸和轴向尺寸的工作应预先在刀具预调仪上完成，即把占用几十万元一台数控机床的工作转到占用几万元一台的刀具预调仪上完成。测量装置有光学编码器、光栅或感应同步器等。检测精度：径向为 ±0.005 mm，轴向为 ±0.01 mm 左右。目前都在发展带计算机管理的预调仪。对刀具预调仪的对刀精度的要求必须与刀具系统的综合加工精度一起全面考虑。因为预调仪上测得的刀具尺寸是在光屏投影下或接触测量下，没有承受切削力的静态的结果，如果测定的是镗刀精度，它并不等于加工出的孔能达到此精度。目前，用国产刀柄加工出的孔径往往比预调仪上测出的尺寸小 0.01 mm～0.02 mm。如在实际加工中要控制 0.01 mm 左右的孔径公差，则还需通过试切削后现场修调刀具，因此对刀具预调仪的精度不一定追求过高。为了提高预调仪的利用率，最好是一台预调仪为多台机床服务，把它纳入数控机床技术准备中，作为一个重要环节。此外，用户也可以装备一些简易工具、装卸器等来实现现场快速调整测量、装卸刀柄和刃具。

## 任务8.2 数控机床的基本操作规程

随着数控加工技术的不断发展,用户使用的数控机床的种类也越来越广泛。数控机床的种类繁多,且各类数控机床的加工范围、特点及其应用操作都存在着较大差异。在此对于应用广泛的数控车床、数控铣床、数控刨床、数控磨床、数控钻床、数控坐标镗床、数控加工中心、数控电加工机床、数控弯管机和数控气割机床等数控设备,介绍其通用操作规程及常用数控机床的基本操作规程。

### 8.2.1 数控设备的通用操作规程

在使用过程中要严格遵守操作规程,数控机床的操作规程一般如下。

(1) 操作者必须熟悉机床的性能、结构、传动原理以及控制,严禁超性能使用。

(2) 使用机床时,必须带上防护镜,穿好工作服,戴好工作帽。

(3) 工作前,应按规定对机床进行检查,查明电气控制是否正常,各开关、手柄位置是否在规定位置上,润滑油路是否畅通,油质是否良好,并按规定加润滑剂。

(4) 开机时应先注意液压和气压系统的调整,检查总系统的工作压力必须在额定范围,溢流阀、顺序阀、减压阀等调整压力正确。

(5) 开机时应低速运行(3~5)min,查看各部分运转是否正常。

(6) 加工工件前,必须进行加工模拟或试运行,严格检查调整加工原点、刀具参数、加工参数、运动轨迹。并且要将工件清理干净,特别注意工件是否固定牢靠,调节工具是否已经移开。

(7) 工作中发生不正常现象或故障时,应立即停机排除,或通知维修人员检修。

(8) 工作完毕后,应及时清扫机床,并将机床恢复到原始状态,各开关、手柄放于非工作位置上,切断电源,认真执行好交接班制度。

(9) 必须严格按照操作步骤操作机床,未经操作者同意,不允许其他人员私自开动机床。

(10) 按动按键时用力适度,不得用力拍打键盘、按键和显示屏。

(11) 禁止敲打中心架、顶尖、刀架、导轨、主轴等部件。

### 8.2.2 数控设备专项操作规程

#### 1. 数控车床操作规程

本规程适用于卧式、立式、纵切数控车床。

(1) 机床工作开始前要有预热,认真检查润滑系统是否正常,如机床长时间未动过,可先用手动方式向各部位供油润滑。

(2) 使用刀具应与机床允许的规格相符,有严重破损的刀具要及时更换。

(3) 调整刀具所用的工具不要遗忘在机床内。

(4) 大尺寸的轴类零件的中心孔是否合适,中心孔若太小,工作中易发生危险。

(5) 刀具安装好后应进行 1~2 次试切削。
(6) 检查卡盘夹紧工作的状态。
(7) 机床开动前必须关好机床防护门。
(8) 清除切屑，擦拭机床，使机床与环境保持清洁状态。
(9) 注意检查或更换磨损坏了的机床上的油滑板。
(10) 检查润滑油、冷却液的状态，及时添加或更换。
(11) 依次关掉机床操作面板上的电源和总电源。

### 2. 数控铣床操作规程

本规程适用于立式、卧式、龙门式数控铣床和数控仿型铣床等。
(1) 开机前要检查润滑油是否充裕、冷却液是否充足，发现不足应及时补充。
(2) 打开数控铣床电器柜上的电器总开关。
(3) 按下数控铣床控制面板上的"ON"按钮，启动数控系统，等自检完毕后进行数控铣床的强电复位。
(4) 手动返回数控铣床参考点。首先返回 +Z 方向，然后返回 +X 和 +Y 方向。
(5) 手动操作时，在 X，Y 移动前，必须使 Z 轴处于较高位置，以免撞刀。
(6) 数控铣床出现报警时，要根据报警号，查找原因，及时排除警报。
(7) 更换刀具时应注意操作安全。在装入刀具时应将刀柄和刀具擦拭干净。
(8) 自动运行程序前，必须认真检查程序，确保程序的正确性。在操作过程中必须集中注意力，谨慎操作。运行过程中，一旦发生问题，及时按下复位按钮或紧急停止按钮。
(9) 加工完毕后，应把刀架停放在远离工件的换刀位置。
(10) 在操作时，旁观的人禁止按控制面板的任何按钮、旋钮，以免发生意外及事故。
(11) 严禁任意修改、删除机床参数。
(12) 关机前，应使刀具处于较高位置，把工作台上的切屑清理干净，把机床擦拭干净。
(13) 关机时，先关闭系统电源，再关闭电器总开关。

### 3. 数控加工中心操作规程

本规程适用于卧式、立式数控加工中心。
(1) 进入车间必须穿合身的工作服、戴工作帽，衬衫要系入裤内，敞开式衣袖要扎紧。
(2) 操作时禁止戴手套，工作服衣、领、袖口要系好。
(3) 加工中心属贵重精密仪器设备，由专人负责管理和操作。使用时必须按规定填写使用记录，必须严格遵守安全操作规程，以保障人身和设备安全。
(4) 开车前应检查各部位防护罩是否完好，各传动部位是否正常，润滑部位应加油润滑。
(5) 刀具、夹具、工件必须装夹牢固，床面上不得放置工具、量具。
(6) 开机后，在 CRT 上检查机床有无各种报警信息，检查报警信息及时排除报警，检查机床外围设备是否正常，检查机床换刀机械手及刀库位置是否正确。

（7）各项坐标回参考点，一般情况下 $Z$ 向坐标优先回零，使机床主轴上刀具远离加工工件，同时观察各坐标运行是否正常。

（8）开车后应关好防护罩，不准用手直接清除切屑。装卸工件、测量工件必须停机操作。

（9）加工中心运转时，操作人员不得擅自离开岗位，必须离开的须停机。

（10）手动工作方式，主要用于工件及夹具相对于机床各坐标的找正、工件加工零点的粗测量以及开机时回参考点，一般不用于工件加工。

11）加工中心的运行速度较高，在执行操作指令和程序自动运行之前，预先判断操作指令和程序的正确性和运行结果，做到心中有数，然后再操作，加工中心加工程序应经过严格审验后方可上机操作，以尽量避免事故的发生。

（12）加工中心运转时，发现异响或异常，应立即停机，关闭电源，及时检修，并做好相关记录。

（13）工作结束后，应关闭电源，清除切屑，擦拭机床，加油润滑，清洁和整理现场。

### 4. 数控坐标镗床操作规程

本规程适用于卧式、立式坐标镗床。

（1）在工作台上装卡工件和夹具时，应考虑重力平衡和合理利用台面。

（2）加工铸铁、青铜、非金属等脆性材料时，要将导轨面的润滑油擦净，并采取保护措施。

（3）加工铸铁件时，被加工零件的非加工表面必须经吹砂、涂漆处理。加工件必须有良好的基准面。

（4）在镗床上钻、镗半圆孔时，工艺上应采取相应措施。

（5）使用装有动静压、静压轴承的镗头时，开机前应先启动供油系统油泵，待油泵运转正常，压力表的指示压力达到规定工作压力时，再启动镗头主轴电机。停机时要先停主轴电机，停稳后再停供油系统油泵，工作中要经常观察压力是否正常。

（6）按设备说明书规定保持液压油及环境温度的恒定。

### 5. 数控电火花成形机床操作规程

本规程适用于各种类型的数控电火花成形机床。

（1）机床报警装置要定期检查，保证灵敏、可靠。

（2）加工前，应将加工介质加至高出被加工零件表面、符合机床技术要求的位置为止，特殊零件加工应采取相应措施。

（3）要合理选择加工放电参数，防止加工中产生积碳和电弧烧伤。

（4）要合理选择平动量、防止加工中产生机床振动，造成机件损坏。

（5）加工中，操作者要站在绝缘垫上。禁止触摸电极，以防触电。

（6）工作后，要及时清除电蚀物。

### 6. 数控线切割机床操作规程

本规程适用于各种类型的数控线切割机床。

（1）机床报警装置要定期检查，保证灵敏、可靠。

（2）加工中电极丝要保持合适的张力。电极丝与高频导电块应保持清洁，接触良好。
（3）要合理选择加工放电参数，防止加工中断丝。
（4）所用工作液要保持清洁，管道畅通，根据需要适时更换。
（5）加工中，操作者要站在绝缘垫上，禁止触摸电极，以防触电。
（6）工作后要及时清除电蚀物。

##  任务 8.3　数控机床的维护与保养

数控机床是一种自动化程度高、结构复杂且又昂贵的先进加工设备。为了延长数控机床各元器件的寿命和正常机械磨损周期，防止意外恶性事故的发生，争取机床能在较长时间内正常工作，充分发挥其效益，必须做好日常维护与保养工作。主要的维护与保养工作有下列内容。

### 8.3.1　数控机床的维修管理

数控机床的维修管理内容涉及较为广泛，但必须明确其基本要求。主要包括以下几方面。

#### 1. 思想上重视

在思想上要高度重视数控机床的维护与保养工作，尤其是数控机床的操作者更应如此，我们不能只管操作，而忽视对数控机床的日常维护与保养。

#### 2. 提高操作人员的综合素质

使用数控机床比使用普通机床的难度要大，因为数控机床是典型的机电一体化产品，它牵涉的知识面较宽，即操作者应具有机、电、液、气等更宽广的专业知识；再有，由于其电气控制系统中的 CNC 系统升级、更新换代比较快，如果不定期参加专业理论的培训、学习，则不能熟练掌握新的 CNC 系统应用。因此对操作人员提出的素质要求是很高的。为此，必须对数控操作人员进行培训，使其对机床原理、性能、润滑部位及其方式，进行较系统的学习，为更好地使用机床奠定基础。同时在数控机床的使用与管理方面，制订一系列切合实际、行之有效的措施。

#### 3. 要为数控机床创造一个良好的使用环境

数控机床中含有大量的电子元件，它们最怕阳光直接照射，也怕潮湿和粉尘、振动等，这些因素均可使电子元件受到腐蚀而变坏或造成元件间的短路，引起机床运行不正常。为此，对数控机床的使用环境应做到清洁、干燥、恒温和无振动；对于电源应保持稳压，一般只允许 ±10% 的波动。

#### 4. 严格遵循正确的操作规程

无论是什么类型的数控机床，它都有一套自己的操作规程，这既是保证操作人员人身安全的重要措施之一，也是保证设备安全、使用产品质量等的重要措施。因此，使用者必须按照操作规程正确操作，如果机床在第一次使用或长期没用时，应先使其空转几分钟；

并要特别注意使用中注意开机、关机的顺序和注意事项。各类数控机床的操作规程具体见任务 8.2。

### 5. 在使用中，尽可能提高数控机床的开动率

在使用中，要尽可能提高数控机床的开动率。对于新购置的数控机床应尽快投入使用，设备在使用初期故障率相对来说往往大一些，用户应在保修期内充分利用机床，使其薄弱环节尽早暴露出来，在保修期内得以解决。如果在缺少生产任务时，也不能空闲不用，要定期通电，每次空运行 1 小时左右，利用机床运行时的发热量来去除或降低机内的湿度。

### 6. 要冷静对待机床故障，不可盲目处理

机床在使用中不可避免地会出现一些故障，此时操作者要冷静对待，不可盲目处理，以免产生更为严重的后果，要注意保留现场，待维修人员来后如实说明故障前后的情况，并参与共同分析问题，尽早排除故障。故障若属于操作原因，操作人员要及时吸取经验，避免下次犯同样的错误。

### 7. 制订并且严格执行数控机床管理的规章制度

除了对数控机床的日常维护外，还必须制订并且严格执行数控机床管理的规章制度。主要包括：定人、定岗和定责任的"三定"制度，定期检查制度，规范的交接班制度等。这也是数控机床管理、维护与保养的主要内容。

## 8.3.2 数控机床的维护

由于数控机床集机、电、液、气等技术为一体，所以对它的维护要有科学的管理，有目的地制订出相应的规章制度。对维护过程中发现的故障隐患应及时清除，避免停机待修，从而延长设备平均无故障时间，增加机床的利用率。开展点检是数控机床维护的有效办法。

以点检为基础的设备维修是日本在引进美国的预防维修制的基础上发展起来的一种点检管理制度。点检就是按有关维护文件的规定，对设备进行定点、定时的检查和维护。其优点是可以把出现的故障和性能的劣化消灭在萌芽状态，防止过修或欠修，缺点是定期点检工作量大。这种在设备运行阶段以点检为核心的现代维修管理体系，能达到降低故障率和维修费用，提高维修效率的目的。

我国自 20 世纪 80 年代初引进日本的设备点检定修制，把设备操作者、维修人员和技术管理人员有机地组织起来，按照规定的检查标准和技术要求，对设备可能出现问题的部位，定人、定点、定量、定期、定法地进行检查、维修和管理，保证了设备持续、稳定地运行，促进了生产发展和经营效益的提高。

数控机床的点检，是开展状态监测和故障诊断工作的基础，主要包括下列内容。

### 1. 定点

首先要确定一台数控机床有多少个维护点，科学地分析这台设备，找准可能发生故障的部位。只要把这些维护点"看住"，有了故障就会及时发现。

### 2. 定标

对每个维护点要逐个制订标准，例如间隙、温度、压力、流量、松紧度等等，都要有明确的数量标准，只要不超过规定标准就不算故障。

### 3. 定期

多长时间检查一次，要定出检查周期。有的点可能每班要检查几次，有的点可能一个或几个月检查一次。要根据具体情况确定。

### 4. 定项

每个维护点检查哪些项目也要有明确规定。每个点可能检查一项，也可能检查几项。

### 5. 定人

由谁进行检查，是操作者、维修人员还是技术人员，应根据检查部位和技术精度要求，落实到人。

### 6. 定法

怎样检查也要有规定，是人工观察还是用仪器测量，是采用普通仪器还是精密仪器。

### 7. 检查

检查的环境、步骤要有规定，是在生产运行中检查还是停机检查，是解体检查还是不解体检查。

### 8. 记录

检查要详细做记录，并按规定格式填写清楚。要填写检查数据及其与规定标准的差值、判定印象、处理意见，检查者要签名并注明检查时间。

### 9. 处理

检查中间能处理和调整的要及时处理和调整，并将处理结果记入处理记录。没有能力或没有条件处理的，要及时报告有关人员，安排处理。但任何人、任何时间处理都要填写处理记录。

### 10. 分析

检查记录和处理记录都要定期进行系统分析，找出薄弱"维护点"，即故障率高的点或损失大的环节，提出意见，交设计人员进行改进设计。

## 8.3.3 数控系统的日常维护

预防性维护的关键是加强日常维护，主要的日常维护工作有下列内容。

### 1. 日检

其主要项目包括液压系统、主轴润滑系统、导轨润滑系统、冷却系统、气压系统。日检就是根据各系统的正常情况来加以检测。例如，当进行主轴润滑系统的过程检测时，电源灯应亮，油压泵应正常运转，若电源灯不亮，则应保持主轴停止状态，与机械工程师联系，进行维修。

## 2. 周检

其主要项目包括机床零件、主轴润滑系统，应该每周对其进行正确的检查，特别是对机床零件要清除铁屑，进行外部杂物清扫。

## 3. 月检

主要是对电源和空气干燥器进行检查。电源电压在正常情况下为额定电压 180 V ~ 220 V，频率 50 Hz，如有异常，要对其进行测量、调整。空气干燥器应该每月拆一次，然后进行清洗、装配。

## 4. 季检

季检应该主要从机床床身、液压系统、主轴润滑系统三方面进行检查。例如，对机床床身进行检查时，主要看机床精度、机床水平是否符合手册中的要求，如有问题，应马上和机械工程师联系。对液压系统和主轴润滑系统进行检查时，如有问题，应分别更换新油 60 L 和 20 L，并对其进行清洗。

## 5. 半年检

半年后，应该对机床的液压系统、主轴润滑系统以及 $X$ 轴进行检查，如出现毛病，应该更换新油，然后进行清洗工作。

### 8.3.4 机械部件的维护

#### 1. 主传动链的维护

定期调整主轴驱动带的松紧程度，防止因带打滑造成的丢转现象；检查主轴润滑的恒温油箱、调节温度范围，及时补充油量，并清洗过滤器；主轴中刀具夹紧装置长时间使用后，会产生间隙，影响刀具的夹紧，需及时调整液压缸活塞的位移量。

#### 2. 滚珠丝杠螺纹副的维护

定期检查、调整丝杠螺纹副的轴向间隙，保证反向传动精度和轴向刚度；定期检查丝杠与床身的连接是否有松动；丝杠防护装置有损坏要及时更换，以防灰尘或切屑进入。

#### 3. 刀库及换刀机械手的维护

严禁把超重、超长的刀具装入刀库，以避免机械手换刀时掉刀或刀具与工件、夹具发生碰撞；经常检查刀库的回零位置是否正确，检查机床主轴回换刀点位置是否到位，并及时调整；开机时，应使刀库和机械手空运行，检查各部分工作是否正常，特别是各行程开关和电磁阀能否正常动作；检查刀具在机械手上锁紧是否可靠，发现不正常应及时处理。

另外，对数控机床的电源柜、数控柜以及变速箱、滑动导轨等必须根据机床使用说明书的规定，定期维护保养。表 8-2 列举了一台数控机床正常维护保养的检查顺序，对一些机床上频繁运动的元部件，无论是机械部分还是控制驱动部分，都应作为重点检查对象。例如，加工中心的自动换刀装置，由于动作频繁最易发生故障，所以刀库选刀及定位状况、机械手相对刀库和主轴的定位等也列入了加工中心的日常维护内容。总之，在做好日常维护保养工作之后，机床的故障率可以大为减少。

表 8-2 定期维护表

| 序号 | 检查周期 | 检查部位 | 检查要求 |
|---|---|---|---|
| 1 | 每天 | 导轨润滑油箱 | 检查油标、油量，及时添加润滑油，润滑泵能定时启动打油及停止 |
| 2 | 每天 | X、Y、Z 轴向导轨面 | 清除切屑及脏物，检查润滑是否充分，导轨面有无划伤损坏 |
| 3 | 每天 | 压缩空气气源压力 | 检查气动控制系统压力，应在正常范围 |
| 4 | 每天 | 气源自动分水滤气器 自动空气干燥器 | 及时清理分水器中滤出的水分，保证自动空气干燥器工作正常 |
| 5 | 每天 | 气液转换器和增压器油面 | 发现油面不够时及时补足油 |
| 6 | 每天 | 主轴润滑恒温油箱 | 工作正常、油量充足并调节温度范围 |
| 7 | 每天 | 机床液压系统 | 油箱、油泵无异常噪声，压力表指示正常，管路及各接头无泄漏，工作油面高度正常 |
| 8 | 每天 | 液压平衡系统 | 平衡压力指示正常，快速移动时平衡阀工作正常 |
| 9 | 每天 | CNC 的输入/输出单元 | 如光电阅读机清洁，机械结构润滑良好等 |
| 10 | 每天 | 各种电气柜散热通风装置 | 各电气柜冷却风扇工作正常，风道过滤网无堵塞 |
| 11 | 每天 | 各种防护装置 | 导轨、机床防护罩等应无松动、漏水 |
| 12 | 每周 | 清洗各电气柜散热通风装置 | |
| 13 | 每半年 | 滚珠丝杠 | 清洗丝杠上旧的润滑脂，涂上新润滑脂 |
| 14 | 每半年 | 液压油路 | 清洗溢流阀、减压阀、滤油器，清洗油箱箱底，更换或过滤液压油 |
| 15 | 每半年 | 主轴润滑恒温油箱 | 清洗过滤器，更换润滑油 |
| 16 | 每年 | 检查并更换直流伺服电机碳刷 | 检查换向器表面，吹净碳粉，去除毛刺，更换长度过短的电刷，并应跑合后再使用 |
| 17 | 每年 | 润滑油泵 | 清理润滑油池底，更换滤油器 |
| 18 | 不定期 | 检查各轴导轨上镶条、压紧滚轮松紧状态 | 按机床说明书调整 |
| 19 | 不定期 | 切削液箱 | 检查液面高度，切削液太脏时需更换并清理切削液箱底部，经常清洗过滤器 |
| 20 | 不定期 | 排屑器 | 经常清理切屑，检查有无卡住等 |
| 21 | 不定期 | 清理废油池 | 及时取走废油池中废油，以免外溢 |
| 22 | 不定期 | 调整主轴驱动带松紧 | 按机床说明书调整 |

### 8.3.5 机床精度的维护检查

定期进行机床水平和机械精度检查并校正。机床精度的校正方法有软、硬两种。其软方法主要是通过系统参数补偿，如丝杠反向间隙补偿、各坐标定位精度定点补偿、机床回参考点位置校正等；硬方法一般要在机床大修时进行，如进行导轨修刮、滚珠丝杠螺母副预紧调整反向间隙等。

## 习题八

8.1　选择数控系统时应遵循哪些基本原则？
8.2　数控机床的点检主要包括哪些内容？
8.3　数控机床的维修管理要求有哪些？
8.4　数控系统的日常维护包含哪些内容？
8.5　数控机床机械部件的维护主要是指哪些部件？

# 参 考 资 料

[1] 蒋兆鸿. 典型零件的数控加工工艺编制[M]. 北京：高等教育出版社，2014.
[2] 李艳霞. 数控机床及应用技术[M]. 2版. 北京：人民邮电出版社，2015.
[3] 李青. 数控编程[M]. 北京：人民邮电出版社，2011.
[4] 王先逵. 特种加工[M]. 北京：机械工业出版社，2009.
[5] 田春霞. 数控加工工艺[M]. 北京：机械工业出版社，2007.
[6] 高凤英. 数控机床编程与操作切削技术[M]. 4版. 南京：东南大学出版社，2007.
[7] 周旭光. 模具特种加工技术[M]. 北京：人民邮电出版社，2010.
[8] 徐夏民. 数控原理与数控系统[M]. 2版. 北京：北京理工大学出版社，2011.
[9] 邓三鹏. 数控机床故障诊断与维修[M]. 北京：机械工业出版社，2013.
[10] 关雄飞. 数控加工工艺与编程[M]. 北京：机械工业出版社，2013.
[11] 陈俊. 数控机床编程及应用[M]. 北京：北京理工大学出版社，2008.
[12] 程艳，贾芸. 数控加工工艺与编程[M]. 北京：中国水利水电出版社，2010.
[13] 欧彦江. 模具数控加工技术[M]. 上海：上海科学技术出版社，2010.
[14] 吕宜忠. 数控机床编程与操作[M]. 北京：机械工业出版社，2013.
[15] 惠延波等. 加工中心的数控编程与操作技术[M]. 北京：机械工业出版社，2010.
[16] 杨丰，宋宏明. 数控加工工艺[M]. 北京：机械工业出版社，2014.
[17] SIMENS. SINUMERIK 802S/C base line 简明安装调试手册，2003.
[18] SIMENS. SINUMERIK 802S/C base line 操作和编程手册，2003.
[19] 北京斐克软件公司. 数控加工仿真系统使用手册